GONGYE DIANQI YU YIBIAO

工业电器与仪表

张晓君　刘作荣　主编

化学工业出版社
·北京·

工业电器是一门具有较强综合性的技术课程。本书将"电工与电子技术"和"过程控制及仪表"这两门课程合二为一，在内容安排上做了新的尝试，以适应教学改革的需要。同时从表现形式上也有新的突破，既方便教师备课，又适合学生自学参考。

全书的主要内容有电工基础、电机与变压器、电子基础、过程检测仪表、过程控制仪表及过程控制系统等。全书分为两篇，第一篇主要讲述电工电子基础知识及工业电器的使用；第二篇重点介绍工业仪表及过程控制的基本知识。每章后均配有习题与思考题，根据职业教育特点，每章还附有实验与实训项目。

本书可作为中等职业技术教育的专业课教材，也可作为高职高专学校石油化工、轻工、制药、橡胶等有关专业工业电器与仪表课程的教学参考书，并可供有关的工程技术人员在工作中参考。

图书在版编目（CIP）数据

工业电器与仪表/张晓君，刘作荣主编．—北京：化学工业出版社，2010.8（2017.6 重印）
ISBN 978-7-122-09123-9

Ⅰ．工⋯　Ⅱ．①张⋯②刘⋯　Ⅲ．①电器②工业仪表　Ⅳ．①TM5②TH7

中国版本图书馆 CIP 数据核字（2010）第 133670 号

责任编辑：宋　薇　　　　　　　　　　　装帧设计：王晓宇
责任校对：周梦华

出版发行：化学工业出版社（北京市东城区青年湖南街 13 号　邮政编码 100011）
印　　装：北京七彩京通数码快印有限公司
787mm×1092mm　1/16　印张 14½　字数 371 千字　2017 年 6 月北京第 1 版第 7 次印刷

购书咨询：010-64518888　　　　　　　　售后服务：010-64518899
网　　址：http://www.cip.com.cn
凡购买本书，如有缺损质量问题，本社销售中心负责调换。

定　价：45.00 元　　　　　　　　　　　　　　　　　　**版权所有　违者必究**

前言 FOREWORD

工业电器是一门具有较强综合性的技术课程。通过本课程的学习，可以使学生了解和掌握必备的化工工厂常用电器及设备、过程仪表及自动控制的基本知识与技能，培养学生解决涉及工业电器及仪表实际问题的初步能力。提高工艺专业学生的综合素质与操作技能，增强学生适应企业实际生产的能力，为学生的成功就业奠定基础。

本书是将"电工与电子技术"和"过程控制及仪表"这两门课程进行整合而成的一本综合化的教科书，注重实践能力培养，突出应用性和针对性，在内容安排上做了新的尝试，以适应教学改革的需要。同时从表现形式上也有新的突破，既方便教师备课，又适合学生自学参考。

本书的编写主要遵循以下原则：

1. 秉承"必需、够用"的职业教育理念，从"精选内容，打好基础，培养能力"的角度出发，打破原有的学科型课程体系，对过去相对独立的课程体系和知识进行重新分析和整合，并将一些新技术的发展和应用系统地、有机地融合进教学内容中。

2. 针对当前职业学校学生的特点和工业电器及仪表知识与技能的实际需求，删减了烦琐的原理推导及计算，侧重于电器及仪表外部特性的介绍、使用和操作，突出实际操作能力的培养。

3. 书中采用实物图与原理图相结合的方式，形象、具体的表述相关知识要点，重点突出，难点突破，便于理解和记忆，利于职业学校学生学习。

本书可作为中等职业技术教育的专业课教材，也可作为高职高专学校石油化工、轻工、制药、橡胶等有关专业工业电器与仪表课程的教学参考书，并可供有关的工程技术人员在工作中参考。

本书由张晓君和刘作荣主编，张洪和李天燕副主编，参加编写的还有于宝琦、刘开民、孟宪雷、刘炳杰、张晓欧、王志良、张玲、周威浩、程静等，在此一并表示感谢。

由于编者水平有限，书中若有不妥之处请批评指正。

编者
2010 年 6 月

目录

第一篇 工业电器

第一章 电工常识及基本操作技能 ... 1

第一节 电工常用工具 ... 1
一、螺丝刀 ... 1
二、钢丝钳 ... 2
三、验电器 ... 3
四、尖嘴钳 ... 4
五、断线钳 ... 5
六、剥线钳 ... 5
七、手动压接钳 ... 6
八、电工刀 ... 6
九、活络扳手 ... 6
十、拉具 ... 7
十一、喷灯 ... 7
十二、电烙铁 ... 8

第二节 电工操作基本技能 ... 9
一、绝缘导线绝缘层的剥离 ... 9
二、导线芯线的连接 ... 10
三、导线绝缘的恢复 ... 13
四、线头与接线端子（接线桩）的连接 ... 13

第三节 人体触电及急救常识 ... 15
一、电流对人体的影响 ... 16
二、电压对人体的影响 ... 16
三、发生触电的几种情况 ... 16
四、防止触电的措施 ... 17
五、防止触电的注意事项 ... 17
六、触电急救的知识 ... 18
七、安全用具 ... 19

第四节 电气安全常识 ... 20
一、电气安全技术知识 ... 20
二、安全色与安全标志 ... 22
三、电气防火、防爆、防雷常识 ... 26

第二章 直流电路 ... 31

第一节 简单的直流电路 ... 31

一、电路的组成 ………………………………………………………… 31
　　二、电流 ………………………………………………………………… 32
　　三、电压 ………………………………………………………………… 33
　　四、电位 ………………………………………………………………… 34
　　五、电动势 ……………………………………………………………… 34
　　六、电路的三种状态 …………………………………………………… 34
　　七、电阻、导体、绝缘 ………………………………………………… 35
　第二节　欧姆定律与电阻的串并联 ……………………………………… 41
　　一、欧姆定律 …………………………………………………………… 41
　　二、电能、电功率 ……………………………………………………… 42
　　三、电阻的串联 ………………………………………………………… 43
　　四、电阻的并联 ………………………………………………………… 44
　第三节　复杂直流电路 …………………………………………………… 46

第三章　正弦交流电路 ……………………………………………………… **50**

　第一节　电磁与磁路 ……………………………………………………… 50
　　一、磁体和磁场 ………………………………………………………… 50
　　二、磁场的基本物理量 ………………………………………………… 50
　　三、磁路 ………………………………………………………………… 51
　第二节　正弦交流电 ……………………………………………………… 52
　　一、周期与频率 ………………………………………………………… 53
　　二、相位、初相和相位差 ……………………………………………… 53
　　三、振幅与有效值 ……………………………………………………… 54
　　四、正弦量的相量表示法 ……………………………………………… 54
　第三节　单相正弦交流电路 ……………………………………………… 55
　　一、纯电阻交流电路 …………………………………………………… 55
　　二、纯电感交流电路 …………………………………………………… 57
　　三、纯电容交流电路 …………………………………………………… 58
　　四、RLC 串联电路 …………………………………………………… 61
　　五、RLC 并联电路 …………………………………………………… 63
　第四节　三相交流电路 …………………………………………………… 69
　　一、三相交流电源 ……………………………………………………… 69
　　二、对称三相电路计算 ………………………………………………… 69

第四章　常用电气设备 ……………………………………………………… **75**

　第一节　常用变压器 ……………………………………………………… 75
　　一、变压器的基本结构 ………………………………………………… 76
　　二、变压器的工作原理 ………………………………………………… 76
　　三、变压器的损耗和效率 ……………………………………………… 77
　第二节　常用三相异步电动机 …………………………………………… 79
　　一、三相异步电动机的结构 …………………………………………… 79

二、三相异步电动机的转动原理 …………………………………………… 80
　第三节　常用单相异步电动机 ………………………………………………… 82
　　一、单相异步电动机的结构 …………………………………………………… 82
　　二、单相异步电动机的基本原理 ……………………………………………… 83
　第四节　常用低压电器 ………………………………………………………… 84
　　一、闸刀开关 …………………………………………………………………… 84
　　二、铁壳开关 …………………………………………………………………… 85
　　三、组合开关 …………………………………………………………………… 85
　　四、自动空气断路器 …………………………………………………………… 86
　　五、按钮 ………………………………………………………………………… 86
　　六、熔断器 ……………………………………………………………………… 88
　　七、交流接触器 ………………………………………………………………… 89
　　八、热继电器 …………………………………………………………………… 90

第五章　电子技术基础　93

　第一节　半导体二极管、三极管 ……………………………………………… 93
　　一、PN 结及其特性 …………………………………………………………… 93
　　二、二极管的结构、符号和类型 ……………………………………………… 93
　　三、二极管的伏安特性曲线 …………………………………………………… 94
　　四、三极管的结构、符号和类型 ……………………………………………… 95
　　五、三极管的电流放大作用 …………………………………………………… 96
　　六、三极管的输入、输出特性曲线 …………………………………………… 97
　第二节　单级基本放大电路 …………………………………………………… 99
　　一、三极管在电路中的基本连接方式 ………………………………………… 99
　　二、单级基本放大电路工作原理 ……………………………………………… 100
　第三节　单相整流电路 ………………………………………………………… 101
　　一、单相半波整流电路 ………………………………………………………… 101
　　二、单相桥式全波整流电路 …………………………………………………… 102
　　三、滤波电路 …………………………………………………………………… 103
　第四节　集成电路简介 ………………………………………………………… 104

第二篇　工业控制及仪表

第六章　过程检测仪表　110

　第一节　概述 …………………………………………………………………… 110
　　一、仪表的测量误差 …………………………………………………………… 110
　　二、仪表的精确度（准确度） ………………………………………………… 111
　　三、仪表的变差（来回差或恒定度） ………………………………………… 112
　　四、仪表的灵敏度与灵敏限 …………………………………………………… 112
　　五、仪表的分辨力 ……………………………………………………………… 112

第二节　压力的检测及仪表 ·· 113
　　一、压力的概念、单位及表示法 ·· 113
　　二、压力的测量方法 ·· 114
　　三、常用的压力测量仪表 ·· 114
　　四、压力表的选用与安装 ·· 119
　第三节　流量的检测及仪表 ·· 123
　　一、流量的概念、单位及检测方法 ·· 123
　　二、速度式流量计 ··· 123
　　三、容积式流量计 ··· 126
　　四、质量式流量计 ··· 127
　第四节　物位的检测及仪表 ·· 128
　　一、物位的概念、单位及检测方法 ·· 128
　　二、差压式液位计 ··· 129
　　三、浮力式液位计 ··· 131
　　四、其它物位计 ·· 132
　第五节　温度的检测及仪表 ·· 133
　　一、热电偶温度计 ··· 133
　　二、热电阻温度计 ··· 137
　　三、温度变送器 ·· 138
　　四、常用的温度显示仪表 ·· 139
　附录一　常用压力表的规格及型号 ··· 145
　附录二　标准化热电偶热电势-温度对照表 ··· 146
　附录三　热电阻分度表 ··· 151

第七章　过程控制仪表　　154

　第一节　常用的控制规律 ·· 154
　　一、双位控制 ··· 154
　　二、比例控制 ··· 155
　　三、积分控制 ··· 156
　　四、比例积分控制 ··· 157
　　五、微分控制 ··· 158
　第二节　控制器 ·· 159
　　一、DDZ-Ⅲ型控制器 ·· 159
　　二、可编程数字控制器 ··· 161
　第三节　执行器 ·· 165
　　一、概述 ··· 165
　　二、气动执行器的结构与分类 ·· 165
　　三、控制阀的气开、气关形式 ·· 167
　　四、控制阀的流量特性 ··· 168
　　五、控制阀的选择与安装 ·· 169
　　六、电/气转换器及电/气阀门定位器 ··· 170

第八章　过程控制系统 　　172

第一节　过程控制系统的概述 　　172
一、人工控制与自动控制 　　172
二、自动控制系统的组成及方块图 　　173
三、过程控制系统的过渡过程 　　174
四、控制系统过渡过程的品质指标 　　175

第二节　对象特性 　　176
一、对象的负荷和自衡 　　176
二、描述对象特性的三个参数 　　177

第三节　简单控制系统的设计 　　178
一、被控变量的选择 　　179
二、操纵变量的选择 　　179
三、测量变送器特性的考虑 　　179
四、执行器的选择 　　180
五、控制器的选择 　　180

第四节　控制器参数的工程整定 　　182
一、经验凑试法 　　182
二、衰减曲线法 　　183
三、临界比例度法 　　184

第五节　简单控制系统的投运及故障分析 　　184
一、控制系统的投运 　　184
二、控制系统的故障分析 　　185

第六节　复杂控制系统 　　187
一、串级控制系统 　　187
二、均匀控制系统 　　190
三、比值控制系统 　　192
四、分程控制系统 　　194
五、前馈控制系统 　　196
六、选择性控制系统 　　197

第七节　控制系统的图例符号及流程图 　　198
一、控制系统的图例符号 　　199
二、带控制点的工艺流程图的识图 　　201

第九章　集散控制系统（DCS） 　　208

第一节　概述 　　208
一、DCS 的基本构成 　　208
二、DCS 的特点 　　209

第二节　常见分布式控制系统简介 　　210
一、日本横河 CENTUM-CS 系统 　　210
二、霍尼韦尔公司的 TPS 系统 　　212

第一篇 工业电器

第一章 电工常识及基本操作技能

第一节 电工常用工具

一、螺丝刀

螺丝刀又叫改锥、起子，是电工在工作中最常用的工具之一。按照其头部形状不同，可分为一字形螺丝刀和十字形螺丝刀，其握柄材料分木柄和塑料柄两种。螺丝刀的外形及正确使用方法如图 1-1 所示，图 1-1(a) 为一字形螺丝刀，图 1-1(b) 为十字形螺丝刀。图 1-1(c)

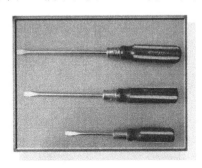

(a) 一字形

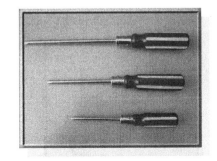

(b) 十字形

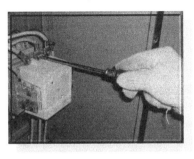

(c) 为大螺钉用螺丝刀操作方法

(d) 为小螺钉用螺丝刀操作方法

图 1-1 螺丝刀外形及使用方法

为大螺钉用螺丝刀操作方法，图 1-1(d) 为小螺钉用螺丝刀操作方法。

在使用中要注意以下 3 个问题：
(1) 螺丝刀手柄要保持干燥清洁，以防带电操作时发生漏电。
(2) 在使用小头较尖的螺丝刀紧松螺钉时，要特别注意用力均匀，避免因手滑而触及其他带电体或者刺伤另一只手。
(3) 切勿将螺丝刀当作錾子使用，以免损坏螺丝刀。

二、钢丝钳

常称为钳子。钢丝钳外形如图 1-2(a) 所示。钢丝钳的用途是夹持或折断金属薄板以及切断金属丝。钢丝钳有两种，电工应选用带绝缘手柄的一种。一般钢丝钳的绝缘护套耐压为 500V，只适合在低压带电设备上使用。钢丝钳的正确使用方法如图 1-2(b)、(c)、(d)、(e) 所示。

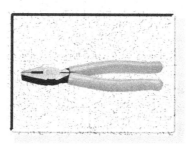

(a) 钢丝钳

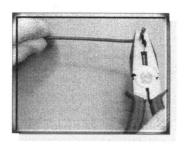

(b) 弯绞导线

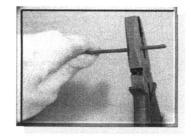

(c) 剪切导线

(d) 紧固螺母

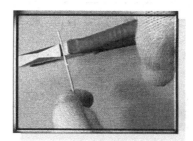

(e) 铡切钢丝

图 1-2　钢丝钳的构造及使用

在使用中要注意以下 3 个问题：
(1) 勿损坏绝缘手柄，并注意防潮。
(2) 钳轴要经常加油，防止生锈。
(3) 带电操作时，手与钢丝钳的金属部分应保持 2cm 以上的距离。

三、验电器

验电器是检验导线和电气设备是否带电的一种电工常用检验工具，它分为低压验电器和高压验电器两种。

1. 验电笔

验电笔又称为试电笔，简称电笔，是用来检查测量低压导体和电气设备的金属外壳是否带电的一种常用工具。它具有体积小、重量轻、携带方便、检验简单等优点。

验电笔有钢笔形的，也有螺丝刀形的，如图 1-3 所示。其前端是金属探头，后部塑料外壳内装配有氖泡、电阻和弹簧，上部有金属端盖或钢笔型挂鼻，这是使用时手触及的金属部分。

(a) 笔式验电笔

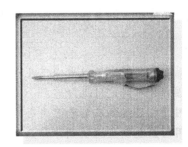
(b) 螺丝刀式验电笔

(c) 用笔式验电笔的正确验电方法

(d) 用螺丝刀式验电笔的正确验电方法

图 1-3 低压验电笔结构外形及正确使用

普通低压验电笔的电压测量范围在 60~500V，低于 60V 时电笔的氖泡可能不会发光显示。高于 500V 的电压则不能用普通验电笔来测量。

数字验电笔具有显示对地电压和检电机能（蜂鸣声）的代表性产品。用检测感应部接触电线绝缘包线，就可得到电压的显示值。因检测感应部由橡胶组成，使用时不必担心出现短路事故。附有电源自动关闭功能。数字验电笔结构外形如图 1-4 所示。

图 1-4 数字验电笔结构外形

图 1-5 结构外形

验电笔在使用中要注意以下3个问题：

(1) 使用验电笔之前，首先要检查电笔内有无安全电阻，然后检查验电笔是否损坏，有无受潮或进水，检查合格后方可使用。

(2) 在明亮的光线下或阳光下测试带电体时，应当注意避光，以防光线太强观察不到氖泡是否发亮，造成误判。

(3) 大多数验电笔前面的金属探头都制成小螺丝刀形状，在用它拧螺钉时，用力要轻，扭矩不可过大，以防损坏。

2. 高压验电器

高压验电器又称高压测电器，结构外形如图 1-5 所示。

高压验电器在使用中要注意以下几个问题：

(1) 手握部分不能超过保护环。

(2) 使用前应检查高压验电器是否绝缘，绝缘合格方可使用。

(3) 使用时应逐渐靠近被测体，直至氖管发光。

(4) 室外使用高压验电器必须在气候良好的情况下进行。

(5) 用高压验电器测试时，必须戴耐压强度符合要求并在有效期内检验合格的绝缘手套；测试时人应站在高压绝缘垫上。

(6) 测试时，一人测试另一人监护；测试时要防止发生相间或对地短路事故；人体与带电体应保持足够的安全距离，10kV 高压的安全距离为 0.7m 以上。

四、尖嘴钳

尖嘴钳的外形与钢丝钳相似，只是其头部尖细，适用于狭小的工作空间或带电操作低压电气设备。尖嘴钳外形及使用如图 1-6 所示。电工维修人员应选用带有绝缘手柄的，耐压在 500V 以上的尖嘴钳。

在使用中要注意以下问题：

(1) 使用尖嘴钳时，手离金属部分的距离应不小于 2cm。

(2)注意防潮,勿磕碰损坏尖嘴钳的柄套,以防触电。
(3)钳头部分尖细,且经过热处理,钳夹物体不可过大,用力时切勿太猛,以防损伤钳头。
(4)使用后要擦净,钳轴、腮要经常加油,以防生锈。

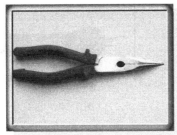

(a) 尖嘴钳　　　　　　　　　　　　(b) 用尖嘴钳制作接线鼻

图 1-6　尖嘴钳外形及使用

五、断线钳

断线钳也是电工常用的钳子之一,其头部扁斜,又名斜口钳、扁嘴钳,专门用于剪断较粗的电线和其他金属丝,其柄部有铁柄和绝缘管套。电工常用的绝缘柄断线钳,其绝缘柄耐压应为1000V以上。图1-7所示是断线钳外形及使用。

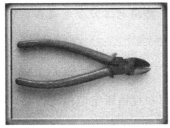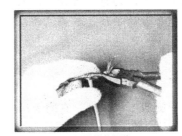

(a) 断线钳　　　　　　　　　　　　(b) 断线钳的操作

图 1-7　断线钳外形及使用

六、剥线钳

剥线钳是用来剥除电线、电缆端部橡皮塑料绝缘层的专用工具。它可带电(低于500V)削剥电线末端的绝缘层,使用十分方便。剥线钳有140mm和180mm两种规格。其外形如图1-8所示。

图 1-8　剥线钳

七、手动压接钳

手动压接钳是电工用于接线的一种工具,其外形如图 1-9 所示,它一般有四种压接腔体,不同的腔体适用于不同规格的导线和接线端子。

图 1-9　手动压接钳

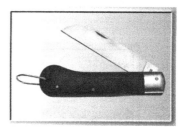

图 1-10　电工刀

八、电工刀

电工刀是电工在装配维修工作时用于割削电线绝缘外皮、绳索、木桩、木板等物品的工具。电工刀外形如图 1-10 所示。

在使用中要注意以下 3 个问题:
(1) 刀口朝外进行操作。削割电线外皮时,刀口要平放,以免割伤线芯。
(2) 使用电工刀时切勿用力过猛,以免不慎划伤手指。
(3) 一般电工刀的手柄是不绝缘的,因此严禁用电工刀带电操作电气设备。

九、活络扳手

活络扳手用于旋动螺杆螺母,它的卡口大小可在规格所定范围内任意调整。扳动较大螺

(a) 活络扳

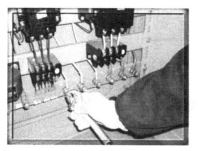

(b) 活络扳手扳较小螺母的握法

(c) 活络扳手扳较大螺母的握法

图 1-11　活络扳手外形及使用方法

杆螺母时，所用力矩大，手应握在手柄尾部；扳小型螺母时，为防止卡口处打滑，手可握在接近头部的位置，且用拇指调节和稳定螺杆。活络扳手外形及使用方法如图 1-11 所示。

使用活络扳手时，不能反方向用力，否则容易扳裂活络扳唇，尽量不要用钢管套在手柄上作加力杆使用，更不能用作撬重物或当手锤敲打。旋动螺杆、螺母时，必须把工件的两侧面夹牢，以免损坏螺杆或螺母的棱角。

十、拉具

拉具又称拉马或拉子，是电工拆卸带轮、联轴器以及电机轴承、电动机风叶时使用的一种工具。一般拉具的外形如图 1-12 所示。

图 1-12　拉具的外形

在使用中要注意以下 3 个问题：
(1) 使用拉具拉电动机带轮时，要把拉具摆正，丝杆要对准机轴中心，然后用扳手上紧拉具的丝杠，用力要均匀。
(2) 如果所拉的部件与电机轴间锈死，要在轴的接缝处浸些汽油或螺栓松动剂，然后用铁锤敲击带轮外圆或丝杆顶端，再用力向外拉带轮。
(3) 必要时可用喷灯将带轮的外表加热后，再迅速拉下带轮。

十一、喷灯

喷灯是对工件进行加热的一种工具，其火焰温度可达 900℃。喷灯的形状如图 1-13 所示。

图 1-13　喷灯的形状

使用喷灯应注意以下几点。

(1) 按喷灯要求加燃料油,最多加到容器的 3/4 处,加油后需拧紧螺塞。

(2) 使用前要检查一下喷灯各个部位是否漏油,喷嘴是否塞死,是否有漏气现象,检查合格后方能使用。

(3) 在修理喷灯或加油放油时,一定要先灭火。

(4) 点火时,喷灯喷嘴前切勿站人。

(5) 喷灯在工作时,应保持火焰与带电体有足够的安全距离,且在工作场所不能有易燃易爆等危险品。

(6) 在点燃喷灯前,应先在火碗内注入燃油并点燃,待喷灯喷嘴烧热后,再缓慢打开进油阀,使火从喷嘴处喷出。给喷灯加压打气前一定要先关闭进油阀。

十二、电烙铁

电烙铁是电工常用的焊接工具,它可用来焊接电线接头、电气元件接点等。电烙铁的形式很多,有外热式电烙铁、内热式电烙铁和吸锡式电烙铁等多种。电烙铁外形如图 1-14 所示。

(a) 内热式电烙铁　　　　(b) 外热式电烙铁　　　　(c) 吸锡电烙铁

图 1-14　电烙铁外形

电烙铁在使用时要注意以下几点。

(1) 使用之前应检查电源电压与电烙铁上的额定电压是否相符,一般为 220V,检查电源和接地线接头是否接错。

(2) 新烙铁应在使用前先用砂纸把烙铁头打磨干净,然后在焊接时和松香一起在烙铁头上沾上一层锡(称为搪锡)。

(3) 电烙铁不能在易爆场所或腐蚀性气体中使用。

(4) 如果在焊接中发现紫铜制的烙铁头氧化不易沾锡时,可用锉刀锉去氧化层,在酒精内浸泡后再用,切勿在酸内浸泡,以免腐蚀烙铁头。

(5) 使用外热式电烙铁还要经常将铜头取下,清除氧化层,以免日久造成铜头烧死。

(6) 电烙铁通电后不能敲击,以免缩短使用寿命。

(7) 电烙铁使用完毕,应拔下插头,待冷却后放置干燥处,以免受潮漏电。

思维与技能训练

项目 1　验电笔的使用

一、能力目标

通过训练熟练掌握验电笔的正确使用方法以及在实际工作生活中的应用。

二、实训内容

1. 低压验电笔的正确使用方法。
2. 低压验电笔的实际应用。

三、操作要点

① 区别电压高低。测试时可根据氖管发光的强弱来估计电压的高低。

② 区别相线与零线。在交流电路中,当验电笔触及导线时,氖管发光的即为相线,正常情况下,触及零线是不会发光的。

③ 区别直流电与交流电。交流电通过验电笔时,氖管里的两个极同时发光;直流电通过验电笔时,氖管里的两个极只有一个发光。

④ 区别直流电的正、负极。把验电笔连接在直流电的正、负极之间,氖管中发光的一极即为直流电的负极。

⑤ 识别相线碰壳。用验电笔触及电机、变压器等电气设备外壳,氖管发光,则说明该设备相线有碰壳现象。如果壳体上有良好的接地装置,氖管是不会发光的。

⑥ 识别相线接地。用验电笔触及正常供电的星形接法三相三线制交流电时,有两根比较亮,而另一根的亮度较暗,则说明亮度较暗的相线与地有短路现象,但不太严重。如果两根相线很亮,而另一根不亮,则说明这一根相线与地肯定短路。

第二节　电工操作基本技能

一、绝缘导线绝缘层的剥离

导线在连接前必须先将导线端部的保护层和绝缘层剥去。不同的保护层和绝缘层的剥离方法和步骤也不相同。

1. 塑料硬导线线头绝缘层的剥离

(1) 芯线截面 4mm² 及以下的塑料绝缘线,其绝缘层用钢丝钳剥离。具体操作方法:根据所需线头长度,用钳头刀口轻切绝缘层(不可切伤芯线),然后用右手握住钳头用力向外勒去绝缘层,同时左手握紧导线反向用力配合动作,如图 1-15 所示。

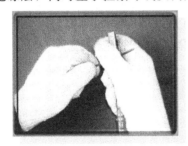
图 1-15　用钢丝钳剥离单股铜导线方法

图 1-16　用电工刀剥离单股铜导线方法

（2）芯线截面大于 4mm² 的塑料绝缘线，可用电工刀来剥离其绝缘层，如图 1-16 所示。

① 用电工刀以 45°角斜切入塑料绝缘层，不可切入芯线。

② 切入后将电工刀与芯线保持 15°角左右，用力要均匀，向线端推削，削去一部分塑料层。注意不要割伤金属芯线，否则会降低导线的机械强度并增加导线的电阻。

③ 把剩下的塑料层翻下，用电工刀在根部切去这部分塑料层。

④ 线端的塑料层全部被剥去，露出芯线。

2. 塑料多芯软线线头的剥离

可以用剥线钳剥离塑料绝缘层，也可用钢丝钳剥离。用剥线钳时注意导线必须放在稍大于其芯线直径的切口上，否则若切口选大了，绝缘层剥不下来；若切口选小了，容易切伤导线的芯线（见图 1-17）。

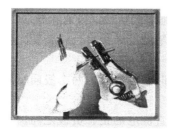 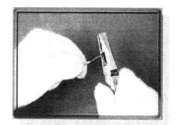

(a) 用剥线钳剥离塑料绝缘层　　　　(b) 用钢丝钳剥离塑料绝缘层

图 1-17　塑料多芯软线线头的剥离方法

3. 花线线头的剥离（见图 1-18）

（1）花线最外层的棉纱织物较软，可用电工刀将四周切割一圈后用力拉去。

（2）花线的橡胶层剥去后就露出芯线。

 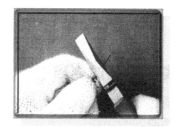

(a) 用电工刀将花线皮剥下　　　　(b) 用钢丝钳将绝缘层剥下

图 1-18　花线线头的剥离方法

4. 护套线线头的剥离

（1）若是塑料护套线或橡胶护套线，要对准线芯缝隙，用电工刀尖沿导线长度方向把护套层割破。然后，翻转护套层并从根部切去，如图 1-19 所示。

（2）在距保护套层边缘约 10mm 处，按塑料线的剥削方法剥掉绝缘层。

二、导线芯线的连接

铜芯导线的连接方法如下。

（1）单股铜芯导线的直线连接如图 1-20 所示。

① 先将两导线芯线线头成 X 形相交。

② 然后互相绞绕 2~3 圈后扳直两线头。

 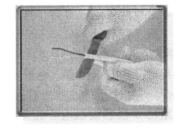

(a) 用电工刀间划开护套　　　　　　　(b) 用电工刀割掉护套

图 1-19　护套线线头护套层的剥离方法

③ 接着将每个线头在另一芯线上紧贴并绕 6 圈，最后用钢丝钳切去余下的芯线，并钳平芯线末端（见图 1-20）。

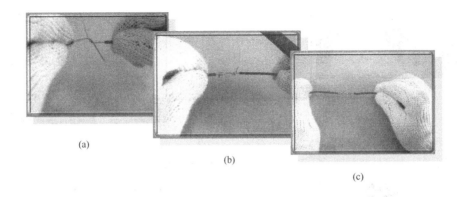

图 1-20　单股铜芯导线的直线连接

（2）单股铜芯导线的 T 字分支连接如图 1-21 所示。

将支线芯线的线头预留出 5mm 左右与干线的芯线十字相交，然后顺时针方向紧贴干线芯线缠绕 6~8 圈后，用钢丝钳切去余下的芯线，并钳平芯线末端，如图 1-21 所示。

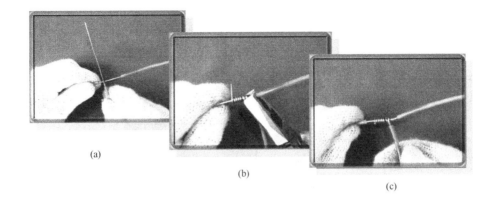

图 1-21　单股铜芯导线的 T 字分支连接

（3）7 股铜芯导线的直线连接如图 1-22 所示。

① 先将剖去绝缘层的芯线头散开并拉直，再把靠近绝缘层 1/3 线段的芯线绞紧，然后

把余下的 2/3 芯线头按图 1-22(a) 所示分散成伞状,并将每根芯线拉直。

② 把两个伞状芯线线头隔根对插,并拉平两端芯线,如图 1-22(b)、(c) 所示。

③ 把一端的 7 股芯线按 2、2、3 根分成三组,把第一组 2 根芯线扳起,垂直于芯线,并按顺时针方向缠绕 2 圈,如图 1-22(d) 所示,并将余下的芯线向右扳直。

④ 再把第二组的 2 根芯线扳直,也按顺时针方向紧紧压着前 2 根扳直的芯线缠绕 2 圈,如图 1-22(e) 所示,并将余下的芯线向右扳直。

⑤ 再把第三组的 3 根芯线扳直,按顺时针方向紧紧压着前 4 根扳直的芯线向右缠绕 3 圈。

⑥ 切去每组多余的芯线,钳平线端,如图 1-22(f) 所示。

⑦ 用同样方法再缠绕另一边芯线。

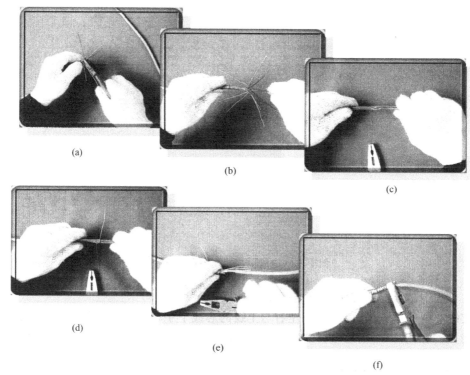

图 1-22 7 股铜芯导线的直接连接

(4) 7 股铜芯导线的 T 字分支连接如图 1-23 所示。

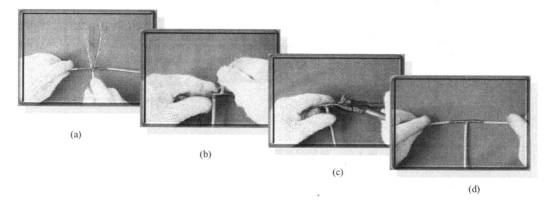

图 1-23 7 股铜芯导线的 T 字分支连接

① 将支线芯线散开并拉直,再把紧靠绝缘层 1/8 线段的芯线绞紧,把剩余 7/8 的芯线分成两组,一组 4 根,另一组 3 根。

② 用旋凿把干线的芯线撬开分为两组,再把分支中 4 根芯线的一组插入干线芯线中间,而把 3 根芯线的一组放在干线芯线的前面,如图 1-23(a) 所示。

③ 把 3 根芯线的一组在干线右边按顺时针方向紧紧缠绕 3~4 圈,并钳平线端,如图 1-23(b) 所示。

④ 把 4 根芯线的一组在干线芯线的左边按逆时针方向缠绕 4~5 圈,最后钳平线端,图 1-23(c) 所示。

连接好的导线如图 1-23(d) 所示。

三、导线绝缘的恢复

导线绝缘层被破坏或导线连接以后,必须恢复其绝缘性能。通常采用包缠法进行恢复,即用绝缘胶带紧扎数层。绝缘材料有黄蜡带、涤纶薄膜带和胶带。绝缘带的宽度为 15~20mm。

包缠时,先从完整的保护层或绝缘层上开始包缠,包缠两根带宽后方可进入连接处的芯线部分。包至连接处的另一端时,也需同样包入完整保护层或绝缘层上两根带宽的距离,包缠时,绝缘带与导线应保持 55°的倾斜角。如图 1-24(a)、(b) 所示。

缠绕时采用半叠包法,先从左向右包缠,使每圈的重叠部分为带宽的一半,包缠一层绝缘胶带后,取同样规格的绝缘胶带接在第一层的尾端,再由右向左按另一斜叠方向包缠一层,也要每圈压叠半幅带宽。如图 1-24(c)、(d) 所示。

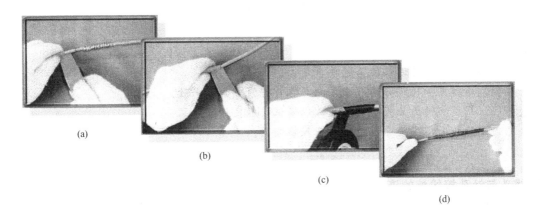

(a) (b) (c) (d)

图 1-24 绝缘带的包缠方法

在使用中要注意:
如包缠时不从完整的保护层或绝缘层开始,或各圈之间叠得过疏、过密,甚至露出芯线,都是不允许的。失去黏性的黑胶布不可使用,更不可用医用胶布来代替绝缘胶布。

四、线头与接线端子(接线桩)的连接

通常,各种电气设备、电气装置和电器用具均设有供连接导线用的接线端子。常见的接线端子有柱形端子和螺钉端子两种。

1. 线头与螺钉平压式接线桩的连接。

(1) 将多股导线离绝缘层根部约 1/2 长的芯线重新绞紧;

(2) 在离绝缘层根部 1/3 处向左外折角,然后弯曲圆弧;

(3) 当圆弧弯曲得将成圆圈(剩下 1/4)时,应将余下的芯线向右外折角,然后使其成圆,捏平余下线端,使两端芯线平行;

(4) 按多股芯线直线对接的自缠法加工,缠成多股芯线压接圈;

(5) 将做好的压接圈压在螺丝下,并用螺丝刀旋紧(见图 1-25)。

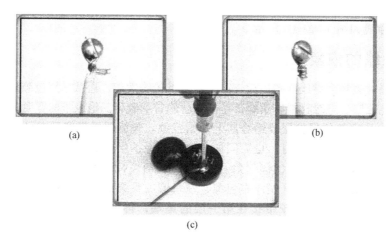

图 1-25 较细导线预柱形端子的连接法

压接圈与接线耳连接的工艺要求是:
(1) 压接圈和接线耳的弯曲方向与螺钉拧紧方向应一致。
(2) 用适当的力矩将螺钉拧紧,以保证接触良好。
(3) 压接时不得将导线绝缘层压入垫圈内。

2. 线头与针孔接线桩的连接。

端子板、某些熔断器及电工仪表等的接线,大多利用接线部位的针孔并用压接螺钉来压住线头以完成连接。如果线路容量小,可只用一只螺钉压接;如果线路容量较大或对接头质量要求较高,则使用两只螺钉压接。

(1) 单股芯线与接线桩连接时,最好按要求的长度将线头折成双股并排插入针孔,使压接螺钉顶紧在双股芯线的中间。

(2) 多股芯线与接线桩连接时,先用钢丝钳将多股芯线进一步绞紧,以保证压接螺钉顶压时不致松散(见图 1-26)。

针孔接线桩连接的工艺要求是:
无论是单股芯线还是多股芯线,线头插入针孔时必须插到底,导线绝缘层不得插入孔内,针孔外的裸线头长度不得超过 3mm。

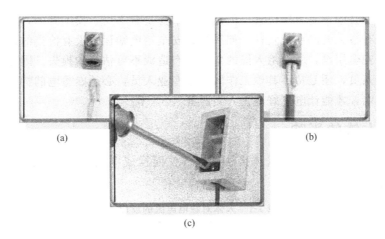

图 1-26　多股芯线与针孔接线桩连接法

思维与技能训练

项目 2　导线的连接

一、能力目标

　　1. 通过对工具的使用训练，熟练掌握电工刀与钢丝钳类工具的使用方法。
　　2. 各类导线的连接方法以及导线绝缘的恢复方法。

二、实训内容

　　1. 分别取 $0.75mm^2$、$1.5mm^2$、$2.5mm^2$ 塑料绝缘线若干，用钢丝钳类工具剥离其绝缘层，做到不伤芯线。
　　2. 进行单股铜芯线的直接连接和分支连接训练。
　　3. 进行多股铜芯线的直接连接和分支连接训练。
　　4. 进行恢复绝缘层的训练。

三、操作要点

　　略。

项目 3　导线的连接

一、能力目标

　　通过普通灯座的安装训练，熟练掌握各类电工工具的使用方法。

二、实训内容

　　1. 正确安装一普通灯座。
　　2. 用端子板进行线头与接线端子（接线桩）的连接。

三、操作要点

　　略。

第三节　人体触电及急救常识

电能是工业、农业、交通、国防、科学技术以及日常生活等各个领域不可或缺的主要能源之一,在人类社会中占有重要位置。但是,电本身是看不见、摸不着的,它在造福人类的同时,对人类也有很大的潜在危险性。如果缺乏安全用电知识,没有恰当的措施和正确的技术,就不能做到安全用电,就会给人民的生命财产造成不可估量的损失。因此,无论是从事电气工作的专业人员,还是从事其他工作的非电专业人员,必须熟悉电的特性,掌握电的规律,重视安全用电,才能让电更好地为人类服务。

一、电流对人体的影响

由于人体是导电的,所以当人体接触带电部位而构成电流回路时,就会有电流通过人体。人体对触电电流的反应见表1-1。

表1-1 人体对触电电流的反应

电流/mA	通电时间	交流电(50Hz)	直流电
		人体反应	人体反应
0~0.5	连续	无感觉	无感觉
0.5~5	连续	有麻刺、疼痛感,无痉挛	无感觉
5~10	数分钟内	痉挛、剧痛,但可摆脱电源	有针刺、压迫及灼热感
10~30	数分钟内	迅速麻痹,呼吸困难,不能自主摆脱电源	压痛、刺痛灼热强烈、有抽搐
30~50	数秒至数分钟	心跳不规则,昏迷,强烈痉挛	感觉强烈,有剧痛痉挛
50~100	超过3s	心室颤动,呼吸麻痹,心脏麻痹而停跳	剧痛,强烈痉挛,呼吸困难或麻痹

二、电压对人体的影响

触电死亡的直接原因不是电压而是电流,但在制订保护措施时,还应考虑电压这一因素。

安全电压:6V、12V、24V、36V、42V 五种(GB 3805—2008)。

当设备采用超过24V的安全电压时,必须采取防直接接触带电体的保护措施。

高压与低压的定义:

高压:设备对地电压在250V及以上者。

低压:设备对地电压在250V以下者。

三、发生触电的几种情况

当人体接触的用电器带电时,外部的电流经过人体,造成人体器官组织损伤甚至死亡,称为触电。实践证明:电压越高、通过人体的电流越强,其危险性就越大。人体触电有三种不同情况,分别为单相触电、双相触电、跨步电压触电。

1. 单相触电

照明电路中的电源导线,其中的一根叫做中性线(或零线),另一根导线叫做相线(也叫做火线)。火线与零线(或大地)之间的电压是220V。如果使用者操作有误,或是由于电线破损、导线金属部分外露、导线或电气设备受潮等原因使其绝缘部分的性能降低,而导致站在地上的人体直接或间接与火线接触,则加在人体上的电压约是220V,远高于36V的安全电压。这时电流就通过人体流入大地而发生单相触电事故,如图1-27所示。

2. 双相触电

人体不同部位同时接触两相带电体,或同时接触零线和相线。这时就有电流通过人体,发生双相触电事故。双相触电如图 1-28 所示。

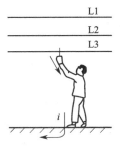

图 1-27　单相触电　　　　图 1-28　双相触电　　　　图 1-29　跨步电压触电

3. 跨步电压触电

当外壳接地的气设备绝缘损坏而使外壳带电，或高压电线断落发生单相接地时，电流就会从设备外壳或电线的着地点向四周扩散。这时如果人站在高压电线着地点附近，两脚之间就会有电压，并有电流通过人体造成触电。这种触电称为跨步电压触电，如图 1-29 所示。

四、防止触电的措施

绝缘、屏护和间距是最为常见的安全措施，它是防止人体触及或过分接近带电体造成触电事故，以及防止短路、故障接地等电气事故的主要安全措施。

1. 绝缘措施

良好的绝缘是保证电气设备和线路正常运行的必要条件，陶瓷、玻璃、云母、橡胶、木材、胶木、塑料、布、纸和矿物油等都是常用的绝缘材料。应当注意，很多绝缘材料受潮后会丧失绝缘性能或在强电场作用下遭到破坏，丧失绝缘性能。

2. 屏护措施

采用屏护装置，如常用电气的绝缘外壳、金属网罩、金属外壳、遮拦、栅栏等把带电体同外界隔绝开来，凡是金属材料制作的屏护装置应妥善接地或接零，这样不仅可防止触电，还可防止电弧伤人。

3. 间距措施

在带电体与地面之间、带电体与其它设备之间应保证必要的安全距离。安全距离的大小取决于电压的高低、设备类型、安装方式等因素。

五、防止触电的注意事项

（1）应定期对电气线路和电气设备进行检查和维修，更换绝缘老化的线路，对绝缘破损处进行修复，确保所有绝缘部分完好无损。

（2）检修电路和用电器时，应严格按照"电气安全工作规程"的规定进行工作。检修前必须断开电源。如检修公共线路，必须在总电源开关处悬挂"禁止合闸，有人工作"的标示牌，并有专人监护。

（3）不要在室内和其他用电场所乱拉电线，乱接电气设备。如因需要必须增加电气线路时，其敷设高度应符合"电气设备安装标准"的有关规定。

（4）注意保护电气线路，防止外力破坏或其他原因损伤电线，如不要在线路附近架天线，不要在电线上晾晒衣物等。

（5）使用移动式电气设备时，应先检查其绝缘是否良好，在使用过程中应采取增加辅助绝缘的措施，如使用手电钻时最好戴绝缘手套并站在橡胶垫上进行工作。

（6）平时应防止导线和电气设备受潮，不要用湿手去拔插头或扳动电气开关，也不要用湿毛巾去擦拭带电的用电设备。

（7）家用电器在安装使用时，必须按要求将其金属外皮做好接零线或接地线的保护措施，以防止电气设备绝缘损坏时外皮带电造成的触电事故。

（8）使用各种电气设备时，应严格遵守"电气安全工作规程"的规定及电气设备使用说明的要求。电气设备使用完毕应立即切断电源。

（9）在电气线路中安装合格的漏电保护装置是防止因电气线路或电气设备绝缘损坏造成触电事故的有效措施，因此，在电气线路的设计、安装过程中，应按照有关供电部门的要求，在规定的范围内安装合格的漏电保护开关，以防触电事故发生。

观察与思考

检查一下教室、实验室、寝室或其它公共场所存在哪些电气安全隐患，并写出观察报告，看谁发现的问题多。

六、触电急救的知识

1. 脱离电源的几种方法

一般情况下，人触电后，由于痉挛或失去知觉等原因会紧抓带电体，不能自主摆脱电源，所以尽快地使其脱离电源是救治触电者的首要因素（见图1-30）。

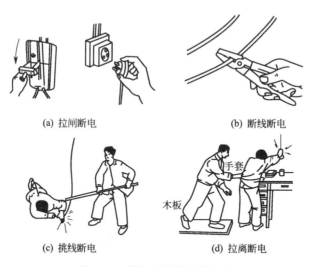

图1-30　脱离电源的几种方法

2. 触电急救方法

当触电者脱离电源后，应根据触电者的具体情况，迅速对症救护。

（1）如果触电者神志清醒，但感乏力、心慌、头昏时，应让其就地安静休息，并及时请医生或送医院进行诊治。

（2）如果触电者神志不清、失去知觉，但是呼吸和心跳尚存，应使其安静平卧在空气流通环境，解开上衣，以利于其自主呼吸，并迅速请医生救治或用救护车送往医院进行抢救。

（3）如果触电者神志不清，呼吸、心跳停止，则呈假死状态。此时，必须毫不迟疑地在现场进行人工呼吸和心脏挤压，进行紧急抢救（见图1-31和图1-32）。

(a) 将触电者仰卧使呼吸道畅通　　(b) 使触电者的鼻孔朝天头后仰

(c) 用嘴紧贴触电者的嘴吹气　　(d) 离开触电人的嘴并放开鼻孔让触电人自动向外呼气

图 1-31　口对口人工呼吸法

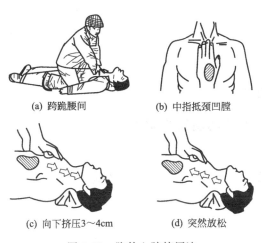

(a) 跨跪腰间　　(b) 中指抵颈凹膛

(c) 向下挤压3～4cm　　(d) 突然放松

图 1-32　胸外心脏挤压法

七、安全用具

电工安全用具是用来直接保护电工人员人身安全的基本用具，常用的有绝缘手套、绝缘靴、绝缘棒三种。

图 1-33　绝缘棒　　　　　　　　图 1-34　绝缘夹钳

1. 绝缘棒

主要用于操作高压隔离开关、跌落式熔断器，安装和拆除临时接地线以及测量和试验等工作（见图 1-33）。

2. 绝缘夹钳

用来安装高压熔断器或进行其他需要有夹持力的电气作业时的一种常用工具（见图 1-34）。

3. 绝缘手套

绝缘手套由绝缘性能良好的特种橡胶制成,有高压、低压两种,用于操作高压隔离开关和油断路器等设备,以及在带电运行的高压电器和低压电气设备上工作时,预防接触电压。

4. 绝缘靴、鞋

绝缘靴、鞋也是由绝缘性能良好的特种橡胶制成的,用于带电操作高压电气设备或低压电气设备时,防止跨步电压对人体的伤害(见图 1-35)。

图 1-35 绝缘手套、绝缘靴、鞋

思维与技能训练

项目4 常用触电急救方法的观察与实训

一、能力目标

1. 学会根据触电者的触电症状,选择合适的急救方法。
2. 掌握两种常用触电急救方法:口对口人工呼吸法和胸外心脏按压法的操作要领。

二、实训内容

1. 组织学生观看口对口人工呼吸法和胸外心脏按压法的教学录像。
2. 以一人模拟停止呼吸的触电者,另一人模拟施救人。"触电者"仰卧于床垫上,"施救人"按要求调整好"触电者"的姿势,按正确要领进行吹气和换气。
3. "触电者"仰卧于床垫上,"施救人"按要求调整好"触电者"的姿势,找准胸外挤压位置,按正确手法和时间要求对"触电者"施行胸外心脏按压法。
4. 以上模拟训练两人一组,交换进行,认真体会操作要领。

三、操作要点

略。

第四节 电气安全常识

一、电气安全技术知识

为了预防直接触电和间接触电,必须采取必要的电气安全技术措施。

1. 接地和接零

(1) 保护接地。将电气设备在正常情况下不带电的金属外壳或构架,与大地之间做良好的接地金属连接。保护接地适用于电源中性线不直接接地的电气设备。图 1-36(a) 所示为没有保护接地，若电动机绝缘损坏使一相与外壳相连而漏电时，外壳带电，当人体接触带电外壳时，电流经人体、大地和另两根相线的分布电阻形成闭合回路，就会产生触电事故。图 1-36(b) 所示为采用了保护接地，如果电动机外壳带电，由于外壳接地保护，接地电阻 R_d 很小，电动机外壳对地电压就很低，接近于零，因此人体接触电动机外壳时便不会有危险。

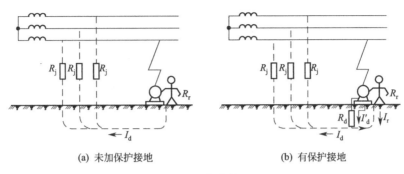

图 1-36　保护接地

（2）保护接零。如图 1-37(b) 所示，当一相绝缘损坏碰壳时，由于外壳与零线连通，形成该相对零线的单相短路，短路电流使线路上的保护装置（如熔断器、低压断路器等）迅速动作，切断电源，消除触电危险。对未接零设备，对地短路电流不一定能使线路保护装置迅速可靠动作，如图 1-37(a) 所示，容易造成事故。保护接零适用于低压中性点直接接地、电压 380/220V 的三相四线制电网。在这种电网中，凡由于绝缘破坏或其他原因而可能出现危险电压的金属部分，一般均应接零。

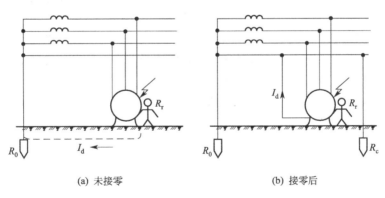

图 1-37　保护接零

2. 接地的类型

（1）工作接地。为保证用电设备安全运行，将电力系统中的变压器低压侧中性点接地，称为工作接地（见图 1-38）。

（2）保护接地。将电动机、变压器等电气设备的金属外壳及与外壳相连的金属构架，通过接地装置与大地连接起来，称为保护接地。保护接地适用于中性点不接地的低压电网（见图 1-39）。

（3）重复接地。三相四线制的零线在多

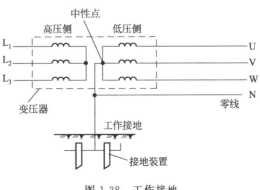

图 1-38　工作接地

于一处经接地装置与大地再次连接的情况称为重复接地。对 1kV 以下的接零系统，重复接地的接地电阻应不大于 10Ω（见图 1-40）。

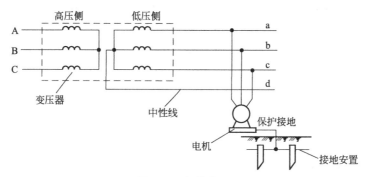

图 1-39 保护接地

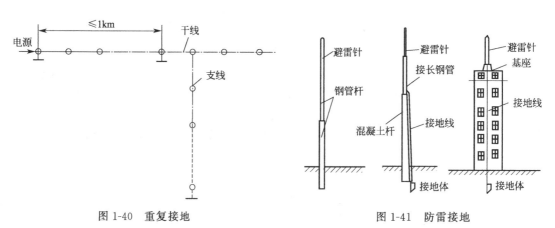

图 1-40 重复接地　　图 1-41 防雷接地

（4）防雷接地。为了防止电气设备和建筑物因遭受雷击而受损，将避雷针、避雷线、避雷器等防雷设备进行接地，称为防雷接地（见图 1-41）。

（5）共同接地。在接地保护系统中，将接地干线或分支线多点与接地装置连接，称为共同接地（见图 1-42）。

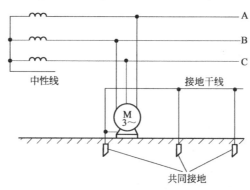

图 1-42 共同接地

二、安全色与安全标志

1. 安全色

安全色是通过不同的颜色表示不同的安全信息，使人们能迅速、准确地分辨各种不同环境，预防事故发生。

安全色规定为红、蓝、黄、绿、黑五种颜色，其含义和用途见表 1-2。

表 1-2　安全色的含义和用途

颜色	含义	用途
红色	禁止	禁止标志，禁止通行
	停止	停止信号，机器和车辆上紧急停止按钮及禁止触动的部位
	消防	消防器材及灭火
	信号灯	电路处于通电状态
蓝色	指令	指令标志
	强制执行	必须戴安全帽，必须戴绝缘手套，必须穿绝缘鞋（靴）
黄色	警告	警告标志，警戒标志，当心触电
	注意	注意安全，安全帽
绿色	提供信息	提示标志，启动按钮，已接地，在此工作
	安全	安全标志，安全信号旗
	通行	通行标志，从此上下
黑色	图形、文字	警告标志的几何图形，书写警告文字

为了便于识别，防止误操作，在变、配电系统中用母线涂色来分辨相线，一般规定黄色为 U 相，绿色为 V 相，红色为 W 相。明敷的接地线涂以黑色。接地开关的操作手柄涂以黑、白相间的颜色，以引起人们的注意。

在开关或刀开关的合闸位置上，应有红底白字的"合"字；在分闸位置上，应有绿底白字的"分"字。

2. 安全标志及分类

安全标志由安全色、几何图形和图形符号组成，用来表达特定的安全信息。安全标志可以和文字说明的补充标志同时使用。

（1）禁止标志。含义是不准或制止人们的某些行为。禁止标志的几何图形是带斜杠的圆环，圆环与斜杠相连用红色，背景用白色，图形符号用黑色绘图（见图 1-43）。

图 1-43　禁止标志

（2）警告标志。含义是警告人们可能发生的危险。警告标志的几何图形是黑色的等边正三角形，背景用黄色，中间图形符号用黑色（见图1-44）。

图1-44　警告标志

（3）命令标志。含义是必须遵守。命令标志的几何图形是圆形，背景用蓝色，图形符号及文字用白色（见图1-45）。

图1-45　命令标志

（4）提示标志。含义是示意目标的方向。提示标志的几何图形是方形，背景用红、绿色，图形符号及文字用白色（见图1-46）。

图1-46　提示标志

3. 电线布线色标的规定

（1）电工成套装置中的导线颜色。

① 保护导线：黄绿双色线。

② 动力电路的中线或中性线：浅蓝色。

③ 交流或直流动力电路：黑色。

④ 交流控制电路：红色。

⑤ 直流控制电路：蓝色。
⑥ 与保护导线连接的控制电路：白色。
⑦ 与电网直接相连的联锁电路：橘黄或黄色。
(2) 依电路选择导线颜色。
① 交流三相电路。U相：黄色；V相：绿色；W相：红色；零线或中性线：浅蓝色；安全用的接地线：黄绿双色。
② 用双芯导线或双根绞线连接的交流电路。红黑色并行。
③ 直流电路。正极：棕色；负极：蓝色；接地中线：浅蓝色。
④ 半导体三极管。集电极：红色；基极：黄色；发射极：蓝色。
⑤ 半导体二极管。阳极：蓝色，阴极：红色。
⑥ 晶闸管。阳极：蓝色；门极：黄色；阴极：红色。
⑦ 双向晶闸管。门极：黄色；主电极：白色。
⑧ 设备内部布线。黑色；半导体电路：白色；有混淆时：容许选指定用色外的其它颜色（如橙、紫、灰、绿、蓝、玫瑰红等）。
⑨ 具体色标。在一根导线上，如遇有两种或两种以上的可标色，视该电路为特定情况，依电路中需要表示的某种含义进行定色。

4. 指示灯与按钮的颜色

在电工成套设备中，有许多指示灯和按钮，在操作、检修时必须正确识别指示灯和按钮的颜色所代表的含义，才能保证正确操作，保障设备和人身安全。

(1) 指示灯的颜色及含义。指示灯的颜色有红、黄、绿、蓝、白五种，其含义见表1-3。

表1-3 指示灯的颜色及含义

颜色	含 义	说 明	应 用
红	危险或告急	有危险或必须立即采取行动	温度已超过(安全)极限;因保护器件的动作而停机;有触及带电或运动部件的危险
黄	注意	情况有变化或即将发生变化	温度异常压力异常;仅能承受允许的短时过载
绿	安全	正常或允许进行	通风冷却正常;自动控制系统运行正常;机器准备启动
蓝	按需要指定用意	除红、黄、绿之外的任何指定用意任何用意	遥控指示;选择开关在"设定"位置
白	无特定用意	任意用意,如不能确切地用红、绿、黄时或用作执行时	

(2) 闪光信息。指示灯有时也用来反映闪光信息，通常反映下列几种情况：
① 必须加倍注意。
② 必须立即采取行动。
③ 不符合指令要求。
④ 表示变化程度。

指示灯闪光信息亮与灭的时间比应在 (1:1)～(4:1) 之间，较高的闪烁频率表示优先的信息。

(3) 按钮的颜色及其含义。按钮的颜色有红、黄、绿、蓝、白、黑、灰七种，其含义见表1-4。

表 1-4 按钮的颜色及含义

颜 色	含 义	应 用
红	处理事故	紧急停机 扑灭燃烧
红	停止或断电	正常停机 停止一台或多台电动机 装置局部停机 切断一个开关 带有停止或断电功能的复位
黄	参与	防止意外情况 参与抑制反常的状态 避免不需要的变化(事故)
绿	启动或通电	正常启动 启动一台或多台电动机 装置的局部启动 接通一个开关装置(投入运行)
蓝	其它任何指定用意	凡红、黄、绿未包含的用意,均可采用蓝色
白、黑、灰	无特定用意	除单功能的停止或断电按钮外的任何功能

观察与思考

1. 平时注意观察你所接触的电气装置或设备,看看颜色的应用。
2. 注意观察工作和生活中的各种安全标志。

三、电气防火、防爆、防雷常识

1. 电气防火

电气火灾是危害性极大的灾难性事故,其特点是来势凶猛,蔓延迅速,既可能造成人身伤亡、设备、线路和建筑物的重大破坏,又可能造成大规模长时间停电,给国家财产造成重大损失。

(1) 电气火灾产生的原因。引起电气火灾的原因是多方面的。

① 设备材料选择不当。

② 过载、短路或漏电。

③ 照明及电热设备故障。

④ 熔断器的烧断、接触不良以及雷击、静电。

以上各种原因都可能引起高温、高热或者产生电弧、放电火花,从而引发火灾事故。

(2) 电气火灾的预防和紧急处理。电气火灾的预防和紧急处理的方法如下。

① 预防方法。

a. 首先应按场所的危险等级正确地选择、安装、使用和维护电气设备及电气线路,按规定正确采用各种保护措施。

b. 在线路设计上,应充分考虑负载容量及合理的过载能力。

c. 在用电上,应禁止过度超载及乱接乱搭电源线。

d. 用电设备有故障应停用并及时检修。

e. 对于需在监护下使用的电气设备,应"人去停用"。

f. 对于易引起火灾的场所，应注意加强防火，配置防火器材。
　② 电气火灾的紧急处理。当电气设备发生火警时：
　　a. 首先应切断电源，防止事故扩大和火势蔓延以及灭火时发生触电事故。
　　b. 拨打火警电话报警。
　③ 电气火灾的灭火方法。发生电火时，不能用水或普通灭火器（如泡沫灭火器）灭火。因为水和普通灭火器中的溶液都是导体，如果电源未被切断，救火者有可能触电。所以，发生电起火时，应使用干粉、二氧化碳或1211等灭火器灭火，也可用干燥的黄沙灭火。
　④ 常用电气灭火器。常用电气灭火器如图1-47所示。

　(a) 干粉灭火器　　　(b) 1211灭火器　　　(c) 二氧化碳灭火器
图1-47　常见的灭火器

2. 电气防爆

（1）由电引起的爆炸。由电引起的爆炸也是危害极大的灾难性事故。引起爆炸的原因是广泛的，主要发生在含有易燃、易爆气体、粉尘的场所。当空气中汽油的含量比达到1%～6%，乙炔达到1.5%～82%，液化石油气达到3.5%～16.3%，家用管道煤气达到5%～30%，氢气达到4%～80%，氨气达到15%～28%时，如遇电火花或高温、高热，就会引起爆炸。碾米厂的粉尘、各种纺织纤维粉尘，达到一定程度也会引起爆炸。

（2）防爆措施。在有易燃、易爆气体、粉尘的场所应做到：
① 应合理选用防爆电气设备，正确敷设电气线路，保持场所良好通风。
② 应保证电气设备的正常运行，防止短路、过载。
③ 应安装自动断电保护装置，对危险性大的设备应安装在危险区域外。
④ 防爆场所一定要选用防爆电机等防爆设备，使用便携式电气设备应特别注意安全。
⑤ 电源应采用三相五线制与单相三线制，线路接头采用熔焊或钎焊。

3. 电气防雷

　　雷电是一种自然现象，它产生的强电流、高电压、高温、高热具有很大的破坏力和多方面的破坏作用，给电力系统和人类造成严重灾害，如对建筑物或电力设施的破坏，对人畜的伤害，引起大规模停电、火灾或爆炸等。

 特别注意哟！

在雷雨时下列物体或地点容易受到雷击。
① 空旷地区的孤立物体、高于20m的建筑物，如水塔、宝塔、尖形屋顶、烟囱、旗杆、天线、输电线路杆等，在山顶行走的人畜，也易遭受雷击。
② 金属结构的屋面，砖木结构的建筑物或构筑物。
③ 特别潮湿的建筑物、露天放置的金属物。

④ 排放导电尘埃的厂房、排废气的管道和地下水出口、烟囱冒出的热气（含有大量导电微粒、游离态分子）。

⑤ 金属矿床、河岸、山谷风口处、山坡与稻田接壤的地段、土壤电阻率小或电阻率变化大的地区。

4. 常用的避雷装置

常用的避雷装置有避雷针、避雷线、避雷网、避雷带和避雷器等。其中，针、线、网、带作为接闪器，与引下线和接地体一起构成完整的通用防雷装置，主要用于保护露天的配电设备、建筑物或构筑物等。避雷器则与接地装置一起构成特定用途的防雷装置。

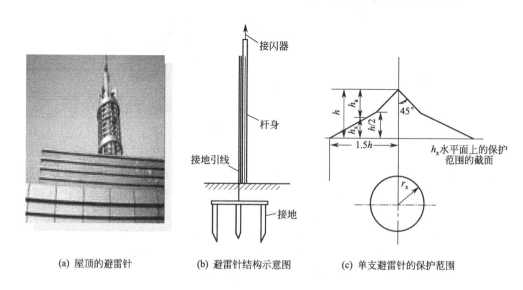

(a) 屋顶的避雷针　　(b) 避雷针结构示意图　　(c) 单支避雷针的保护范围

图 1-48　避雷针

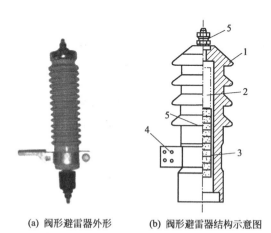

(a) 阀形避雷器外形　(b) 阀形避雷器结构示意图

图 1-49　阀形避雷器结构示意图
1—瓷套；2—火花间隙；3—电阻
阀片；4—抱箍；5—接线鼻

图 1-48 所示是避雷针的基本结构，它是一种尖形金属导体，装设在高大、突出、孤立的建筑物或室外电力设施的突出部位，并按要求高出被保护物适当的高度。根据保护范围的需要装设单支、双支或多支。利用尖端放电原理，将雷云感应电荷积聚在避雷针的顶部，与接近的雷云不断放电，实现地电荷与雷云电荷的中和。对直击雷，避雷针可将雷电流经引下线和接地体导入大地，避免雷击的损害。

避雷器的种类有保护间隙、管形避雷器和阀形避雷器，其基本原理类似。使用时并联在被保护的设备或设施上，通过引下线与接地体相连。正常时，避雷器处于断路状态，出现雷电过电压时发生击穿放电，将过电压引入大地。过电压终止后，迅速恢复阻断状态。图 1-49 所示是工业变配电设备普遍采用的阀形避雷器结构示意图。

思维与技能训练

项目5 电气火灾消防常识

一、能力目标

1. 了解电气火灾的形成原因及预防措施。
2. 掌握电气火灾的扑救程序及灭火器材的使用、保管方法。

二、实训内容

1. 灭火程序训练。着重训练切断电源、报警、疏散人员、选择灭火器具等。
2. 正确使用灭火器训练。
3. 有条件的学校可进行实地灭火训练。

三、操作要点

1. 了解电气火灾发生后，电气工作人员的职责及电气火灾消防灭火的程序和内容。

电气火灾发生后，应立即切断电源，拨打"119"火警电话，利用现场的消防器材奋力扑灭火灾。电气负责人应按平时演习的布置和现场火警情况，指挥电气工作人员抢救，处理火场有关事宜；组织并引导在场的妇女、儿童、老人和其他无关人员疏散；组织有关人员抢救、疏散物资。电气工作人员要配合消防人员灭火、担任警戒，并向扑救人员讲明火场哪儿有电、哪儿无电、电压等级和其他现场情况。火扑灭后，清理现场，修复电气装置，迅速恢复供电。

2. 了解常用灭火器的主要性能及使用方法

任何灭火器的使用都应按其产品使用说明书的要求进行。由于产品的更新换代，使用方法和注意事项也略有不同，仔细阅读说明书，记下要点进行训练。

知识检验

一、单选题

1. 一般钢丝钳的绝缘护套耐压为_____。
   A. 1000V　　　　　　B. 220V　　　　　　C. 500V
2. 喷灯加燃料油，最多加到容器的处_____。
   A. 1/2　　　　　　　B. 2/3　　　　　　　C. 3/4
3. 普通低压验电笔不可测量的电压有_____。
   A. 36V　　　　　　　B. 220V　　　　　　C. 110V
4. 不可作为绝缘胶带有_____。
   A. 涤纶薄膜带　　　　B. 医用橡皮膏　　　　C. 胶带
5. 由电气故障引起火灾时应该使用_____灭火。
   A. 二氧化碳灭火器　　B. 水　　　　　　　　C. 酸性泡沫灭火器
6. 发现有人触电时应该_____。
   A. 马上报警　　　　　B. 迅速通知医院　　　C. 使触电者尽快脱离电源。

二、填空

1. 使用低压测电笔时，手指触及测电笔的金属体部分，这样对人体_____（有；没有）危害，因为在测电笔中有_____。

2. 低压测电笔触及零线时，氖管正常状态应_____（亮；不亮）。

3. 使用高压测电笔时，必须戴_____的绝缘手套，而且手不能超越_____。

4. 包缠黄蜡带或黑胶布时，每圈压叠带宽的_____为宜。

5. 新的电烙铁使用前应做_____处理。

三、简答题

1. 验电器有几种？使用中应注意哪些事项？
2. 简述手工焊接的注意事项。

第二章　直流电路

第一节　简单的直流电路

与其它能量形式比较，电能具有容易转换、便于输送和分配，以及有利于实现自动化等许多方面的优点。因此，人们总是尽可能地将其它形式的能量（如热能、水位能、原子能等）转换成电能再加以利用。而要完成上述任务，则必须通过各种形式的电路才能实现。

无分支电路或有分支但可以利用串并联公式简化成无分支的电路，运用欧姆定律即可求解，这种电路称为简单电路。

一、电路的组成

大家对手电筒都很熟悉，手电筒中有一个小灯泡，通过金属导体和开关与干电池相连接，如图2-1(a)所示。当开关合上时，小灯泡有电流通过就会发光；开关断开后，小灯泡就会熄灭。

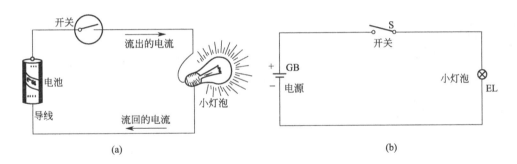

图 2-1　手电筒电路图

图2-1中干电池、灯泡、开关和连接导线就构成了一个简单的电路。

这里，干电池是供给电能的源泉，称为电源。电源是一种把非电能转换成电能的供电装置。常用的电源有干电池、蓄电池和发电机等，它们分别将化学能和机械能转换成电能。此外，还有将某种形式的电能转换成另一种形式电能的装置，通常也称为电源，例如常见的直流稳压电源就是将交流电转换成直流电并在一定范围内保持输出电压稳定的一种装置。

小灯泡是把电能变成热能和光能的消耗电能的部件，叫做负载。负载是一种将电能转换成非电能的用电设备，通常也称为用电器。如电熨斗、电灯和电动机分别将电能转换为热能、光能和机械能。

电源和负载之间通过导线连成闭合电路。电源、负载和连接导线是构成任何一个电路必不可少的三要素。同时还包括开关和熔断器等控制和保护电器。

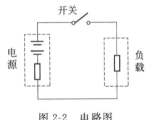

图 2-2　电路图

在画电路图时，应采用国家标准统一规定的电路符号来表示电路中的元件、器件和仪表的控制部件。学会看电路图对于做电工工作的人员十分重要，是必须掌握的技能。图2-2所示的电路就是标准的电路图。用理想电源与电阻表示实际电源，用电阻表示灯泡。

二、电流

金属中含有大量的自由电子，自由电子有规则的运动，形成了金属导体中的电流。习惯上人们都把正电荷移动的方向定为电流的方向，它与电子移动的方向相反（见图 2-3）。

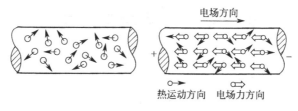

图 2-3 电流的形成

电流强度（简称电流）是指每单位时间内通过导体任一横截面的电荷量。电流强度的单位是安培，电流用 I 表示，除安（A）外，常用的电流单位还有千安（kA）、毫安（mA）、微安（μA）等，它们的换算关系是：

$$1kA = 1000A = 1 \times 10^3 A$$
$$1A = 1000mA = 1 \times 10^3 mA$$
$$1mA = 1000\mu A = 1 \times 10^3 \mu A$$

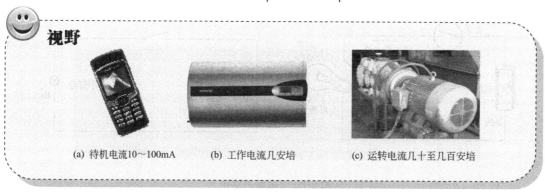

大小和方向都不随时间变化的电流，称为直流电流，如图 2-4(a) 所示；大小和方向均随时间作周期性变化的电流，称为交流电流，如图 2-4(b) 所示。

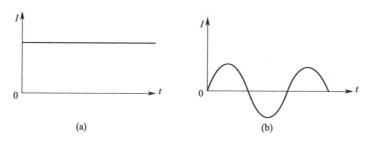

图 2-4 电流的波形

电流不但有大小，还有方向。规定电流的实际方向为正电荷移动的方向。电流方向在外电路中从高电位通过负载流向低电位，在电源内部则是从低电位流向高电位。

电流的方向用一个箭头表示。任意假设的电流方向称为电流的参考方向。如图 2-5 所示，如果求出的电流值为正，说明参考方向与实际方向一致，否则说明参考方向与实际方向相反。

三、电压

在照明电路中,如果接通开关,电灯灯丝中就有了电流;关灯后,灯丝中也就没有了电流。那么,导体中形成持续电流的条件是什么呢?大家知道,河水总是从高处向低处流,因此要形成水流,就必须使水流两端具有一定的水位差,水位差也叫水压,如图2-6所示。与此相似,在电路里使金属导体中的自由电子做定向移动形成电流的条件是导体两端具有电压。一般情况下,物体所带正电荷越多,其电位越高,如果把两个电

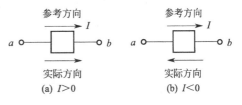

图 2-5 电流的方向

位不同的带电体用导线连接起来,电位高的带电体中正电荷便会向电位低的带电体流去,于是导体中便产生了电流。在电路中,任意两点之间的电位差,称为该两点间的电压。

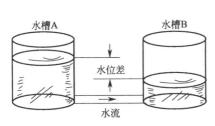

图 2-6 水流的形成

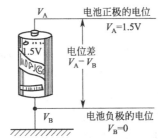

图 2-7 电池电位差示意

电压分直流电压和交流电压。电池两端的电压为直流电压,它是通过化学反应维持电能量的,电池电位差示意如图2-7所示。交流电压是随时间周期变化的电压。发电厂输出的电压一般为交流电压。

电压用字母 U 来表示,其单位是伏特,用符号 V 来表示。大的单位可用千伏(kV)表示,小的单位可用毫伏(mV)表示,
它们之间的关系如下:

$$1kV = 1000V$$
$$1V = 1000mV$$

我国规定标准电压有许多等级,经常接触的有:安全电压 12V、24V、36V,民用市电单相电压 220V,低压三相电压 380V,城乡高压配电电压 10kV 和 35kV,输电电压 110kV 和 220kV,还有长距离超高压输电电压 330kV 和 500kV。

视野

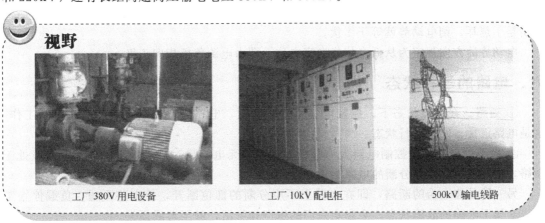

工厂 380V 用电设备　　　　工厂 10kV 配电柜　　　　500kV 输电线路

规定电压的实际方向为由高电位端指向低电位端。在电路中用箭头或"＋"、"－"号或双下标表示。

电压的参考方向也可任意选定。但在外电路中常选电压电流的参考方向相同，称为关联参考方向，在电路图中只需标明一个参考方向（电压或电流）。如图 2-8 所示，电路计算结果若为正，实际方向与参考方向相同；计算结果若为负，则实际方向与参考方向相反。

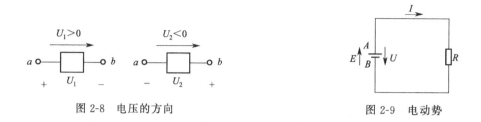

图 2-8　电压的方向　　　　　　　图 2-9　电动势

四、电位

电位又称为电势。在电场或电路中任选一点为零参考点，则电路中某点电位定义为该点到零参考点之间的电压。很显然，参考点电位为零电位。通常选择大地或某公共点作为零电位点。电位用字母 U 加单下标表示，如 U_b 表示 b 点的电位。

由电位定义可以看出，电压与电位这两个物理量有以下区别与联系。

（1）电压即电位差，例如 $U_{ab}=U_a-U_b$。

（2）电压方向即高电位点（＋）指向低电位点（－）方向。

（3）电位与参考点选择有关，而电压与参考点选择无关。

值得注意的是在一个电路或一个电气系统中，只能选择一个参考电位点，否则会导致错误的结论。

五、电动势

外力克服电场力把单位正电荷从电源的负极搬运到正极所做的功，称为电源的电动势。它是反映将其它形式能转换成电能本领的物理量。

如图 2-9 所示，外力克服电场力把单位正电荷由低电位 B 端移到高电位 A 端，所做的功称为电动势，用 E 表示。

$$E=\frac{W}{Q}$$

电动势的单位是伏特，简称伏（V）。如果外力把 1 库仑的电量从点 B 移到点 A，所做的功是 1 焦耳，则电动势就等于 1 伏。

电动势的方向规定为从低电位指向高电位，即由电源负极指向正极。

六、电路的三种状态

① 通路。在这种状态下，控制电器将电路接通，电路中有电流通过，负载正常工作，这是电路正常、安全运行状态。

② 断路。电路上的控制电器人为分断，电路中无电流通过，负载不工作，电路就处于断路，这种按人们意愿分断的电路叫正常断路。

另一种是非人为的断路，即在电路上不应分断的部位断开，使电路不通，负载停止工作。这属于电路的故障状态，会影响人们的生产和生活，甚至造成损失。

③ 短路。电流不通过负载，直接由导线将电源正、负极接通称为短路。由于短路时，电流不经过负载，导线电阻很小，电路中必然出现很大的电流。这个大电流将损坏电源、烧毁导线和其他控制电器，甚至造成火灾。因此在日常用电中，要特别注意防止短路事故，确保用电安全。

 观察与思考

1. 举几个生活中的小例子，说明电给我们带来的方便。
2. 观察各种用电器，说明其使用的电压、电流值。
3. 在日常用电中，为了确保用电安全，防止短路事故对电器设备造成损害，应采取什么措施？

七、电阻、导体、绝缘

1. 电阻

生活常识告诉我们，水在管中流动时，并不是畅通无阻的，而是受着一定的阻力，阻止水的流通，这种阻力叫做水阻。这种阻力与管道粗细、长短、材料有关。同样道理，自由电子在导体中沿一定方向流动时，不可避免地会遇到阻力，这种阻力是自由电子与导体中的原子发生碰撞而产生的。导体中存在的这种阻碍电流通过的阻力叫电阻，电阻用符号 R 表示。

电阻的基本单位是欧姆，用希腊字母 Ω 来表示。如果在电路两端所加的电压是 1 伏特（V），流过这段电路的电流恰好是 1 安培（A），那么这段电阻就定为 1 欧姆（Ω）。在实际应用中，如果电阻比较大，常常采用较大的单位，它们之间的关系如下：

$$1 \text{千欧}（k\Omega）=1\times10^3 \text{ 欧姆}（\Omega）$$

$$1 \text{兆欧}（M\Omega）=1\times10^6 \text{ 欧姆}（\Omega）$$

电阻外形以及在电路图中的符号如图 2-10 所示。

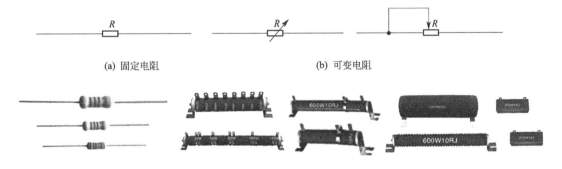

图 2-10 电阻外形以及在电路图中的符号

导体电阻的大小与制成导体的材料、几何尺寸和温度有关。一般导线的电阻可由以下公式得：

$$R=\rho\frac{l}{s}$$

式中　l——导线长度，m；

　　　s——导线的横截面积，mm^2；

　　　ρ——电阻系数，也叫电阻率，$\Omega \cdot mm^2/m$。

电阻系数 ρ 是电工计算中的一个重要物理常数，不同材料的电阻率不相同。某种材料的电阻系数越大，表示它的导电能力越差；电阻系数越小，表示导电性能越好。常用金属的电阻系数见表 2-1。

表 2-1　常用金属的电阻系数（20℃）

材　料	电阻系数/($\Omega \cdot mm^2/m$)	材　料	电阻系数/($\Omega \cdot mm^2/m$)
银	0.0165	铸铁	0.5
铜	0.0175	黄铜(铜锌合金)	0.065
钨	0.0551	铝	0.0283
铁	0.0978	康铜	0.44
铅	0.222		

想想议议

在相同环境下，具有相同长度和截面积的铁导线、铝导线、铜导线的电阻哪个大？电阻哪个小？

例题 2-1　一根铜导线，直径为 1mm，长度为 10m，试计算该导线在 20℃时的电阻。

解：先求导线的截面积

$$s = \frac{\pi d^2}{4} = \frac{3.14 \times 1^2}{4} = 0.79 \; (mm^2)$$

查表 2-1 得铜的电阻系数 $\rho = 0.0175 \Omega \cdot mm^2/m$ 则

导线电阻　　　　　$R = \rho \dfrac{l}{s} = 0.0175 \times \dfrac{10}{0.79} = 0.2215\Omega$

2. 导体

想想做做

如图在金属夹之间分别接入硬币、铅笔芯、橡皮、塑料尺、观察小灯泡是否发光。

实验现象：接入硬币、铅笔芯小灯泡发光。接入橡皮、塑料尺，观察小灯泡不发光。

实验表明：金属做的硬币、石墨做的铅笔芯容易导电；橡皮、塑料尺不容易导电。

能良好地传导电流的物体叫做导体。用导体制成的电气材料叫做导电材料，金属是常用的导电材料。除了金属以外，其他如大地、人体、石墨、天然水和酸、碱、盐类以及它们的溶液，都是导电体。银的电阻系数最小，导电性能最好，但由于其价格昂贵，只在极少数地方如开关触头等处采用，一般电气设备中应用最广泛的是铜和铝。

还有一些材料虽然能导电，但电阻系数较大，人们常常把它作为电阻材料或电热材料应用于某些电器中。比如用作电炉或电烤箱中的电热丝等。

3. 绝缘体

不能传导电流的物体，或者传导电流的能力极差，电流几乎不能通过的物体叫做绝缘体。一般来讲，对绝缘体材料的要求是：具有极高的绝缘电阻和耐电强度，具有较好的耐热和防潮性能，同时应有较高的机械强度，工艺加工方便等。

绝缘材料在电和热的长期作用下，特别是在有化学腐蚀的情况下，会逐步老化，降低它原有的电气和机械性能，有时甚至可能完全丧失绝缘性。所以经常检查绝缘性能是电气设备维修中的主要工作之一。常常用兆欧表来测量设备的绝缘电阻，一般低压电器设备的绝缘电阻应大于 0.5MΩ，对于移动电器和在潮湿地方使用的电器，其绝缘电阻还应再大一点。

观察与思考

1. 搞一次调查，看家用电器使用导体材料和绝缘材料是什么，写出调查报告。
2. 在家庭电路中，为什么一般接大功率用电器的插座往往用铜芯线，特别是接空调的插座，还必须用较粗的铜芯线？

思维与技能训练

项目 6　电流表、电压表的认识与使用

一、能力目标

1. 观察了解电流表、电压表的结构。
2. 培养初步的实验操作技能。
3. 掌握简单电路连接方法。

二、实训内容

1. 电流表、电压表的读表练习。
2. 简单电路的连接。
3. 直流电流表的使用训练。
4. 直流电压表的使用训练。

三、操作要点

1. 直流电流表、直流电压表的读表练习。

略。

2. 直流电流表的使用。电流表分交流、直流两类。电流表在电气设备电路中是串联在被测电路中使用的，为了不影响电路本身的工作，要求电流表的内阻越小越好。直流电流表的接线端子分正负极性，串联在电路中时，电流应从电流表的正极流入，再从电流表的负极流出。

3. 直流电压表的使用。电压表分交流和直流两大类。无论是交流电压表还是直流电压表，使用时均与被测电路并联。为了不影响电路本身的工作状态，电压表一般内阻很大，而且被测量的电压越高，电压表内阻也越大。

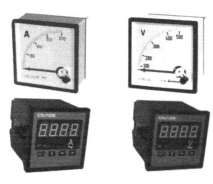

图 2-11 电流表、电压表的外形

用交流电流表、交流电压表测量交流电流时，其接线不分极性，只要在测量量程范围内将它串入或并联在被测电路即可（见图 2-11）。

4. 简单电路的连接

（1）给出一节 1.5V 的普通电池；2.2V 的灯泡一只；小刀闸一个；电压、电流表各一块；导线若干。

（2）用电压表测量电池两端的电压。

（3）按图 2-12(a) 所示连接电路。用导线将上述元件连接成一个闭合电路。测量出灯泡两端的电压值和流过灯泡的电流值。

（4）按电流表、电压表的指针的位置读出电路中的电流、电压值。

（5）按图 2-12(b) 所示电路，电压 U 由可变电源提供，分别提供不同电压时，看电流有何变化？记录结果。

（6）在电压一定时，更换不同值的电阻 R，再看电流有何变化？记录结果。

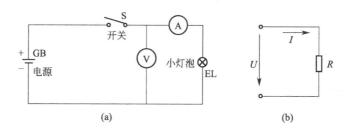

图 2-12 简单电路的连接

项目 7 万用表、兆欧表的认识与使用

一、能力目标

1. 了解万用表的工作原理，初步掌握万用表的使用方法。
2. 进行万用表调零、换挡位、换量程等方面认识训练。
3. 了解兆欧表结构，掌握兆欧表使用方法。
4. 学习绝缘电阻的测试。

二、实训内容

1. 万用表、兆欧表标尺认识训练。
2. 用万用表测量电压、电流。
3. 学会判断线路故障。
4. 绝缘绝缘电阻的测试。

三、操作要点

1. 万用表的使用。万用表是一种多功能、多量程的便携式电测仪表。常用的万用表有模拟式万用表和数字万用表。万用表一般都能测直流电流、直流电压、电阻、交流电压等。有的万用表还能测交流电流、电容、电感及晶体三极管的共发射极直流放大系数等。万用表的外形结构如图 2-13 所示。

(a) 模拟式万用表　　(b) 数字万用表

图 2-13 万用表的外形结构

使用万用表，通常应注意下面几点：

（1）测量前应先检查万用表内电池是否足够。具体方法：先将转换开关置于电阻挡的"×1"位置，再将两只表笔相碰，看指针是否指在零位，若通过调整"调零旋钮"，指针仍不能指在零位，说明电池电量不足，需更换。

（2）机械调零。具体方法：调整"调零旋钮"，使指针对准刻度盘的 0 位线即可。

（3）万用表板面下方有两个插孔，分别标注"＋"、"－"（或＊）两种符号。测量时，应把红表笔插入"＋"插孔，黑表笔插入"－"插孔。

（4）测量前，应根据被测电量的项目和大小，将转换开关拨到合适的位置。选择量程时，应尽量使表头指针偏转到满刻度的 2/3 左右。

（5）测量直流时，必须注意表笔的正、负极性，红表笔接被测电路的高电位端，黑表笔接低电位端。如果不知道被测点电位高低，可将表笔轻轻地试触一下被测点。若指针反偏，说明表笔极性反了，交换表笔即可。

（6）禁止在被测元件带电状态下，调整转换开关，以免损坏开关、表头及指针。

（7）测电压时，要养成单手操作习惯，且注意力要高度集中。即预先将一支表笔固定在被测电路公共接地端，单手拿另一支表笔进行测量，可减少触电的危险。

（8）测量完毕，应将转换开关拨到最高交流电压挡（或空挡），以免下次测量时不慎损坏表头。

2. 标尺认识训练。在万用表的表盘上，有很多条刻度线，统称为标尺，用来表示被测电阻、电压、电流等值。测量时，必须根据测量种类和量程，找好对应刻度线读取数据。图 2-14 所示为 MF-30 型万用表的标尺。

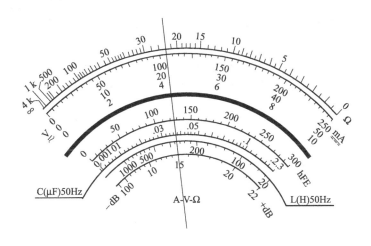

图 2-14　MF-30 型万用表的标尺

按图 2-14 中指针所在位置和表 2-2 中转换开关的量程范围，填写表 2-2。

表 2-2　标尺认识训练

测量种类	转换开关量程范围	实际值	测量种类	转换开关量程范围	实际值
直流电压	50mV		电流	50mA	
交流电压	250V		电阻	1kΩ	

3. 学会判断线路故障。磨砂灯泡不透明，灯泡断丝不易判断，可用万用表的 R×1 挡来测量。断丝则表针不动指在"∞"（无穷大）处；测得的阻值有几十欧姆则算灯泡正常。检查日光灯灯管两端是否断丝，也可以采用此法，不断丝的灯管，阻值为 5Ω 左右。

4. 兆欧表的使用。兆欧表又称摇表、高阻计、绝缘电阻测定仪等，是一种测量电器设备及电路绝缘电阻的仪表。兆欧表的外形如图 2-15 所示。表前面有三个分别标有"E"—接地、"L"—线路、"G"—保护环（屏蔽）的接线端子。后面有一个手摇发电机的摇把手柄，对不同型号的兆欧表，按要求摇动手柄后，可输出 500V、1000V、2000V 和 5000V 等各种等级的电压。

(a) 兆欧表

(b) 数字式兆欧表

图 2-15 兆欧表的外形

兆欧表的使用要领如下。测量前的检查：

① 测量前校表，即对兆欧表进行一次开路和短路试验，检查表是否良好。具体方法如下。

a. 开路试验：使 L 端和 E 端断开，以额定转速（通常标在铭牌上，多为 120r/min）按顺时针方向匀速摇动手柄，看指针是不是指在"∞"处。

b. 短路试验：缓慢摇动手柄，将 L 端和 E 端瞬时短接，看指针是不是指在"0"处。

若表既能在开路试验时指针指在"∞"处，又能在短路试验时指针指在"0"处，说明表是好的，可用。

② 测量前，必须对被测物体进行充分可靠的放电，特别需要注意的是已被兆欧表测量过的电器设备，再次测量前也要进行放电，以确保人身和设备安全。

③ 测量前应对被测物接触面做清洁处理，以防发生误差。

④ 兆欧表与被测物之间的连接线，应选择绝缘良好的单股线，不能选用双股线或绞线，以免影响测量结果。

⑤ 测量过程中，手不能触及接线端子或被测物，如发现兆欧表指针指在"0"处，说明被测绝缘电阻已击穿，应立即停止测量，以防仪表伤损。

⑥ 测量结束后，应使被测物和兆欧表充分放电。

5. 绝缘电阻测试。按接线方法分别测电机绕组、绝缘导线、任意两根导线和电缆的绝缘电阻，并做出误差分析。接线方法见表 2-3。

表 2-3 接线方法

被 测 设 备	L 端	E 端	G 端
电动机绕组或电气设备绝缘电阻	被测绕组或电气设备导电部分	机壳	悬空
绝缘导线的绝缘电阻	被测导线导电部分	绝缘导线的绝缘外皮	悬空
任意两根线之间的绝缘电阻	被测导线中某一根线	被测导线的另一根线	悬空
电缆的绝缘电阻	电缆芯线	电缆外皮	中间绝缘层

第二节 欧姆定律与电阻的串并联

一、欧姆定律

1. 一段均匀电路欧姆定律

一段不含电源的电阻电路,又叫一段均匀电路。若电阻元件的阻值不随外加电压或电流而变化,这类电阻称为线性电阻。当电流、电压参考方向一致时,如图 2-16 所示,实验证明:通过该段电路的电流 I 与加在电路两端的电压 U 成正比,与该段电路的电阻 R 成反比。即

$$I=\frac{U}{R} \quad \text{或} \quad U=IR$$

称为一段均匀电路欧姆定律,简称欧姆定律。

式中:R 为电阻(Ω);I 为电流(A);U 为电压(V)。

若 U 与 I 方向相反,则欧姆定律表示为:

$$U=-IR$$

例题 2-2 有一手电筒的小灯泡在通电点亮时的灯丝电阻为 10Ω,两节干电池串联后的电压为 3V,求通过小灯泡的电流。

解:根据欧姆定律

$$I=\frac{U}{R}=\frac{3}{10}=0.3 \text{ (A)}$$

2. 全电路欧姆定律

图 2-17 所示是简单的闭合电路,R_L 为负载电阻,R_0 为电源内阻,若略去导线电阻不计,则该电路用欧姆定律表示为:

$$I=\frac{E}{R_L+R_0}$$

上式的意义是:电路中流过的电流,其大小与电动势成正比,而与电路的全部电阻成反比。电源的电动势和内电阻一般认为是不变的,所以,改变外电路电阻,就可以改变回路中的电流大小。

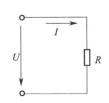

图 2-16 一段均匀电路

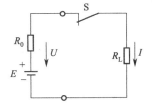

图 2-17 全电路

例题 2-3 有一电池的电动势为 6V,内阻 R_0 为 0.4Ω,外接负载电阻为 9.6Ω。求电源两端的电压和内压降。

解:

$$I=\frac{E}{R_L+R_0}=\frac{6}{9.6+0.4}=0.6\text{A}$$

内压降 $U_内=IR_0=0.6×0.4=0.24\text{V}$

端电压 $U_外=IR_L=0.6×9.6=5.76\text{V}$

> **想想做做**
>
> 把一电阻元件接在10V直流电源上,用直流电压表和直流电流表分别测量电阻上的电压和电流,再计算出电阻值,看看计算出的电阻值和实际电阻值之间的误差是多少?

二、电能、电功率

各种各样的电气设备接通电源后都在做功,把电能转换成其他形式的能量,例如热能、光能和机械能等,电流在一段电路上所做的功,与这段电路两端的电压、流过电路的电流以及通电时间成正比,即:

$$W=UIt$$

式中 W——电功,J;
　　U——电压,V;
　　I——电流,A;
　　t——时间,s。

单位时间内的电功称为电功率,用 P 表示。

$$P=UI$$

电功率的单位是瓦特,简称瓦(W)。大功率用千瓦(kW)或兆瓦(MW)作单位;小功率用毫瓦(mW)或微瓦(μW)作单位。

$$1kW=1\times10^3 W,\ 1mW=1\times10^{-3}W,\ 1W=1\times10^{-6}MW$$

工程上常用千瓦小时(kW·h)作单位,1kW·h 也称为一度电。

当电压、电流方向一致时,$P=UI$,当电压、电流方向相反时,$P=-UI$。若 $P>0$,则该元件是耗能元件,若 $P<0$,则该元件是供能元件。

例题 2-4 如图2-18所示,求各元件的电功率,并说明是产生功率还是吸收功率。

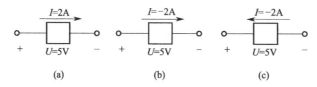

图 2-18 例 2-4 题图

解:(a)电压电流方向一致,

$$P=UI=5\times2=10W,$$
$P>0$,吸收 10W 功率。

(b)电压电流方向一致,

$$P=UI=5\times(-2)=-10W,$$
$P<0$,产生 10W 功率。

(c)电压电流方向不一致,

$$P=-UI=-5\times(-2)=10W,$$
$P>0$,吸收 10W 功率。

例题 2-5 有一220V、60W 的电灯,接在220V 的电源上,试求通过电灯的电流和电灯在220V电压下工作时的电阻。如果每晚用3h，问一个月消耗多少电能。

解： 根据 $P=UI$，可得 $I=\dfrac{P}{U}=\dfrac{60}{220}=0.273$（A）

由欧姆定律得出

$$R=\dfrac{U}{I}=\dfrac{220}{0.273}=80\ （\Omega）$$

一个月消耗电能

$$W=Pt=60\times10^{-3}\times3\times30=0.06\times90=5.4\ （kW\cdot h）$$

观察与思考

搞一次调查，看一看家中、寝室或教室使用的各种电器的功率为多少？并估算出每天消耗多少度电？

三、电阻的串联

如果电路中有两个或更多个电阻一个接一个地顺序相联，并且在这些电阻中通过同一电流，则这种联接方式就称为电阻的串联。图2-19是两个电阻串联的电路。

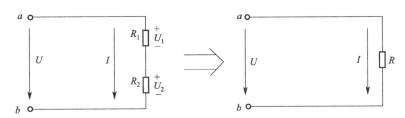

图2-19 电阻的串联

电阻串联有以下几个特点：

1. 各电阻上流过电流为同一电流。
2. 外加电压等于各电阻上电压之和。

$$U=U_1+U_2=IR_1+IR_2$$

3. 电源提供功率等于各个电阻上消耗的功率之和。

$$P=UI=U_1I+U_2I$$

4. 串联电阻的等效总电阻（总电阻）等于各串联电阻之和。

$$R=R_1+R_2$$

例题 2-6 一个信号灯，其额定电压为6.3V，工作电流为0.2A，今欲接入12V的电源，用一个线绕电阻降压（见图2-20）。问降压电阻值应为多大？

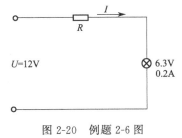

图2-20 例题2-6图

解： 为保证信号灯得到所需的6.3V电压，降压电阻上应降落 $U_R=12-6.3=5.7V$ 电压，为此，降压电阻的阻值为：

$$R=\dfrac{U_R}{I}=\dfrac{5.7}{0.2}=28.5\ （\Omega）$$

例题 2-7 两电阻串联，$R_1=2R_2$，已知 R_2 功率为1W，求 R_1 功率为多少？

解：电阻串联，流过电流相同，所以

$$P_2 = I^2 R_2 = 1\text{W}$$
$$P_1 = I^2 R_1 = I^2 2R_2 = 2\text{W}$$

举一反三

我们已经知道两只电阻串联的等效总电阻等于各串联电阻之和。那么，三只串联电阻的等效总电阻等于多少呢？

四、电阻的并联

如果电路中有两个或更多个电阻联接在两个公共的节点之间，则这样的联接方式就称为电阻的并联。各个并联电阻上承受着同一电压。图2-21是两个电阻并联的电路。

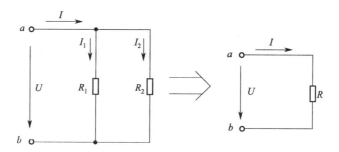

图2-21 电阻的并联

电阻并联电路有以下特点：

1. 各电阻两端的电压为同一电压。
2. 总电流等于各支路电流之和。

$$I = I_1 + I_2 = \frac{U}{R_1} + \frac{U}{R_2}$$

3. 电源供给的功率等于各电阻上消耗的功率之和。

$$P = UI = UI_1 + UI_2$$

4. 总电阻（等效电阻）的倒数等于各并联电阻倒数之和。

$$\frac{1}{R} = \frac{1}{R_1} + \frac{1}{R_2}$$

例题 2-8 两电阻并联，$R_1 = 2R_2$，已知 R_2 功率为1W，求 R_1 功率为多少？

解：因电阻并联，所以两电阻上电压相等。

$$P_2 = \frac{U^2}{R_2} = 1\text{W}$$
$$P_1 = \frac{U^2}{R_1} = \frac{U^2}{2R_2} = \frac{1}{2}\text{W}$$

例题 2-9 如图2-22所示，在220V的电源上并联着两盏电灯，它们在点亮时的电阻分别为 $R_1 = 484\Omega$，$R_2 = 1210\Omega$，计算这两盏灯从电源取用的总电流。

解：利用欧姆定律可以计算出每盏灯取用的电流

$$I_1 = \frac{U}{R_1} = \frac{220}{484} = 0.455 \text{（A）}$$

$$I_2 = \frac{U}{R_2} = \frac{220}{1210} = 0.182 \text{ (A)}$$

也可以先求出两灯并联的等效电阻

$$R = \frac{R_1 R_2}{R_1 + R_2} = \frac{484 \times 1210}{484 + 1210} = 345 \text{ (}\Omega\text{)}$$

再计算总电流

$$I = \frac{U}{R} = \frac{220}{345} = 0.637$$

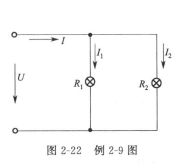

图 2-22　例 2-9 图

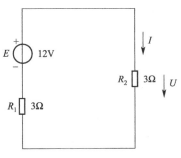

图 2-23　例 2-10 题图

例题 2-10　求图 2-23 所示电路中的 I 及 U。

解：
$$I = \frac{E}{R_1 + R_2} = \frac{12}{3+3} = 2\text{A}$$
$$U = IR_2 = 2 \times 3 = 6\text{V}$$

1. 小明在检查一电气电路时，发现其中一个 10Ω 电阻坏了，但手边只有几只 20Ω 的电阻。你能想出他解决的办法吗？

2. 在家庭照明电路中，为了让电流过大时能自动切断电路，用到了保险丝。保险丝的规格是横截面积越大熔断电流越大。一天晚上，小华家的保险丝熔了，但他家里只备有比原来细的保险丝，他该怎么办？

思维与技能训练

项目 8　欧姆定律

一、能力目标

用伏安法测电阻，并验证欧姆定律（见图 2-24）。

二、实训内容

1. 简单电路的连接。
2. 测量电阻上电压和电流的方法。
3. 实验数据的记录及分析方法。

三、操作要点

1. 按电路图接线，经教师检查合格后接通电源，调节 R_1 使电流表读数为某一值，测量

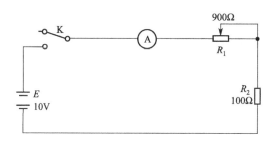

图 2-24 欧姆定律电路图

电阻 R_2 上电压 U_2 和 I，并记录数据，填入表 2-4。

表 2-4

I/mA							
U_2/V							
R_2/Ω							

2. 作电压电流关系曲线，观察 R_2 上电压电流关系是否是一直线。

第三节　复杂直流电路

凡不能用串联和并联方法简化为无分支的电路，叫做复杂电路。复杂电路可用基尔霍夫定律、电压源和电流源及其变换、戴维南定理等才能求解。

基尔霍夫定律用于解决复杂电路的电压、电流计算。

1. 电路中的几个名词

电路中通过同一电流的每个分支称为支路。

3 条或 3 条以上支路的连接点称为节点。

电路中任一闭合的路径称为回路。

图 2-25 所示电路中有 3 条支路，2 个节点，3 个回路。

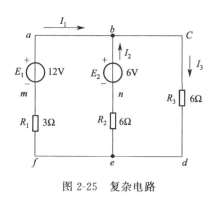

图 2-25　复杂电路

2. 基尔霍夫电流定律（KCL）

基尔霍夫电流定律：在任一瞬时，流入任一节点的电流之和必定等于从该节点流出的电流之和。

$$\sum I_入 = \sum I_出$$

假定流入节点的电流为正，流出节点的电流为负，也可以表述为在任一瞬时，通过任一节点电流的代数和恒等于零。

$$\sum I = 0$$

在图 2-25 中，对节点 b 有：

$$I_1 + I_2 = I_3$$

3. 基尔霍夫电压定律（KVL）

基尔霍夫电压定律：在任一瞬时，沿任一回路电压的代数和恒等于零。

$$\sum U = 0$$

电压参考方向与回路绕行方向一致时取正号，相反时取负号。

在图 2-25 中，沿 $abefa$ 回路，有
$$E_2 - I_2R_2 + I_1R_1 - E_1 = 0$$

例题 2-11 如图 2-26 所示，各电流参考方向已标明。已知 $I_1 = -2A$，$I_2 = 2A$，$I_b = -6A$，$I_c = 1A$；$E_2 = 6V$，$E_4 = 10V$；$R_1 = 5\Omega$，$R_2 = 1\Omega$，$R_4 = 1\Omega$，求 R_3 与各支路电压 U_{ab}、U_{bc}、U_{cd}、U_{da}。

解：根据 KCL，节点 b：$I_3 = I_2 + I_b = 2 - 6 = -4A$

节点 c：$I_4 = I_c - I_3 = 1 - (-4) = 5A$

根据 KCL，沿回路 $abcda$：
$$I_2R_2 + I_3R_3 - I_4R_4 - I_1R_1 - E_4 + E_2 = 0$$
$$2 \times 1 + (-4)R_3 - 5 \times 1 - (-2) \times 5 - 10 + 6 = 0$$
$$R_3 = 0.75\Omega$$
$$U_{ab} = E_2 + I_2R_2 = 6 + 2 \times 1 = 8V$$
$$U_{bc} = I_3R_3 = -4 \times 0.75 = -3V$$
$$U_{cd} = -E_4 - I_4R_4 = -10 - 5 \times 1 = -15V$$
$$U_{da} = -I_1R_1 = -(-2) \times 5 = 10V$$

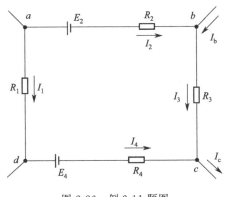

图 2-26　例 2-11 题图

思维与技能训练

项目 9　基尔霍夫定律

一、能力目标

1. 进一步学习测量电流、电压的方法。
2. 通过验证基尔霍夫定律，达到对基尔霍夫定律内容的理解。
3. 逐步了解误差分析方法。

二、实训内容

1. 基尔霍夫定律电路的连接（见图 2-27）。
2. 测量各支路电流的方法。
3. 实验数据的记录及分析方法。

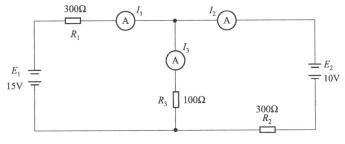

图 2-27　基尔霍夫定律电路图

三、操作要点

1. 按电路图接线，经教师检查合格后接通电源，测量电压 U_1、U_2、U_3 电流 I_1、I_2、I_3，并记录数据，填入表 2-5。
2. 验证 KCL、KVL。

表 2-5

项 目	U_1/V	U_2/V	U_3/V	I_1/A	I_2/A	I_3/A
E_1、E_2 共同作用						

知识检验

一、填空

1. 直流电路中，电流的_____和_____恒定，不随时间变化。
2. 禁止在被测元件带电状态下调整转换开关，以免损坏_____、_____及_____。
3. 万用表在选择量程时，最好使指针处在_____之间。
4. 万用表红表笔应插入_____孔，黑表笔应插入_____孔。
5. 若万用表内用 1.5V 电池，判断电池电量是否充足时，应将转换开关放在_____挡。
6. 测量直流电流时，应保证电流从_____表笔进，从_____表笔进。
7. 兆欧表手柄一般情况摇动速度为_____r/min。
8. 绝缘电阻应用_____进行测量。

二、简答题

1. 某同学家中有一台电视机、一台洗衣机、两盏照明灯，它们是并联连接的，工作时的电流分别是 200mA、1A、300mA、250mA。如果总线电流不允许超过 3A，试分析这些电器是否可以同时使用？
2. 若误将万用表直接与电源并联，会造成什么后果？
3. 通常家用照明灯深夜要比傍晚时亮一些，为什么？
4. 某教学楼照明线路允许通过的电流为 25A，现已安装了 80 盏 40W 和 20 盏 60W 照明灯。试分析还可再装多少盏 40W 的照明灯？（不考虑导线过载能力等因素）

三、计算题

1. 车床用照明灯采用 36V 安全电压，若照明灯工作时灯丝电阻为 32Ω，则流过灯丝的电流为多少？灯丝消耗的功率为多少？
2. 两个电阻串联后接在 24V 电源上，其中一个电阻阻值为 80Ω，流过电流为 0.2A，试问另一个电阻阻值为多少？
3. 电路如图 2-28，试求 $U_{AB}=$？

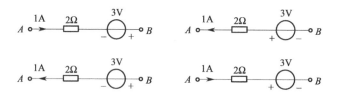

图 2-28 题 3 图

4. 电路如图 2-29，试求 $U_{ab}=$？$U_{bc}=$？$U_{ca}=$？
5. 如图 2-30 所示：(1) 求电路中的电流，并标出实际方向；(2) 取 c 点为参考点，试求 a、b、c、d 各点电位和 U_{ac}、U_{cd}；(3) 若取 a 点为参考点，重新求出以上各量。
6. 某电池未接负载时测其电压值为 1.5V，接上一个 5Ω 的小电珠后测的电流为 250mA，试计算该电池的电动势 E 和内阻 R_0。

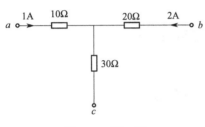

图 2-29 题 4 图

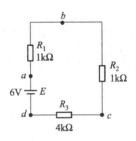

图 2-30 题 5 图

7. 如图 2-31 所示。图中 A、B、C 为三个元件。电压、电流的参考方向已标注在图中。已知 $I_1=3\text{A}$，$I_2=-3\text{A}$，$I_3=-3\text{A}$，$U_1=120\text{V}$，$U_2=10\text{V}$，$U_3=-110\text{V}$。（1）标出各电流、电压的实际方向和极性。（2）判断哪个是电源？哪个是负载？

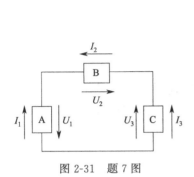

图 2-31 题 7 图

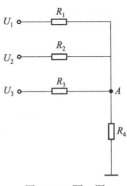

图 2-32 题 8 图

8. 如图 2-32 所示。已知 $U_1=12\text{V}$，$U_2=-6\text{V}$，$U_3=2\text{V}$，$R_1=R_2=20\text{k}\Omega$，$R_3=R_4=10\text{k}\Omega$。求 A 点的电位。

第三章 正弦交流电路

第一节 电磁与磁路

一、磁体和磁场

自然界中,某些物体具有吸引铁、钴、镍的性质,叫磁性。具有磁性的物体叫磁体。现在我们可以制成各种形状的磁体,它们都具有共同的性质。

磁极之间并不直接接触,它们之间相互作用力的传递,是通过磁极周围空间的一种特殊物质来实现,这种特殊物质叫磁场。磁场可以用磁感线(也叫磁力线)来形象描述,磁感线上各点的切线方向,表示该点磁场的方向,磁感线的疏密程度表示磁场的强弱,如图 3-1 所示。通常磁感线具有如下特征:

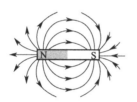 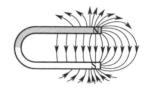

图 3-1 磁感线

① 在磁体外部,磁感线从北极到南极。在磁体内部,磁感线从南极到北极,组成一闭合曲线;
② 磁感线具有连续性,既不会中断,也不会相交;
③ 同方向磁感线互相推斥,反方向磁感线互相吸引。

二、磁场的基本物理量

1. 磁感应强度 B

磁感应强度 B 是表示磁场内某点磁场强弱及方向的物理量。B 的大小等于通过垂直于磁场方向单位面积的磁力线数目,B 的方向用右手螺旋定则确定。单位是特斯拉(T)。工程上还常采用高斯(G)作单位,且

$$1T = 1 \times 10^4 G$$

2. 磁通 Φ

均匀磁场中磁通 Φ 等于磁感应强度 B 与垂直于磁场方向的面积 S 的乘积。

$$\Phi = BS$$

磁通的单位是韦伯(Wb),即

$$1Wb = 1T \times 1m^2$$

若 B 的单位为 G,S 的单位为 cm^2,则 Φ 的单位为 Mx(麦克斯韦),即

$$1Mx = 1G \times 1cm^2$$

所以 $\qquad 1Wb = 1 \times 10^4 G \times 1 \times 10^4 cm^2 = 1 \times 10^8 Mx$

由于 $B = \dfrac{\Phi}{S}$,所以磁感应强度又称为磁通密度。

3. 磁导率 μ

磁导率 μ 是表示物质导磁能力的物理量，单位是亨/米（H/m）。

若一通电长直螺线管，其长度为 L，上面密绕有 N 匝线圈，并通有电流 I。当直螺管长度远大于本身直径时，可以认为管内磁场为匀强磁场。若螺线管内为真空时，可以证明其内部磁感应强度为

$$B_0 = \mu_0 \frac{NI}{L}$$

μ_0 称为真空的磁导率，经过实验测定，$\mu_0 = 4\pi \times 10^{-7}$ H/m

若管内有某介质时，则管内磁感应强度为

$$B = \mu \frac{NI}{L}$$

μ 称为物质的导磁率。而比值 $\mu_r = \frac{\mu}{\mu_0}$ 称为该介质的相对磁导率。

可见，当磁场中充有不同物质时，磁场的强弱也不相同。按导磁性质可将磁场中物质分为两类：

（1）铁磁物质：其特点是 μ_r 远大于 1（或 μ 远大于 μ_0）。这类物质处于磁场中时，能使磁感应强度大大增强，它们的导磁能力很强。属于这一类物质的有如铁、镍、钴及其合金，和一些铁氧体。

（2）非铁磁物质：其特点是 μ_r 近似为 1（或 μ 近似为 μ_0）。当这类物质存在于磁场中时，对原磁场影响不大，它们的导磁能力很小。除了铁磁物质以外的其它物质（如铜、铝、空气、木材、橡胶等）都称为非铁磁物质。

4. 磁场强度 H

磁场强度是描述磁场性质的一个辅助物理量。

磁场强度只与产生磁场的电流以及这些电流分布有关，而与磁介质的磁导率无关。在各向同性的均匀磁介质中，磁场强度大小为：

$$H = \frac{B}{\mu} \quad 或 \quad B = \mu H$$

磁场强度单位是安/米（A/m）。

5. 磁化

在外磁场作用下，这些微小磁体按外磁场方向逐渐转向整齐排列，并形成与外磁场方向相同的附加磁场，对外显示出磁性，这个过程叫做磁化。外磁场增强时，微小磁体排列越整齐，则铁磁物质所形成的附加磁场越强。当附加磁场达最大值后，无论外磁场多强，附加磁场也不再增强，这种现象叫做磁饱和。

三、磁路

1. 磁路概念

在实际电路中，有大量电感元件的线圈中有铁芯。线圈通电后铁芯就构成磁路，如图 3-2 所示。磁路又影响电路，因此电工技术不仅有电路问题，同时也有磁路问题。

2. 铁磁材料的磁性能

磁饱和性：从图 3-3 的磁化曲线上可以看出，B 不会随 H 的增强而无限增强，H 增大到一定值时，B 不能继续增强，达到了磁饱和状态。

磁滞性：铁芯线圈中通过交变电流时，H 的大小和方向都会改变，铁芯在交变磁场中反复磁化，反复磁化时的 B-H 曲线，称为磁滞回线，如图 3-3 所示，在反复磁化的过程中，

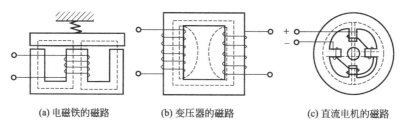

(a) 电磁铁的磁路　　(b) 变压器的磁路　　(c) 直流电机的磁路

图 3-2　磁路

B 的变化总是滞后于 H 的变化，这种现象称为磁滞现象。

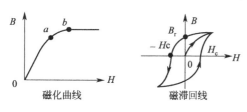

图 3-3　磁化曲线和磁滞回线

3. 铁磁材料的类型

软磁材料：磁滞回线较窄，剩磁 B_r 与矫顽力 H_c 皆小。这种材料很容易被磁化，也很容易去磁，磁滞损耗也很小，电机、变压器以及仪表线圈上用的铁芯都用软磁材料。常用的软磁材料如铁、硅钢、坡莫合金等。

硬磁材料：磁滞回线较宽，剩磁和矫顽力均较大，磁滞性明显。这种材料一经磁化就不易去磁，磁滞损耗大，所以此类材料常用来制成永久磁铁。常用的如钴钢、钨钢、铝镍合金以及硬磁铁氧体等。

矩磁材料：磁滞回线几乎成矩形。它的特点是只要受较小的外磁场作用就能磁化到饱和，而去掉外磁场后仍保持饱和状态。这说明它具有"记忆"功能。铁氧体就属于矩形磁性材料，它用于制作电子计算机存储器的铁芯和外部设备中的磁鼓、磁带和磁盘等。

4. 磁路欧姆定律

研究磁路时可仿效研究电路的方法，电路与磁路之间有如下一些对应概念。

磁　　路	电　　路
磁通 Φ	电流 I
磁动势 IN	电动势 E
磁阻 R_m	电阻 R
磁路欧姆定律 $\Phi = IN/R_m$	电路欧姆定律 $I = E/R$

若铁芯截面各处相同，磁路为均匀磁路，则

$$\Phi = \frac{F_m}{R_m}$$

称为磁路欧姆定律，它形式上与电路欧姆定律相似。

$R_m = \dfrac{l}{\mu S}$ 称为磁阻，表示磁路对磁通的阻碍作用，单位为 H^{-1}。

$F_m = NI$ 称为磁动势，它是产生磁通的磁源。N 为线圈匝数。单位用安匝数（即 A）表示。

第二节　正弦交流电

正弦交流电之所以能获得广泛应用，是因为它具有以下一些优点：

① 输送与分配使用经济、方便。远距离输送，可以利用变压器升压以减少输电线路损

耗；到达用户时又可降低电压，保证安全，降低电气设备绝缘要求。

② 交流发电机、电动机与直流电机相比构造简单，造价低廉，性能良好。

③ 凡需要直流的地方，可以通过整流设备方便地将交流转变为直流。

④ 正弦量容易进行分析计算。

小常识

交流电的产生主要有两类方式，一类是用交流发电机产生，另一类是用含电子器件如半导体晶体管的电子振荡器产生。

交流发电机利用电磁感应的原理产生交流电。发电机输出的电能是由输入到原动机的能量（如对汽轮机是热能、对水轮机是水的势能）转换而得来的。高频的交流电一般都是用电子振荡器来产生的。作为能源使用的交流电几乎都是以这两类方式来产生的。此外，还有如压电晶体那样的器件能在受声波或机械振动作用时产生交流电，由这类器件能获得的电功率不大，可以作为电信号源用于检测等目的。

随时间按正弦规律变化的电压、电流称为正弦电压和正弦电流。表达式为：

$$u = U_m \sin(\omega t + \varphi_u)$$
$$i = I_m \sin(\omega t + \varphi_i)$$

以正弦电流为例

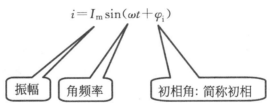

振幅、角频率和初相称为正弦量的三要素。

波形如图 3-4 所示：

一、周期与频率

周期 T：正弦量完整变化一周所需要的时间。

频率 f：正弦量在单位时间内变化的周数。

周期与频率的关系： $f = \dfrac{1}{T}$

图 3-4 正弦电流的波形图

角频率 ω：又称电角速度。它反映正弦交流电变化的快慢，定义为单位时间内交流电变化的电角度。

角频率与周期及频率的关系： $\omega = \dfrac{2\pi}{T} = 2\pi f$

二、相位、初相和相位差

相位：正弦量表达式中的角度 $\omega t + \varphi$。它反映正弦交流电变化进程与所处的状态（包括大小、方向与变化趋势）。

初相：$t = 0$ 时的相位。它反映了正弦交流电的初始状态。

相位差：两个同频率正弦量的相位之差，其值等于它们的初相之差。如

$$u = U_m \sin(\omega t + \varphi_u)$$
$$i = I_m \sin(\omega t + \varphi_i)$$

即
$$\varphi = (\omega t + \varphi_u) - (\omega t + \varphi_i) = \varphi_u - \varphi_i$$

$\varphi = 0$，u 与 i 同相；$\varphi > 0$，u 超前 i，或 i 滞后 u。

$\varphi = \pm \pi$，u 与 i 反相；$\varphi = \pm \dfrac{\pi}{2}$，$u$ 与 i 正交。如图 3-5 所示。

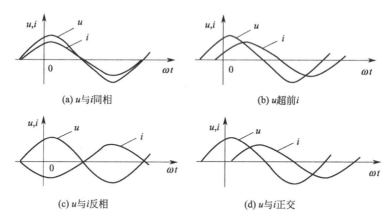

(a) u 与 i 同相　　　　　(b) u 超前 i

(c) u 与 i 反相　　　　　(d) u 与 i 正交

图 3-5　相位差图

三、振幅与有效值

振幅：正弦交流电变化过程中的最大值，它反映了正弦交流电的大小。

有效值：如果一个交流电流，流过一个电阻，在一周期时间内产生的热量和某一直流电流流过同一电阻在相同时间内产生热量相同，那么这个直流电流的量值就称为交流电流的有效值。交流电的有效值用大写英文字母 I、U、E 表示。

正弦量的有效值等于它最大值的 $\dfrac{1}{\sqrt{2}}$ 倍。

正弦电流、正弦电压的有效值为

$$I = \frac{I_m}{\sqrt{2}}, \quad U = \frac{U_m}{\sqrt{2}}$$

以上关系只适用于正弦交流量。交流电气设备铭牌上所标的电流、电压都是有效值，一切交流电流表、电压表也都是按有效值刻度的。

四、正弦量的相量表示法

正弦量的相量是一复数，用大写字母上加一点来表示。此复数的模是正弦量的有效值，而复角是此正弦量的初相位。

若 $u = \sqrt{2} U \sin(\omega t + \varphi)$，则 $\dot{U} = U \angle \varphi$，可画相量图如图 3-6 所示。

按图 3-6 所画出的正弦量向量图只反映了两个要素（即振幅与初相），角频率这一要素并没有反映出来。但是在同一交流网络中，只要电流频率固定，则该网络中所有正弦量的角频率都相同。而不同频率的正弦量的相量则不可画在同一相量图上。

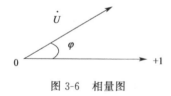

图 3-6　相量图

这样同频率正弦量相加减就可变换成相量的加减，亦即可化成复数的加减。同频率正弦量相加减，其和（差）仍是同频率的正弦量。

注意!
正弦量可以用对应的相量表示,但两者之间不能划等号。

例题 3-1 已知正弦电压 $u=100\sin(100\pi t-\pi/6)\text{V}$,解答以下问题:
(1) 试指出它的幅值、相位角和初相位。
(2) 角频率和频率各为多少?
(3) 当 $t=0\text{s}$ 和 $t=0.01\text{s}$ 时,电压的瞬时值各为多少?

解:(1) 幅值 $\qquad\qquad\qquad U_\text{m}=100\text{V}$
相位角为 $\qquad\qquad\qquad \varphi=100\pi t-\pi/6$
初相位为 $\qquad\qquad\qquad \varphi_0=-\pi/6$
(2) 角频率 $\qquad\qquad\qquad \omega=100\pi=314\text{rad/s}$
频率 $\qquad\qquad\qquad f=\dfrac{\omega}{2\pi}=\dfrac{100\pi}{2\pi}=50\text{Hz}$
(3) 当 $t=0\text{s}$ 时
$$u=100\sin(100\pi\times 0-\pi/6)\text{V}=-50\text{V}$$
当 $t=0.01\text{s}$ 时
$$u=100\sin(100\pi\times 0.01-\pi/6)\text{V}=50\text{V}$$

第三节　单相正弦交流电路

一、纯电阻交流电路

纯电阻交流电路是指电路中只含有单一的电阻参数的交流电路。像白炽灯、电阻炉、电烙铁等一类实际电路元件,其电阻性是主要的,若电感性与电容性忽略不计,由它们构成的电路也可以当作电阻元件电路处理。图 3-7(a) 是纯电阻电路,电压与电流的参考方向如图所示。

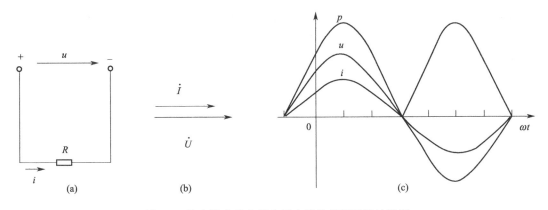

图 3-7　纯电阻交流电路电压电流的相量图及波形图

1. 电流与电压的关系

设交流电压为 $u=U_\text{m}\sin\omega t$,则 R 中电流的瞬时值为:

$$i = \frac{u}{R} = \frac{U_m}{R}\sin\omega t$$

这表明,在正弦电压作用下,电阻中通过的电流是一个相同频率的正弦电流,而且与电阻两端电压同相位。电压电流的相量图如图3-7(b)所示。

电流、电压量值关系为:

$$I_m = \frac{U_m}{R} \quad \text{或} \quad I = \frac{U_m}{\sqrt{2}R} = \frac{U}{R}$$

电流、电压相量关系为:

$$\dot{U}_R = R\dot{I}$$

它既表达了电压与电流有效值之间的关系为 $U=RI$,又表明电压与电流同相位。

2. 电阻电路的功率

(1) 瞬时功率。电阻在任一瞬时取用的功率,称为瞬时功率,用 p 表示。它等于电压与电流瞬时值的乘积,即:

$$p = ui = U_m I_m \sin^2\omega t$$

i、u、p 的波形图如图3-7(c)所示。$p \geqslant 0$,表明电阻任一时刻都在向电源取用功率,起负载作用。

(2) 平均功率(有功功率)。由于瞬时功率是随时间变化的,为便于计算,常用平均功率来计算交流电路中的功率。平均功率是瞬时功率在一周期的平均值,用大写英文字母 P 表示。即

$$P = \frac{U_m I_m}{2} = UI = I^2 R$$

平均功率的单位是 W (瓦) 或 kW (千瓦)。

例题 3-2 已知电阻 $R=440\Omega$,将其接在电压 $U=220\text{V}$ 的交流电路上,试求电流 I 和功率 P。

解:电流为:

$$I = \frac{U}{R} = \frac{220}{440} = 0.5\text{A}$$

功率为:

$$P = UI = 220 \times 0.5 = 110\text{W}$$

例题 3-3 在负载电阻 $R=50\Omega$ 的两端,外加电源电压 $u=200\sin\omega t\text{V}$,求电流的瞬时值和有效值及功率,并画出电流与电压的相量图。

解:瞬时电流为:

$$i = \frac{u}{R} = \frac{200\sin\omega t}{50} = 4\sin\omega t\text{A}$$

电压有效值为:

$$U = \frac{U_m}{\sqrt{2}} = \frac{200}{\sqrt{2}} = 142\text{V}$$

电流有效值为:

$$I = \frac{I_m}{\sqrt{2}} = \frac{4}{\sqrt{2}} = 2.84\text{A}$$

平均功率为:

$$P = UI = 142 \times 2.84 = 403\text{W}$$

电流与电压的矢量图,如图3-8所示。

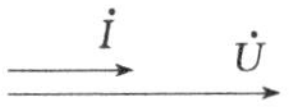

$$\xrightarrow{\;\;\dot{I}\;\;}\quad\xrightarrow{\;\;\dot{U}\;\;}$$

图 3-8　电流与电压的矢量图

二、纯电感交流电路

1. 电感和感抗

（1）电感。通电线圈中电流的变化，将使线圈中磁通发生变化，这个变化的磁通在线圈自身产生感应电动势，这种现象叫做自感现象。对空心线圈磁链与电流比 L 称为线圈的自感系数，简称自感或电感。

$$L=\frac{\Psi}{i}=\frac{N\Phi}{i}$$

式中　i——为通过线圈的电流，A；
　　　Ψ——为线圈中的磁链，Wb；
　　　Φ——为穿过线圈的磁通，Wb；
　　　N——为线圈的匝数；
　　　L——为电感，H。

$$1H=1\times10^{3}\,mH=1\times10^{6}\,\mu H$$

（2）感抗。在自感现象中产生的电动势，叫自感电动势，而且这个自感电动势总是要阻碍线圈中原交流电流的变化，对交流电流阻碍作用称为感抗。

$$X_{L}=\omega L=2\pi fL$$

式中　L——为线圈电感，H；
　　　f——为电流频率，Hz；
　　　ω——为电流的角频率，rad/s，$\omega=2\pi f$；
　　　X_{L}——为感抗，Ω。

X_{L} 称感抗，单位是 Ω。与电阻相似，感抗在交流电路中也起阻碍电流的作用。这种阻碍作用与频率有关。当 L 一定时，频率越高，感抗越大。在直流电路中，因频率 $f=0$，其感抗也等于零。

2. 电流与电压的关系

一个线圈，当它的电阻小到可以忽略不计时，就可以看成是一个纯电感。纯电感交流电路如图 3-9(a) 所示。

设 L 中流过的电流为　　　　$i=I_{m}\sin\omega t$

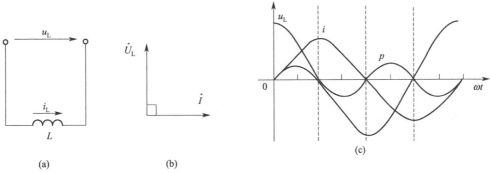

图 3-9　纯电感交流电路电压电流的相量图及波形图

则 L 两端的电压为：

$$u_L = X_L I_m \sin\left(\omega t + \frac{\pi}{2}\right)$$

这表明，纯电感电路中通过正弦电流时，电感两端电压也以同频率的正弦规律变化，而且在相位上超前于电流 90°相位。纯电感电路的相量图如图 3-9(b) 所示。

电流、电压量值关系为：

$$U_{Lm} = X_L I_m \quad 或 \quad U_L = X_L I$$

电流、电压相量关系为：

$$\dot{U}_L = jX_L \dot{I}$$

3. 电感电路的功率

（1）瞬时功率。

$$p = ui = U_m I_m \sin 2\omega t$$

纯电感交流电路的瞬时功率 p、电压 u、电流 i 的波形图见图 3-9(c)。从波形图看出：第 1、3 个 $T/4$ 期间，$p \geq 0$，表示线圈从电源处吸收能量；在第 2、4 个 $T/4$ 期间，$p \leq 0$，表示线圈向电路释放能量。

（2）平均功率（有功功率）。瞬时功率表明，在电流的一个周期内，电感与电源进行两次能量交换，交换功率的平均值为零，即纯电感电路的平均功率为零。

$$P = 0$$

这说明，纯电感线圈在电路中不消耗有功功率，因此电感是一种储存电能的元件。

（3）无功功率。电感元件电路虽然平均功率为零，但它总是不断和电源进行能量交换，将纯电感线圈和电源之间进行能量交换的最大速率，称为纯电感电路的无功功率。用 Q 表示。

$$Q_L = U_L I = I^2 X_L$$

为了与平均功率单位相区别，无功功率的单位为乏尔（var）。

例题 3-4 一个线圈电阻很小，可略去不计。电感 $L = 35\text{mH}$。求该线圈在 50Hz 和 1000Hz 的交流电路中的感抗各为多少。若接在 $U = 220\text{V}$，$f = 50\text{Hz}$ 的交流电路中，电流 I、有功功率 P、无功功率 Q 又是多少？

解：（1）$f = 50\text{Hz}$ 时，

$$X_L = 2\pi f L = 2\pi \times 50 \times 35 \times 10^{-3} \approx 11\Omega$$

$f = 1000\text{Hz}$ 时，

$$X_L = 2\pi f L = 2\pi \times 1000 \times 35 \times 10^{-3} \approx 220\Omega$$

（2）当 $U = 220\text{V}$，$f = 50\text{Hz}$ 时，

电流 $$I = \frac{U}{X_L} = \frac{220}{11} = 20\text{A}$$

有功功率 $$P = 0$$

无功功率 $$Q_L = UI = 220 \times 20 = 4400\text{var}$$

三、纯电容交流电路

1. 电容器

两个互相靠近而又彼此绝缘的导体就是一个电容器。如图 3-10 所示：

衡量电容器容纳电荷的"能力"称作电容器的电容量，简称电容，用符号 C 表示。

$$C = \frac{Q}{U}$$

在国际单位制中,电容的单位是法拉(F),一般用微法(μF)或皮法(pF)。

$$1F = 1 \times 10^6 \mu F = 1 \times 10^{12} pF$$

根据电路对电容量和耐压的要求,可对电容器进行串联或并联联接。

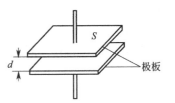

图 3-10 电容器示意图

(1) 电容器的并联。电容器的并联如图 3-11 所示。电容并联的特点:
① 各并联电容的电压相等。
② 等效电容为并联电容之和。

$$C = C_1 + C_2$$

电容器并联时,其工作电压不得超过其中的最低额定电压。

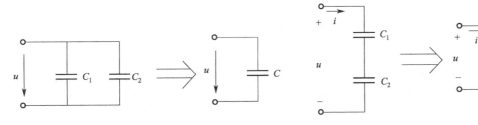

图 3-11 电容器的并联   图 3-12 电容器的串联

(2) 电容器的串联。电容器的串联如图 3-12 所示。

电容串联的特点:
① 串联电容总电压等于各电容电压之和:

$$u = u_1 + u_2 = \frac{q}{C_1} + \frac{q}{C_2}$$

② 等效电容倒数等于串联电容倒数之和:

$$\frac{1}{C} = \frac{1}{C_1} + \frac{1}{C_2}$$

例题 3-5 已知:$C_1 = 200\mu F$,$C_2 = 50\mu F$。

求:(1) 两电容器并联时等效电容;(2) 两电容器串联时等效电容。

解:(1) 两电容器并联。等效电容:$C = C_1 + C_2 = 200 + 50 = 250\mu F$

(2) 两电容器串联。等效电容:$C = \frac{C_1 C_2}{C_1 + C_2} = \frac{200 \times 50}{200 + 50} = 40\mu F$

2. 容抗

当交流电通过电容器时,电容器呈现一定阻碍作用。这种阻碍作用称为容抗。

$$X_C = \frac{1}{\omega C} = \frac{1}{2\pi f C}$$

式中 C——电容器的电容量,F;
　　　f——电流频率,Hz;
　　　ω——电流的角频率,rad/s;
　　　X_C——容抗,Ω;

X_C 称为容抗,单位是 Ω。它反映了交流电路中电容元件对电流阻碍作用。这种阻碍作用也与频率有关。当 C 一定时,频率越高,容抗越小。在直流电路中,因频率 $f = 0$,其感抗趋向无穷大,有阻断电路的作用。

3. 电流与电压的关系

仅含电容的交流电路,称为纯电容交流电路。如图 3-13(a) 所示。

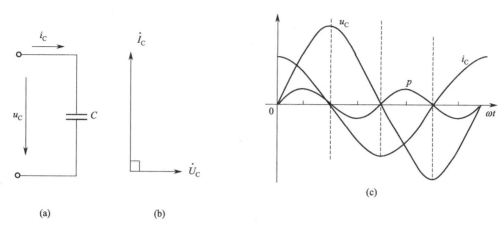

图 3-13 纯电容交流电路电压电流的相量图及波形图

设电容器 C 两端加上电压 $u=U_m\sin\omega t$。由于电压的大小和方向随时间变化,使电容器极板上的电荷量也随之变化,电容器的充、放电过程也不断进行,形成了纯电容电路中的电流。

$$i=I_m\sin\left(\omega t+\frac{\pi}{2}\right)$$

这表明,纯电容交流电路中通过的正弦电流比加在它两端的正弦电压超前90°相位,相量图如图 3-13(b) 所示。

电流、电压量值关系为:

$$I_m=\frac{U_m}{X_C} \quad 或 \quad I=\frac{U}{X_C}$$

则

$$U_C=X_C I$$

4. 电容电路的功率

(1) 瞬时功率。

$$p=ui=U_m I_m \sin 2\omega t$$

这表明,纯电容电路瞬时功率波形与电感电路的相似,以电路频率的 2 倍按正弦规律变化,如图 3-13(c)。电容器也是储能元件,当电容器充电时,它从电源吸收能量;当电容器放电时则将能量送回电源。

(2) 平均功率(有功功率)。

$$P=0$$

电容元件也是不消耗能量的一种储能元件。

(3) 无功功率。

$$Q_C=U_C I=I^2 X_C$$

例题 3-6 某电容元件电容量为 $20\mu F$,接到电压为 220V、频率为 50Hz 的正弦交流电源上。求:电容的容抗、电路中电流和无功功率。

解:

$$X_C=\frac{1}{2\pi fC}=\frac{1}{2\times 3.14\times 50\times 20\times 10^{-6}}=159.2\Omega$$

$$I = \frac{U_C}{X_C} = \frac{220}{159.2} = 1.382 \text{A}$$

$$Q_C = U_C I = 220 \times 1.382 = 304 \text{var}$$

观察与思考

观察一下我们身边的电气设备，你能把它们分分类吗？哪些属于电阻元件？哪些属于电感元件？哪些属于电容元件？哪些属于组合元件？

四、RLC 串联电路

前面我们分别研究了三种单一理想元件电路，但实际电路不会如此简单。如一个实际电感线圈，既要考虑电感性，电阻性也不能忽略，所以，在频率不太高时 RL 串联电路就可以作为实际电感线圈的电路模型。为此，我们将研究几种组合元件电路，首先讨论 RLC 串联交流电路的特点及分析计算。

1. 电压电流关系

如图 3-14 所示：当电流是正弦变化时，则各元件上的电压 u_R、u_L、u_C 及总电压 u 均是同频率的正弦量，故

$$i_R = i_L = i_C = i, \quad u = u_R + u_L + u_C$$

RLC 串联电路电压电流的相量关系为：$\dot{U} = \dot{U}_R + \dot{U}_L + \dot{U}_C$

选择电流 $\dot{I}$ 为参考相量，可画出相量图如图 3-15 所示。$\dot{U}_R$、$\dot{U}_X$、$\dot{U}$ 三个电压相量组成直角三角形，称为电压三角形。

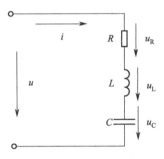

图 3-14 RLC 串联电路

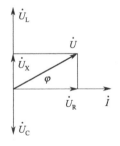

图 3-15 相量图

2. 复阻抗 Z

$X = X_L - X_C$ 称为电抗；

$Z = \sqrt{R^2 + (X_L - X_C)^2} = \dfrac{U}{I}$ 称为阻抗；

$\varphi = \arctan \dfrac{X}{R} = \arctan \dfrac{X_L - X_C}{R} = \varphi_u - \varphi_i$ 称为阻抗角。

同理，R、X 和 Z 也组成直角三角形，称为阻抗三角形，如图 3-16 所示。其中 $X = X_L - X_C$，当 $X_L > X_C$ 时，X 为正值，电抗是电感性的，φ 角为正，电压超前电流。反之，则是电容性的，X 为负，φ 角为负，电流超前电压。当 $X_L = X_C$ 时，$X = 0$，$\varphi = 0$，电压与电流同相位。此时电路呈电阻性，这种状态称为串联谐振。

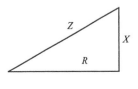

图 3-16 阻抗三角形

3. 功率

(1) 瞬时功率。

$$p = ui = U_m \sin(\omega t + \varphi) I_m \sin\omega t$$
$$= UI[\cos\varphi - \cos(2\omega t + \varphi)]$$

在一周内瞬时功率有正有负。功率为正，电路从电源吸收电能；功率为负，电路释放出电能并返送回电源。一周内电路从电源吸收的电能总是大于释放并返送回电源的电能，这是因为电阻 R 始终从电源吸收并消耗电能，而电感和电容则只是与电源进行能量交换。

(2) 平均功率。RLC 串联电路的平均功率为：

$$P = UI\cos\varphi = U_R I = I^2 R$$

平均功率即有功功率，电路中只有电阻消耗有功功率，所以电阻消耗的功率就是整个电路的平均功率。

$\cos\varphi$ 是计算正弦交流电路功率的重要因子，称为功率因数，它取决于电路结构与参数。φ 角既是电压与电流之间的相位差角，也是阻抗角，也称功率因数角。功率因数是反映交流电路负载性质的重要物理量，在电力工程上有重要意义。

小常识

功率因数低会给电路带来一些不良影响，如：功率因数低使电源的容量得不到充分的利用；功率因数低还会使供电线路上的功率损耗增大。为了减小这些不良影响，我们必须提高功率因数，常采用在感性负载两端并联电容器的方法。

(3) 无功功率。RLC 串联电路的无功功率为

$$Q = UI\sin\varphi$$

RLC 串联电路中电感与电容都要和电源交换能量，电路的无功功率既包含电感又包含电容的无功功率。电感的无功功率 $Q_L = U_L I$，电容的无功功率 $Q_C = U_C I$。但电感电压与电容电压始终反相，所产生的瞬时功率符号也相反，因此总的无功功率应为 $Q = Q_L - Q_C$。

(4) 视在功率。定义一个阻抗元件上电压和电流有效值的乘积为视在功率，用符号 S 表示，即

$$S = UI$$

视在功率的单位直接用伏安（V·A）。很明显，视在功率 S、有功功率 P、无功功率 Q 之间的关系为：

$$S = \sqrt{P^2 + Q^2}$$

它们也构成一个直角三角形，称为功率三角形，如图 3-17 所示，它与电压三角形、阻抗三角形都是相似三角形。

有功功率、无功功率、视在功率是三个不同的概念，但通常所说的电功率，如果没有特别指明，都是指有功功率。

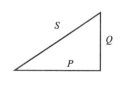

图 3-17 功率三角形

例题 3-7 由电容为 $50\mu F$、电感为 $400mH$ 和电阻为 40Ω 组成的串联电路接在频率为 $50Hz$ 及电压 $U = 220V$ 的电源上。试求：电路中的感抗 X_L、容抗 X_C、阻抗 Z、电流 I、电阻电压降 U_R、电感电压降 U_L、电容电压降 U_C、功率因数 $\cos\varphi$、电流与电压的相位差 φ、有功功率 P、无功功率 Q、视在功率 S，绘出相量图。

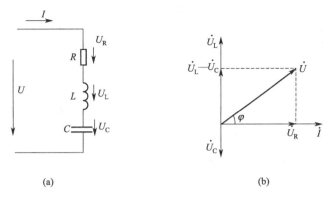

图 3-18 例 3-9 图

解：感抗为
$$X_L = 2\pi f L = 2 \times 3.14 \times 50 \times 400 \times 10^{-3} = 126\Omega$$

容抗为
$$X_C = \frac{1}{2\pi f C} = \frac{1}{2 \times 3.14 \times 50 \times 50 \times 10^{-6}} = 63.7\Omega$$

阻抗为
$$Z = \sqrt{R^2 + (X_L - X_C)^2} = \sqrt{40^2 + (126 - 63.7)^2} = 74\Omega$$

电路中的电流为
$$I = \frac{U}{Z} = \frac{220}{74} = 2.97\text{A}$$

电阻电压降为
$$U_R = IR = 2.97 \times 40 = 119\text{V}$$

电感电压降
$$U_L = IX_L = 2.97 \times 126 = 374\text{V}$$

电容电压降为
$$U_C = IX_C = 2.97 \times 63.7 = 189\text{V}$$

电流与电压的相位差为
$$\cos\varphi = \frac{R}{Z} = \frac{40}{74} = 0.541$$
$$\varphi = \arccos 0.541 = 57.2°$$

有功功率为
$$P = IU_R = 2.97 \times 119 = 353\text{W}$$

无功功率为
$$Q = IU\sin\varphi = I(U_L - U_C) = 2.97 \times 220 \times \sin 57.2° = 549\text{var}$$

视在功率为
$$S = IU = 2.97 \times 220 = 653\text{V·A}$$

电流与电压的相量图，如图 3-18(b) 所示。

五、RLC 并联电路

当理想电阻、电感、电容元件三者并联时，如图 3-19 所示。

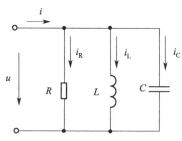

图 3-19 RLC 并联电路

根据 KCL 有　　$\dot{I} = \dot{I}_R + \dot{I}_L + \dot{I}_C$

$$I_R = \frac{U}{R};\quad I_L = \frac{U}{X_L};\quad I_C = \frac{U}{X_C}$$

$$I = \sqrt{I_R^2 + (I_L - I_C)^2}$$

例题 3-8　在 RLC 并联电路中，已知 $R = 20\Omega$，$X_L = 16\Omega$，$X_C = 30\Omega$，$U = 220\text{V}$，求各支路的电流、总功率因数，并绘出相量图。

解：　　$I_R = \dfrac{U}{R} = \dfrac{220}{20} = 11\text{A}$

$$I_L = \frac{U}{X_L} = \frac{220}{16} = 13.8\text{A}$$

$$I_C = \frac{U}{X_C} = \frac{220}{30} = 7.33\text{A}$$

$$I = \sqrt{I_R^2 + (I_L - I_C)^2} = \sqrt{11^2 + (13.8 - 7.33)^2} = 12.7\text{A}$$

$$P = IU_R = 11 \times 220 = 2420\text{W}$$

$$S = IU = 12.7 \times 220 = 2800\text{V·A}$$

$$\cos\varphi = \frac{I_R}{I} = \frac{11}{12.7} = 0.864$$

电流与电压的相量图，如图 3-20(b) 所示。

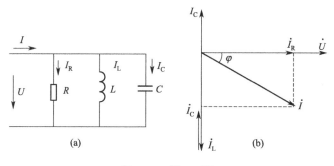

图 3-20　例 3-8 图

例题 3-9　电阻 $R = 20\Omega$ 与感抗 $X_L = 15.7\Omega$ 的线圈串联后，再与容抗 $X_C = 15.9\Omega$ 的电容并联，求接在 220V 的电源时的总电流，并计算各支路的功率因数和总的功率因数，绘出

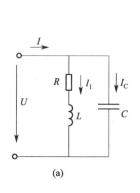
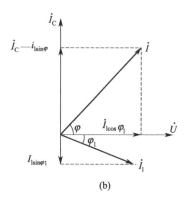

图 3-21　例 3-9 图

相量图。

解：在感抗支路中则有

$$Z_1 = \sqrt{R^2 + X_L^2} = \sqrt{20^2 + 15.7^2} = 25.4\Omega$$

$$I_1 = \frac{U}{Z_1} = \frac{220}{25.4} = 8.67\text{A}$$

$$\cos\varphi_1 = \frac{R}{Z_1} = \frac{20}{25.4} = 0.787$$

$$\varphi_1 = \arccos 0.787 = 38°$$

在容抗之路中则有

$$I_C = \frac{U}{X_C} = \frac{220}{15.9} = 13.8\text{A}$$

在合成电路中则有

$$I = \sqrt{(I_1\cos\varphi_1)^2 + (I_C - I_1\sin\varphi_1)^2}$$
$$= \sqrt{(8.67\cos 38°)^2 + (13.8 - 8.67\sin 38°)^2}$$
$$= 10.9\text{A}$$

$$\cos\varphi = \frac{I_1\cos\varphi_1}{I} = \frac{8.67\cos 38°}{10.9} = 0.628$$

$$\varphi = \arccos 0.628 = 51°$$

电流与电压的相量图，如图 3-21(b) 所示。

思维与技能训练

项目 10 *RLC* 串联电路

一、能力目标

1. 学会用实验方法测定 *RLC* 串联电路的电压和电流。
2. 理解串联电路的频率特性。

二、实训内容

1. *RLC* 串联电路的连接（见图 3-22）。
2. 测量各元件两端之间的电压以及电流的方法。
3. 实验数据的记录及分析方法。

三、操作要点

1. 按电路图接线，经教师检查合格后接通电源，信号源电压 5V，f 由 200Hz 逐渐增大到 1000Hz，测量电阻两端电压 U_R、电容两端电压 U_C、线圈两端电压 U_{LR} 和电流 I，并记录数据，填入表 3-1。

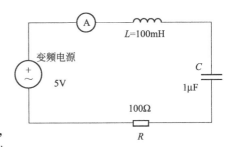

图 3-22 *RLC* 串联电路图

2. 把 R 改为 200Ω，其余不变，按电路图接线，再测量电阻两端电压 U_R、电容两端电压 U_C、线圈两端电压 U_{LR} 和电流 I，并记录数据，填入表 3-2。

3. 画出两种电阻时电流与频率关系曲线，比较两种曲线特点。

表 3-1

f/Hz	200	300	400	450	485	503	520	550	600	700	800	1000
U_S/V												
U_R/V												
U_C/V												
U_{LR}/V												
I/mA												

表 3-2

f/Hz	200	300	400	450	485	503	520	550	600	700	800	1000
U_S/V												
U_R/V												
U_C/V												
U_{LR}/V												
I/mA												

项目 11　日光灯电路的安装及测试

一、能力目标

1. 了解日光灯电路的组件。
2. 熟悉掌握日光灯安装线路图和安装工艺。
3. 掌握安装日光灯的工作过程。
4. 巩固交流电压表、交流电流表以及功率表的使用方法。

二、实训内容

1. 按电路图安装日光灯电路（见图 3-23）。
2. 测量各元件两端之间的电压以及电流。
3. 测量功率因数。
4. 实验数据的记录及分析方法。

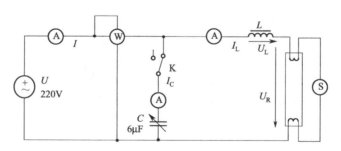

图 3-23　日光灯电路图

三、操作要点

1. 单相交流功率表的操作要点。

（1）单相交流功率表如图 3-24 所示。

单相交流功率表通常采用电动系仪表，有两组线圈：电流线圈、电压线圈。测量时把电流线圈串联接入被测电路；电压线圈与被测电路并联。

图 3-24 单相交流功率表

（2）正确选择量程，电流量程大于负载电流，电压量程大于负载能承受电压。

2. 安装电路前检查各器件有无损坏，标称功率保持一致。

3. 按电路图正确连接各器件，且美观、牢固，并把裸露接线头用绝缘带缠好。

4. 经教师检查合格后接通电源，电容 C 由 0 逐渐增大，测量各负载上电压、电流和功率，并记录数据，填入表 3-3。

5. 分析随电容 C 的变化各器件的电流、电压以及功率因数的变化。

表 3-3

$C/\mu F$	U/V	U_L/V	U_R/V	I/mA	I_C/mA	I_R/mA	P/W	$\cos\phi$
0								
0.5								
1.0								
1.5								
2.0								
2.5								
3.0								
3.5								
4.0								
4.5								
5.0								
5.5								
6.0								

项目 12　单相电能表的认识与使用

一、能力目标

1. 了解单相电能表的结构及正确使用。
2. 熟悉单相电能表的工作原理。
3. 掌握单相电能表接线方法。

二、实训内容

1. 单相电能表的正确使用。
2. 单相电能表接线要求。
3. 单相电能表的读数方法。

三、操作要点

1. 单相电能表的正确使用

电能表的外形结构如图 3-25 所示。

(a) 电度表外形

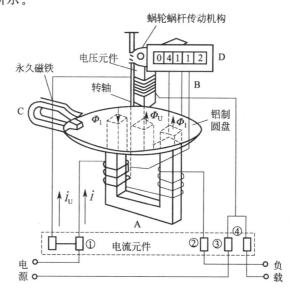

(b) 感应系电度表的结构示意图

图 3-25 单相电度表外形和结构示意图

正确使用电能表注意几个方面：

（1）选择电能表的类型：根据任务要求，适当选择电能表的类型。单相用电时（一般家庭为此种用电），选用单相电能表；三相用电时选用三相四线、三相三线电能表，除成套配电设备外，一般不采用三相三线制电能表。

（2）选择电能表的额定电压、额定电流：电能表铭牌上都标有额定电压和额定电流，使用时，要根据负载的最大电流、额定电压以及要求测量的准确度选择电能表的型号。

2. 单相电能表接线要求

（1）接线前，检查电能表的型号、规格应与负荷的额定参数相适应；检查电能表的外观，应完好。

（2）根据给定的单相电能表测定或核实其接线端子。具体做法是：用万用表的 $R \times 100$ 或 $R \times 1k$ 挡，测定哪两个端子接同一个线圈，且测出该线圈的电阻值；根据电阻值的大小，区分出电压线圈和电流线圈。电压线圈导线细，匝数多，电阻大，一般额定电压 220V 的电能表的电压线圈的直流电阻约为 $800 \sim 1200\Omega$。电流线圈导线粗，匝数少，电阻小，一般万用表指示为 0Ω。

（3）与电能表连接的导线必须使用铜芯绝缘导线，导线的截面积应能满足导线的安全载流量及机械强度的要求。

（4）极性要正确：相线是 1 进 3 出，零线是 2 进 4 出，在接线盒里端子的排列顺序，总是左为首端 1，右为尾端 4。

（5）电能表的电压联片（电压小钩）必须连接牢固。

（6）在低压大电流线路中测量电能，电能表须通过电流互感器将电流变小后接入。

3. 单相电能表的读数

使用单相电能表计算用户消耗的电能时，应将用户这一次电能表的读数减去上一次电能表的读数,差值即为在这一段时间内用户消耗的电能。

第四节 三相交流电路

三相交流供电系统在发电、输电和用电方面与单相相比有造价低、节约金属材料、性能好等许多优点,发电厂均以三相交流方式向用户供电。

一、三相交流电源

三相正弦交流电源由三个幅值相等、频率相同、相位互差120°的交流电动势构成。这种电动势也称为对称三相电动势。

三相交流电动势由三相交流发电机产生,经输配电后由电网提供。目前低压供电系统中多采用三相四线制供电。

图 3-26 给出了三相四线供电的电源线路。三相四线制是把三相供电电源的三个绕组的末端 U_2、V_2、W_2 连接在一起,成为一个公共点,称中性点。从中性点引出的输电线称为中性线,简称中线,用字母 N 表示。中线通常与大地相接,因此中性点又称为零点,中线又称为零线或地线。从三个绕组首

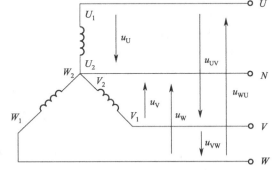

图 3-26 三相四线供电的电源线路

端 U_1、V_1、W_1 引出的输电线称为端线或相线,俗称火线,分别用 U、V、W 表示。绕组的这种连接方式称为星形(丫形)连接。通常为了简便,只画四根输电线。

三相四线制可向负载提供两种电压:一种是端线与中线间的电压,叫相电压,有三个相电压 u_U、u_V 和 u_W。为方便起见,相电压有效值用 U_P 表示。另一种是端线与端线之间的电压,叫线电压,线电压也有三个 u_{UV}、u_{VW} 和 u_{WU},线电压有效值用 U_L 表示。

工厂或企业配电站的三相电源配线分别用黄、绿、红色代表 U 相、V 相和 W 相,以表示相序。零线用黄绿相间色。所谓相序是指三相电动势达到最大值的先后顺序,存在两种相序:正相序 $U \to V \to W \to U$ 和负(逆)相序 $U \to W \to V \to U$。我们在分析三相电路中,若没有特殊声明,都采用正相序,且通常设 U 相的相电压的初相为零(选为参考正弦量),则三相电源各相电压的瞬时值表达式为:
$$u_U = \sqrt{2} U_P \sin\omega t \text{ V}$$
$$u_V = \sqrt{2} U_P \sin(\omega t - 120°) \text{ V}$$
$$u_W = \sqrt{2} U_P \sin(\omega t + 120°) \text{ V}$$

各线电压为:$u_{UV} = u_U - u_V$;$u_{VW} = u_V - u_W$;$u_{WU} = u_W - u_U$
$$\dot{U}_{UV} = \dot{U}_U - \dot{U}_V; \quad \dot{U}_{VW} = \dot{U}_V - \dot{U}_W \quad \dot{U}_{WU} = \dot{U}_W - \dot{U}_U$$

由相量图 3-27 可得:
$$U_l = \sqrt{3} U_p$$

线电压在相位上总是超前与之对应的相电压 30°。各线电压的相位差也是 120°。可见三相四线制供电方式,不但相电压对称,线电压也是对称的。日常所使用的 220V 交流电就是低压用电系统三相交流电源的相电压,其线电压为 380V。

二、对称三相电路计算

如果三相负载的阻抗相等,则称为对称三相负载。由对称三相电源和对称三相负载组成

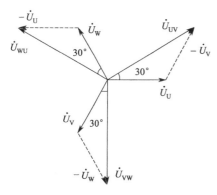

图 3-27 线电压与相电压的相量图

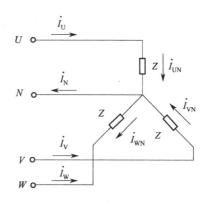

图 3-28 三相负载星形连接

的三相电路称为对称三相电路。为简化计算,本节不考虑输电线阻抗,对于传输距离不长时可以这样近似处理。

1. 对称三相负载星形连接

将三相负载的每一相分别接到一根相线与中线之间,即构成三相负载星形连接。如图 3-28 所示,通过端线的电流称为线电流,各线电流的大小分别为 I_U、I_V 和 I_W,线电流有效值用 I_L 表示;通过每相负载的电流称为相电流,各相电流的大小分别为 I_{UN}、I_{VN} 和 I_{WN},相电流有效值用 I_P 表示;流过中线的电流叫中线电流,其大小为 I_N。

三相负载作星形联接时,每相负载上的电压等于电源相电压。线电流和与其对应的相电流相等,即

$$I_L = I_P$$

$$\dot{I}_U = \dot{I}_{UN} = \frac{\dot{U}_U}{Z}, \ \dot{I}_V = \dot{I}_{VN} = \frac{\dot{U}_V}{Z}, \ \dot{I}_W = \dot{I}_{WN} = \frac{\dot{U}_W}{Z}$$

每相负载相当于一支独立的单相交流电路,相电流计算公式与计算单相交流电路相同。中线电流向量等于各相电流相量之和,即

$$\dot{I}_N = \dot{I}_U + \dot{I}_V + \dot{I}_W = 0$$

中线电流为零。此时取消中线也不影响三相电路的工作,三相四线制就变为三相三线制。当三相负载不对称时,中线电流不为零,中线不能省掉,否则会造成负载无法正常工作,这在低压供电系统中是非常重要的。

例题 3-10 额定电压为 220V、额定功率为 100W 的白炽灯共 90 盏,平均安装在三相电网上,电源电压为 220/380V,试计算电灯全接通时各相电流和线电流,并回答是否需要中线。

解:由于三相负载的额定电压为 220V,电源的相电压也是 220V,故三组灯应接成星形,使负载承受额定电压。

90 个灯平均安装在三相,每相灯数为 30 盏。每盏灯的电阻为:

$$R = \frac{U_N^2}{P} = \frac{220^2}{100} = 484\Omega$$

灯全接通时,每相负载的电阻(30 盏并联)为:

$$R_P = \frac{R}{N} = \frac{484}{30} = 16.1\Omega$$

各相电流的有效值为:

$$I_P = \frac{U_P}{R_P} = \frac{220}{16.1} = 13.65A$$

因为负载作星形连接,故

$$I_L = I_P = 13.65\text{A}$$

由于白炽灯全部点亮，所以构成三相对称负载，中线电流当然为零。但实际使用时不可能做到所有灯全亮或全不亮，一般情况下都是不对称的，所以必须安装中线。

三相负载作星形连接时的有功功率、无功功率、视在功率分别为：

$$P = \sqrt{3}U_L I_L \cos\varphi_z$$
$$Q = \sqrt{3}U_L I_L \sin\varphi_z$$
$$S = \sqrt{3}U_L I_L$$

2. 对称三相负载三角形连接

三相负载每一相分别接到两根相线之间即构成三角形连接，如图 3-29 所示。

每相负载上的电压等于电源线电压。各相电流的相量为：

$$\dot{I}_P = \frac{\dot{U}_P}{Z}$$

各线电流的相量为：

$$\dot{I}_U = \dot{I}_{UV} - \dot{I}_{WU}$$
$$\dot{I}_V = \dot{I}_{VW} - \dot{I}_{UV}$$
$$\dot{I}_W = \dot{I}_{WU} - \dot{I}_{VW}$$

数值上线电流与相电流的关系为：

$$I_L = \sqrt{3} I_P$$

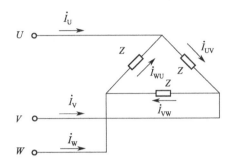

图 3-29 三相负载三角形连接

相电流在相位上总是超前与之对应的线电流 30°。

只要负载对称，线电流和相电流也是对称的，所以计算时只需计算一相（例如 U 相），其余两相即可按照对称性推算出。

三相负载作三角形连接时的有功功率、无功功率、视在功率分别为：

$$P = \sqrt{3}U_L I_L \cos\varphi_z$$
$$Q = \sqrt{3}U_L I_L \sin\varphi_z$$
$$S = \sqrt{3}U_L I_L$$

小常识

对称三相交流电路总瞬时功率并不随时间发生变化，恒等于有功功率 P。所以三相异步电动机转矩恒定，运转平稳，不会由于电气原因产生振动，这也是它获得广泛应用的原因之一。

例题 3-11 对称三相三线制的线电压 $U_l = 100\sqrt{3}\text{V}$，每相负载阻抗为 $Z = 10\Omega$，$\varphi = 60°$，求负载为星形及三角形两种情况下的电流和三相功率。

解：(1) 负载星形连接时，相电压的有效值为：

$$U_P = \frac{U_l}{\sqrt{3}} = 100\text{V}$$

设 $\dot{U}_A = 100\angle 0°\text{V}$。线电流等于相电流，为：

$$I_l = \frac{U_P}{Z} = \frac{100}{10} = 10\text{A}$$

三相总功率为：
$$P = \sqrt{3}U_1 I_1 \cos\varphi_z = \sqrt{3} \times 100\sqrt{3} \times 10 \times \cos 60° = 1500\text{W}$$

（2）当负载为三角形连接时，相电流为：
$$I_P = \frac{U_P}{Z} = \frac{100\sqrt{3}}{10} = 10\sqrt{3} \text{ (A)}$$

线电流为：
$$I_1 = \sqrt{3}I_P = 30\text{A}$$
$$\dot{I}_V = \sqrt{3}\dot{I}_{VW}\angle-30° = 30\angle-180°\text{A}$$
$$\dot{I}_W = \sqrt{3}\dot{I}_{WU}\angle-30° = 30\angle 60°\text{A}$$

三相总功率为：
$$P = \sqrt{3}U_1 I_1 \cos\varphi_z = \sqrt{3} \times 100\sqrt{3} \times 30 \times \cos 60° = 4500\text{W}$$

由此可知，负载由星形连接改为三角形连接后，相电流增加到原来的 $\sqrt{3}$ 倍，线电流增加到原来的 3 倍，功率增加也到原来的 3 倍。

例题 3-12 在三相四线制电路中接入三组白炽灯用以照明，已知各相的灯丝电阻 $R_U = 5\Omega$，$R_V = 10\Omega$，$R_W = 20\Omega$，电源的线电压为 380V，白炽灯的额定电压为 220V。电路如图 3-30 所示。

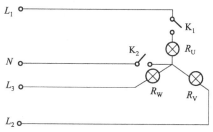

图 3-30 例题 3-12 图

试求：1. U 相断开，V 相和 W 相的电压、电流及工作情况。2. U 相和中线都断开时，V 相和 W 相的电压、电流及工作情况。

解：1. U 相断开，中线存在时，V 相与 W 相的电压均不变，$U_V = U_W = U_1/\sqrt{3} = 220\text{V}$

V 相和 W 相的电流为：
$$I_V = \frac{U_V}{R_V} = \frac{220}{10} = 22 \text{ (A)}$$
$$I_W = \frac{U_W}{R_W} = \frac{220}{20} = 11 \text{ (A)}$$

U 相断开时，因中线存在，各相电压不变，故 V 相和 W 相仍能正常工作，不受 U 相影响。

2. U 相和中线断开时，V 相和 W 相形成串联电路接在两根端线之间，电路中的电流为：
$$I = I_V = I_W = \frac{U_1}{R_V + R_W} = \frac{380}{10+20} = 12.67 \text{ (A)}$$

V 相和 W 相各分得的电压为：
$$U_V = I_V R_V = 12.67 \times 10 = 127 \text{ (V)}$$
$$U_W = I_W R_W = 12.67 \times 20 = 253 \text{ (V)}$$

可见，中线断开后，各相不再彼此独立。故当 U 相断开时，W 相上的白炽灯因分压超过了额定电压烧断灯丝而损坏，致使 V 相断路而不能正常工作。

知识检验

一、填空

1. 日光灯电路通常由_____、_____、_____和_____组成。

2. 启辉器中的两触点在静态时应处于_____状态。
3. 开关断开后,日光灯管仍发微光,可能原因是_____。
4. 单相电能表由_____、_____、_____和_____组成。
5. 单相电能表电压、电流线圈的端子在接线盒里的排列顺序总是左为_____端,右为_____端。
6. 功率因数是_____与_____的比值。
7. 感性负载两端_____可以提高功率因数。

二、简答题

1. 在日光灯两端并联电容器,可以提高功率因数。你家里的日光灯有没有并联电容器?为什么?

2. 将电阻、电感、电容三者并联后接到正弦交流电源上,当改变电源频率时,发现电容器电流比频率改变以前增加了一倍。试问:(1) 改变频率后,电感和电阻上的电流如何变化?(2) 频率变化了多少?

3. 为什么火线必须先进开关,再接灯座?

4. 在题图 3-31 电路中,负载为三相对称负载,伏特表 V_2 的读数为 380V,则伏特表 V_1 的读数为多少?

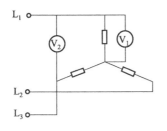

图 3-31 题 4 图

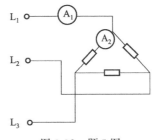

图 3-32 题 5 图

5. 在图 3-32 电路中,负载为三相对称负载,电流表 A_1 的读数为 17A,则 A_2 的读数为多少?

6. 在线电压为 380V 的三相三线制供电系统中,接入一星形连接的三相电阻负载,已知 $R_U=R_V=R_W=500\Omega$,求各电阻两端的电压和通过的电流各为多少?若一相断开,各电阻两端的电压和电流又为多少?

7. 在图 3-33 所示的电路中,各表的读数是:$P=500\text{W}$,$U=215\text{V}$,$I=3\text{A}$,求负载阻抗 Z、电阻 R、感抗 X_L 和功率因数 $\cos\varphi$。

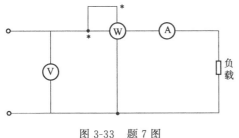

图 3-33 题 7 图

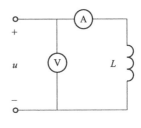

图 3-34 题 4 图

三、计算题

1. 有两个正弦量 $u=14.4\sin(314t+30°)\text{V}$,$i=0.7\sin(314t-60°)\text{A}$。试求:(1) 它们各自的幅值、有效值、角频率、频率、周期、初相;(2) 它们之间的相位差,并说明其导前与滞后关系；

2. 一只白炽灯泡接在 $u=311\sin(314t-\pi/6)$V 的交流电源上，灯泡炽热时电阻为 484Ω，求流过灯泡电流的解析式及灯泡消耗的功率。

3. 在图 3-34 电路中，一个纯电感线圈 $L=41$mH，接在电源两端，已知电压 $u=28\sin(314t+\pi/2)$V，求电压表及电流表的读数，并求有功功率和无功功率。

4. 一个 $C=0.05\mu$F 的电容器接在 $f=120$kHz、$i=4\sin\omega t$mA 的交流电源上，求电容器两端的电压有效值及电压解析式。

5. 有一只 40W 的日光灯接在 220V 电源上，通过它的工频电流为 0.55A，已知镇流器电阻为 27Ω。求镇流器的电感 L。

6. 作星形连接的三相对称负载，每相负载的电阻为 10Ω，感抗 $X_L=15\Omega$，电源线电压为 380V，求负载的相电流、线电流和三相有功功率？

7. 作三角形连接的三相对称负载，每相负载的相电压为 220V，每相负载的电阻为 6Ω，感抗为 8Ω，电源的线电压为 220V，求相电流、线电流和三相总的有功功率各为多少？

第四章　常用电气设备

第一节　常用变压器

变压器可以把某一数值交流电压变换为同频率的另一数值交流电压。在电力系统、电气测量及电子线路中得到广泛应用。

在电力传输过程中，输电时必须利用变压器将电压升高。在用电时，为了保证安全和满足用电设备要求，又要利用变压器将电压降低。

在电气测量时，利用仪用变压器（电压互感器、电流互感器）的变压、变流作用，扩大对交流电压、电流的测量范围。

在电子设备中，常常采用变压器提供所需要的多种数值电压。还可以利用变压器耦合电路，传送信号，实现阻抗匹配。

😊 **视野**

电力变压器

😊 **视野**

变压器

高压电流互感器图　　穿心式电流互感器　　电压互感器

一、变压器的基本结构

单相变压器主要由铁芯和两个套在铁芯上相互绝缘的绕组所构成。

绕组是变压器的电路部分,与电源相连的绕组称为初级绕组或原边绕组。与负载相连的绕组称做次级绕组或副边绕组。根据不同的需要,变压器可以有多个次级绕组,以输出不同的电压。小容量变压器的绕组多用高强度漆包线绕制,大容量变压器的绕组可用绝缘铜线或铝线绕制。

铁芯是变压器的磁路部分,为了减少涡流和磁滞损耗,多用厚度为 0.35~0.5mm 的硅钢片叠成。硅钢片两侧涂有绝缘漆,使叠片互相绝缘。在一些小型变压器中,也有采用铁氧体或坡莫合金替代硅钢片的。按铁芯的构造,变压器可分为芯式和壳式两种,如图 4-1 所示。芯式铁芯一般用于大型变压器,壳式铁芯一般用于小型变压器。

变压器在工作时铁芯和线圈都要发热。小容量变压器采用自冷式,即将其放置在空气中自然冷却。中容量电力变压器采用油冷式,即将其放置在有散热管的油箱中。大容量变压器还要用油泵使冷却液在油箱与散热管中作强制循环。

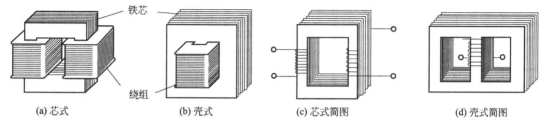

图 4-1 变压器示意图

二、变压器的工作原理

变压器是根据电磁感应原理制成的,能够改变交流电压的数值,而保持交流电频率不变的一种静止电器。

如图 4-2 所示,原绕组匝数为 N_1,电压 u_1,电流 i_1,主磁电动势 e_1;副绕组匝数为 N_2,电压 u_2,电流 i_2,主磁电动势 e_2。

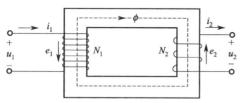

图 4-2 变压器工作原理图

1. 变换电压

$$U_1 \approx E_1 = 0.44 f N_1 \Phi_m$$
$$U_2 \approx E_2 = 0.44 f N_2 \Phi_m$$
$$\frac{U_1}{U_2} \approx \frac{E_1}{E_2} = \frac{N_1}{N_2} = k$$

k 称为变压器的变比。

2. 变换电流

由 $U_1 \approx E_1 = 4.44 N_1 f \Phi_m$ 可知,U_1 和 f 不变时,E_1 和 Φ_m 也都基本不变。因此,有负载时产生主磁通的原、副绕组的合成磁动势 ($i_1 N_1 + i_2 N_2$) 和空载时产生主磁通的原绕组的磁动势 $i_0 N_1$ 基本相等,即:

$$\dot{I}_1 N_1 + \dot{I}_2 N_2 = \dot{I}_0 N_1$$

空载电流 i_0 很小,可忽略不计。

$$\dot{I}_1 N_1 = -\dot{I}_2 N_2$$

$$\frac{I_1}{I_2} \approx -\frac{N_2}{N_1} = -\frac{1}{k}$$

3. 阻抗变换

设接在变压器副绕组的负载阻抗 Z 的模为 $|Z|$，则：

$$|Z| = \frac{U_2}{I_2}$$

Z 反映到原绕组的阻抗模 $|Z'|$ 为：

$$|Z'| = \frac{U_1}{I_1} = \frac{kU_2}{\frac{I_2}{k}} = k^2 \frac{U_2}{I_2} = k^2 |Z|$$

三、变压器的损耗和效率

变压器主要有两部分功率损耗：铁损耗和铜损耗。

变压器铁芯中的磁滞损耗和涡流损耗称为铁损耗，用 P_{Fe} 表示。当外加电压一定时，工作磁通一定，铁损耗是不变的，也称为固定损耗。

变压器绕组有电阻，电流通过绕组时的功率损耗称为铜损耗，用 P_{Cu} 表示。铜损耗的大小随通过绕组中的电流变化而变化，也称这部分损耗为可变损耗。

变压器的输出功率与输入功率之比称为变压器的效率，用 η 表示。变压器的效率比较高，一般供电变压器的效率都在 95% 左右，大型变压器的效率可达 99% 以上。同一台变压器处于不同负载时的效率也不同。一般在 40%～60% 额定负载时效率最高。

例题 4-1 一台 100kV·A 的单相变压器，已知 $U_1=6$kV，$U_2=220$V，$N_2=100$ 匝，求 I_1、I_2、N_1 各为多少？

解： 一次绕组的匝数

$$N_1 = \frac{U_1 N_2}{U_2} = \frac{6000 \times 100}{220} = 2727.3 \approx 2727 \text{ 匝}$$

一次电流

$$I_1 = \frac{P_N}{U_1} = \frac{100}{6} = 16.7\text{A}$$

二次电流

$$I_2 = \frac{P_N}{U_2} = \frac{100}{220} = 455\text{A}$$

例题 4-2 一台 200kV·A 的单相变压器，已知电压比为 $U_{N1}/U_{N2}=6$kV/0.4kV，$f=50$Hz，接入负载运行，负载为感性：$Z=0.54+j0.36\Omega$，电压为 380V，求（1）一次、二次绕组中的额定电流是多少？（2）负载的功率因数是多少？（3）若变压器的效率 $\eta=0.962$，变压器输出和输入的功率各是多少？

解：（1）一次额定电流为

$$I_{N1} = \frac{P_N}{U_{N1}} = \frac{200}{6} = 33.3\text{A}$$

二次额定电流为

$$I_{N2} = \frac{P_N}{U_{N2}} = \frac{200}{0.4} = 500\text{A}$$

（2）负载的功率因数

$$\cos\varphi = \frac{R}{\sqrt{R^2+X^2}} = \frac{0.54}{\sqrt{0.54^2+0.36^2}} = 0.83$$

(3) 变压器输出功率为
$$P_2 = U_2 I_{N2} \cos\varphi = 380 \times 500 \times 0.83 = 157.7 \text{kW}$$
输入功率为
$$P_1 = \frac{P_2}{\eta} = \frac{155.7}{0.962} = 164 \text{kW}$$

例题 4-3 某单相控制变压器，一次绕组 $U_1 = 380$V，$N_1 = 760$ 匝；二次有两个绕组 $U_2 = 127$V，$U_3 = 36$V。问：(1) 二次绕组分别为多少匝？(2) 如在 36V 的电路中，接入 36V、40W 的电灯两盏，一次、二次绕组中的电流是多少？

解：(1) 二次绕组的匝数分别为 N_2、N_3，由变压作用

$$\frac{U_1}{U_2} = \frac{N_1}{N_2} 得，N_2 = \frac{U_2 N_1}{U_1} = \frac{36 \times 760}{380} = 72 \text{ 匝}$$

$$\frac{U_1}{U_3} = \frac{N_1}{N_3} 得，N_3 = \frac{U_3 N_1}{U_1} = \frac{127 \times 760}{380} = 254 \text{ 匝}$$

(2) 在 36V 的电路中，接入两盏 36V、40W 的电灯时

36V 绕组中的电流是

$$I_3 = 2 \times \frac{P}{U} = 2 \times \frac{40}{36} = 2 \times 1.11 = 2.22 \text{A}$$

由变流作用 $\dfrac{I_1}{I_3} = \dfrac{N_3}{N_1}$ 得

$$I_1 = \frac{N_3 I_3}{N_1} = \frac{72 \times 2.22}{760} = 0.21 \text{A}$$

思维与技能训练

项目 13 单相变压器的使用

一、能力目标

1. 了解单相变压器结构及工作原理。
2. 了解单相变压器各参数的意义及在实际中的应用。

二、实训内容

1. 观察单相变压器外观结构，判断高、低压绕组。
2. 记录单相变压器的铭牌数据，说明各参数的意义。
3. 学会测定单相变压器的变压比。

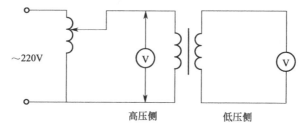

图 4-3 变压器电路图

三、操作要点

1. 判断单相变压器高、低压绕组。

按电路图接线，用测量电压的方法来判别高、低压绕组。也可以根据变压器初、次级绕组的电流之比与它们的匝数成反比的原理，判断出高压绕组的匝数多，通过的电流小，其绕组用较细的导线绕制；低压绕组的匝数少，流过的电流大，其绕组用较粗的导线绕制。因而可以从导线的粗细上直观地辨明高、低压绕组。

2. 通电前检查检测各绕组直流电阻。

用万用表合适电阻量程检测普通变压器原、副绕组直流电阻，并将数据记录于表 4-1 中。

表 4-1

绕组类别	原绕组	副绕组
电阻/Ω		

3. 通电前检测绝缘电阻。

用兆欧表检测普通变压器原、副绕组之间、原绕组与铁芯之间、副绕组与铁芯之间绝缘阻值。在常温下，大于 0.5MΩ 为正常，记入表 4-2 中。

表 4-2

测量范围	原、副绕组间	原绕组与铁芯间	副绕组与铁芯间
绝缘电阻/MΩ			
是否可用			

4. 通电检测。

用万用表交流电压挡测控变压器的输入电压、用交流电流表测空载电流 I_1，测空载输出电压，将测量结果记入表 4-3 中。

表 4-3

输入电压	输出电压	空载电流

第二节　常用三相异步电动机

电动机是将电能转换为机械能并拖动生产机械工作的动力机。电动机按使用电流的种类不同，可分为直流电动机与交流电动机两大类；按使用电源相数不同分为三相电动机和单相电动机。三相异步电动机因为具有构造简单、价格低廉、工作可靠、易于控制及使用维护方便等突出优点，在工农业生产中应用很广。如工业生产中的轧钢机、起重机、机床、鼓风机等，均用三相异步电动机来拖动。

一、三相异步电动机的结构

如图 4-4、图 4-5 所示，三相异步电动机的结构分为两个主要部分，定子和转子。此外还有端盖、轴承、风冷装置和接线盒等。

1. 定子

定子铁芯组成电动机磁路的一部分，定子铁芯的作用一是导磁，二是安放绕组。

定子铁芯通常由 0.35～0.50mm 厚的硅钢片叠压而成，为减少铁损，硅钢片之间相互绝缘，内圆冲有均匀分布的槽口，

图 4-4　三相异步电动机外形

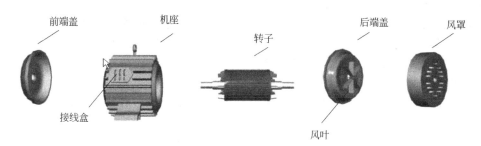

图 4-5 三相异步电动机的结构

整个铁芯被固定在铸铁机座内，铸铁机座上铸有加强散热功能的散热筋片，如图 4-6 所示。

定子绕组是异步电动机的电路部分，三相绕组在槽内互差 120°电角度对称放置，每相绕组有两个引出线端，一个叫首端，另一个叫尾端。其中三个首端分别用 U_1、V_1、W_1 表示，三个尾端分别用 U_2、V_2、W_2 表示。可以根据需要接成星形或三角形，如图 4-7 和图 4-8 所示。

图 4-6 定子铁芯与定子绕组

2. 转子

转子是电机旋转部分的总称，主要是由转子铁芯和转子绕组所组成。按转子结构的差异，三相异步电动机分鼠笼式和线绕式两种类型。

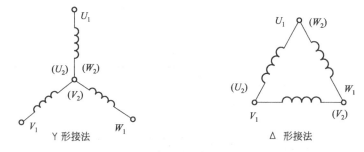

图 4-7 电动机绕阻内部接法

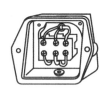 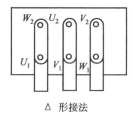 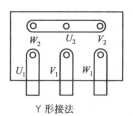

图 4-8 电动机接线盒外形以及电动机引出线的连接

鼠笼式转子铁芯由外圆冲有均匀槽口、互相绝缘的硅钢片叠压而成，铁芯槽内铸有铝质或铜质的笼形转子绕阻，它是短路绕阻，两端铸有端环，如图 4-9 所示。

二、三相异步电动机的转动原理

1. 旋转磁场的产生

载流导体的周围会产生磁场，如果电流方向改变，周围的磁场方向也会随之改变。把三

(a) 铸铝转子

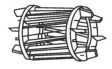

(b) 转子硅钢片　　(c) 笼形转子绕组

图 4-9　笼形转子

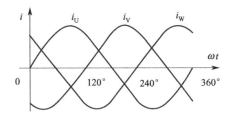

图 4-10　三相电流的波形图

相定子绕组接成星形接到对称三相电源，定子绕组中便有对称三相电流流过（见图 4-10）。

$$i_U = \sqrt{2}I_p \sin\omega t$$
$$i_V = \sqrt{2}I_p \sin(\omega t - 120°)$$
$$i_W = \sqrt{2}I_p \sin(\omega t + 120°)$$

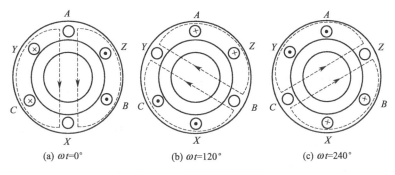

图 4-11　旋转磁场示意图

从图 4-11 旋转磁场示意图中可以得出以下结论：

（1）在对称的三相绕组中通入三相电流，可以产生在空间旋转的合成磁场。

（2）磁场旋转方向与电流相序一致。电流相序为 U-V-W 时磁场顺时针方向旋转；电流相序为 U-W-V 时磁场逆时针方向旋转。

（3）磁场转速（同步转速）与电流频率有关，改变电流频率可以改变磁场转速。对两极（一对磁极）磁场，电流变化一周，则磁场旋转一周。同步转速 n_o 与磁场磁极对数 p 的关系为：

$$n_o = \frac{60 f_1}{p} \text{r/min}$$

2. 转子的转动原理

如图 4-12 所示，静止的转子与旋转磁场之间有相对运动，在转子导体中产生感应电动势，并在形成闭合回路的转子导体中产生感应电流，其方向用右手定则判定。转子电流在旋转磁场中受到磁场力 F 的作用，F 的方向用左手定则判定。电磁力在转轴上形成电磁转矩。电磁转矩的方向与旋转磁场的方向一致。

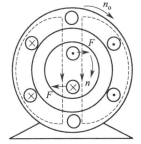

图 4-12　转子转动原理图

> **想想议议**
>
> 用什么办法改变三相异步电动机的转向,为什么?

电动机在正常运转时,其转速 n 总是稍低于同步转速 n_0,因而称为异步电动机。又因为产生电磁转矩的电流是电磁感应所产生的,所以也称为感应电动机。

异步电动机同步转速和转子转速的差值与同步转速之比称为转差率,用 s 表示,即:

$$s = \frac{n_0 - n}{n_0} \times 100\%$$

转差率是异步电动机的一个重要参数。异步电动机在额定负载下运行时的转差率约为 $1\% \sim 9\%$。

例题 4-4　有一台 4 极感应电动机,电压频率为 50Hz,转速为 1440r/min,试求这台感应电动机的转差率。

解:因为磁极对数 $p=2$,所以同步转速为:

$$n_0 = \frac{60 f_1}{p} = \frac{60 \times 50}{2} = 1500 \text{r/min}$$

转差率为:

$$s = \frac{n_0 - n}{n_0} \times 100\% = \frac{1500 - 1440}{1500} \times 100\% = 4\%$$

第三节　常用单相异步电动机

单相异步电动机是由单相交流电源供电的电动机,一般的市电 220V 的地方都可使用。单相异步电动机具有结构简单、成本低、噪声小、运行可靠等优点。因此,广泛用于家用电器、电动工具、自动控制和医疗器械中。单相异步电动机与同容量的三相异步电动机比较,它的体积大、运行性能较差。因此,一般只制成小容量的电动机。

一、单相异步电动机的结构

单相异步电动机的总体结构和三相异步电动机类似,也是由转子和定子组成,图 4-13 是一只拆散的单相异步电动机结构图。

图 4-13　单相异步电动机的结构

二、单相异步电动机的基本原理

在单相异步电动机的定子绕组通入单相交流电,电动机内产生一个大小及方向随时间沿定子绕组轴线方向变化的磁场,称为脉动磁场。

脉动磁场可以分解为两个大小一样、转速相等、方向相反的旋转磁场 B_1、B_2。顺时针方向转动的旋转磁场 B_1 对转子产生顺时针方向的电磁转矩;逆时针方向转动的旋转磁场 B_2 对转子产生逆时针方向的电磁转矩。由于在任何时刻这两个电磁转矩都大小相等、方向相反,所以电动机的转子是不会转动的,也就是说单相异步电动机的起动转矩为零,如图4-14所示。

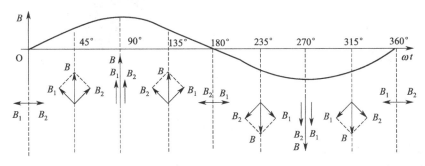

图 4-14 脉动磁场

要使单相异步电动机按预期的方向启动运转,必须采取一些启动措施。根据不同的启动方法,可把单相异步电动机分为电容分相式和罩极式。由于电容分相式电动机的效率高、运行性能好、过载能力大而且制作方便,所以应用广泛。

但一旦让单相异步电动机转动起来,由于顺时针旋转磁场 B_1 和逆时针旋转磁场 B_2 产生的合成电磁转矩不再为零,在这个合成转矩的作用下,即使不需要其它的外在因素,单相异步电动机仍将沿着原来的运动方向继续运转。

由于单相异步电动机总有一个反向的制动转矩存在,所以其效率和负载能力都不及三相异步电动机。

思维与技能训练

项目 14　三相异步电动机的简单测试及试运行

一、能力目标

1. 加强对电动机启动原理的理解。
2. 掌握星形、角形的连接方法。
3. 认识钳形电流表结构,掌握钳形电流表使用方法。

二、实训内容

1. 认识电动机的铭牌,学习电动机的接法。
2. 观察电动机的启动过程,学习改变电动机方向的方法。
3. 使用钳表测定启动电流、空载电流。

三、操作要点

1. 认识电动机的铭牌,学习电动机的接法。

反复看电动机的铭牌，直到看懂为止；反复练习电动机的两种接线方法，直到会做为止。

2. 钳形电流表结构及用途。

钳形电流表（俗称卡表）早期生产的只用来测量交流电流，它的优点是在不断开电路的情况下，能方便地测出电路中的工作电流，现在生产的钳形电流表已发展到可测电流、电压、电阻等，而且不但有指针式的，还有数字式的，如图 4-15 所示。

(a) 数字式　　　　　　　　　　　　(b) 指针式

图 4-15　钳形电流表

3. 钳形电流表的使用方法。

（1）测量前应先估计被测电流的大小，选择合适的量程（可将挡位先调到最大，然后逐步向低挡位调整）。

（2）测量时，被测导线应放在钳口中央，以减少误差。测量较小电流（如 5A 以下）时，为获得较准确的读数，在条件许可时（截面等）可把导线绕几圈放在钳口内进行测量。最终测量结果应为表头测出的数值除以放进钳口内的导线根数。

（3）为使读数准确，钳口两个面应保证很好的接触，如有杂音可将钳口重合一次，如仍有杂音，应对钳口进行除污物处理。

（4）测量完毕，须将量程开关放在最大挡位上，以防下次使用时损伤表。

4. 启动电流、空载电流的测定。

异步电动机启动电流很大，启动瞬间升速相当快，用钳表测量电动机的启动电流时，应仔细观察，反复进行多次，取其平均值。使用时，钳表的量程应稍大于电动机额定电流的 7 倍。电动机稳定运行时，测出空载电流。

5. 改变电动机的转向。

电动机的旋转方向与电源的相序有关，欲改变电动机的转向，只要把接到三相电源上的任意两根线对调即可。

第四节　常用低压电器

在电路中起通断、保护、控制或调解作用的用电器件统称为电器，如开关、熔断器等。用于交流电压为 1000V 及以下的电器统称为低压电器。常用的低压电器有以下几种：开关、按钮、熔断器、接触器和熔断器等。按电器的动作方式可分为保护电器和控制电器。

一、闸刀开关

闸刀开关是最简单、最常用的一种开关，刀极数目有二极和三极两种。图 4-16(a) 为二极闸刀开关的结构图，在瓷质底座上装有静插座、接熔丝的接头和带瓷质手柄的闸刀等，胶盖防止电弧烧伤和触电。图 4-16(b) 为二极闸刀开关、三极闸刀开关外形。图示为合闸位置，闸刀已推入静插座。

安装闸刀开关时应将电源进线接在静插座上，将用电器接在闸刀开关的出线端，这样在分闸时，闸刀和熔丝上不带电，可以保证装换熔丝和维修用电器时的安全。闸刀开关在电器原理图中的符号如图 4-16(c) 所示。

虽然这种开关易被电弧烧坏，引起接触不良等现象。但因价格便宜，在一般照明电路和功率小于 5.5kW 电动机的控制电路中仍常采用。

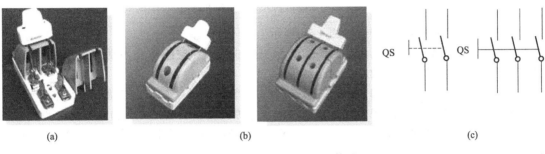

图 4-16 闸刀开关的结构和符号

二、铁壳开关

铁壳开关是一种熔断器和开关的组合体，带有灭弧装置。因为这种开关能在带负载情况下进行操作，所以也叫做负荷开关；又因为具有铸铁或钢板制成的全封闭外壳，故又称为铁壳开关或钢壳开关。

铁壳开关的结构如图 4-17 所示，主要由刀开关、熔断器、操作机构和钢板（或铸铁）外壳等组成，它与一般闸刀开关的主要区别是装有一个速断弹簧，拉闸时动刀片能很快与静刀片分离切断，这样可使电弧被迅速拉长而熄灭。另外为了保证安全用电，盖子和手柄间有机械连锁装置，当铁壳打开时，刀开关被卡住，手柄不能操作开关合闸，能充分发挥铁壳的防护作用。

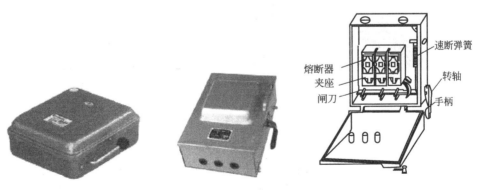

图 4-17 铁壳开关外形及结构

铁壳开关的特点是结构简单，价格便宜。当它用作隔离开关时，常用于低压电源配电总开关；也常用于小容量（≤13kW）电机的不频繁启动及短路保护；也在电气照明和电热电路中供手动不频繁地接通与分断负荷电路及短路保护之用；也可用于直接启动电动机。

三、组合开关

组合开关是另一种形式的开关，它的特点是用动触片的左右旋转来代替闸刀的推合和拉

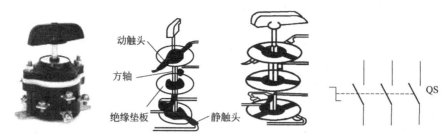

图 4-18　三极组合开关的结构和符号

开，三极组合开关的结构和符号如图 4-18 所示。

所有电器中的触头对都是由动触头和静触头组成的。在空间静止不动的，称为静触头，在空间上随着电器动作而移动的，称动触头。

三极组合开关共有三对静触头和三个动触头，静触头的一端固定在胶木盒内的绝缘板上，另一端伸出盒外，并附有接线螺钉，以便与电源或负载联接。三个动触头套在装有手柄的绝缘转动轴上，手柄可向左或向右每次作 90°的转动，从而使动触头与静触头接通或断开。

由于组合开关具有结构紧凑，安装面积小，操作方便等优点，故广泛用于机床上作为引入电源的开关；有时也用来接通和分断小电流的电路，如直接启动冷却泵电动机、控制机床照明等。

四、自动空气断路器

自动空气断路器也称自动空气开关或自动开关，在低压电路中，用作分断和接通电路，控制电动机运行和停止。当电路发生过载、短路、失压等故障时，它能自动切断故障电路，保护电路和用电设备的安全。它的特点是动作后不需要更换新的元件，工作可靠，应用安全，操作方便，断流能力大（可达到数千安）。图 4-19 是自动空气开关的外形。

图 4-19　自动空气开关的外形

自动开关的动作原理和符号如图 4-20 所示，过电流电磁脱扣器的线圈和热脱扣器的热驱动件均串联在被保护的三相主电路中。按下绿色按钮，搭钩钩住锁扣，使主触头闭合，接通电动机电源。在正常工作时，过电流电磁脱扣器的铁芯和线圈所产生的吸力不能吸合衔铁；但是当电路发生短路时，线圈流过非常大的电流，产生的吸力猛增，于是衔铁被吸合，它撞击滑杆，顶开搭钩，在弹簧作用下主触头分断，切断了电源。当电动机发生过载时，过载电流使热驱动件中双金属片弯曲，同样可顶开搭钩，切断电源。

五、按钮

按钮是一种简单的手动电器，在接触器、继电器及其它电气线路中，作远距离控制之用。

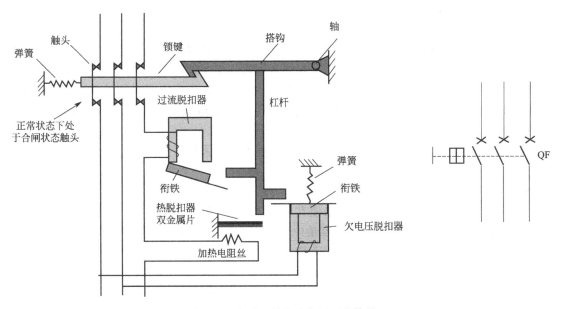

图 4-20 自动开关的动作原理和符号

按钮主要是由桥式动触头和静触头及自复位弹簧组成。图 4-21 为按钮的外形结构及符号。按照按钮的用途和触头状态,可把按钮分为常开按钮(启动按钮)、常闭按钮(停止按钮)及复合按钮(常开、常闭组合为一体的按钮)。

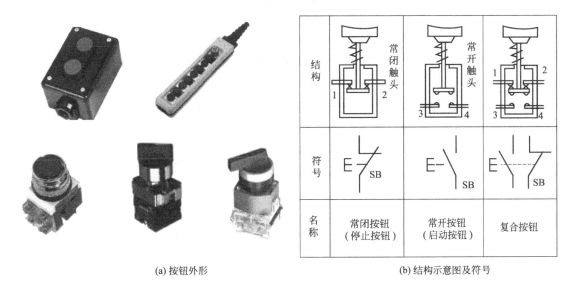

(a) 按钮外形　　　　　　　　　　(b) 结构示意图及符号

图 4-21 按钮的外形结构及符号

若在按钮按下前,触点对为打开(闭合);按钮按下后,触点对为闭合(打开),这样的触点对称为按钮的常开(常闭)触点,或称常开(常闭)触头。通常用常开触点起动电动机,常闭触点停止电动机,其按钮分别称为启动按钮和停止按钮。

按钮在结构上可做成多种型式,如紧急式——装有凸出的蘑菇形钮帽,以便紧急操作;旋钮式——用手钮旋转进操作;指示灯式——在透明的彩色按钮内装有信号灯,接通交流 6.3V 电源,可供信号显示;钥匙式——用钥匙进行操作;保护式——用外壳对触点部分加以封闭以防触电等。

六、熔断器

熔断器是用电设备的安全保护元器件之一，在电器设备线路中应用非常广泛。其保护方法是，用低熔点的金属丝或金属薄片制成熔体，串联在被保护的电路中。正常情况下，熔体相当于一根导线，而当发生短路或严重过载时，电流很大，熔体因过热熔化而断开电路，使线路或电气设备断电，起到保护作用。熔断器具有结构简单、价格低廉和更换方便的优点。

常用的熔断器按其结构型式可分为插入式、螺旋式、无填料封闭管式和有填料封闭管式等几种。

1. 插入式熔断器

插入式熔断器由于结构简单、价格便宜和更换熔体方便，所以广泛用于500V以下的电路中，用来保护线路、照明设备和小容量电动机，此时熔断器最好安装在没有振动的地方（例如墙上），可防止因振动而使插件掉下造成电动机缺相运行（见图4-22）。

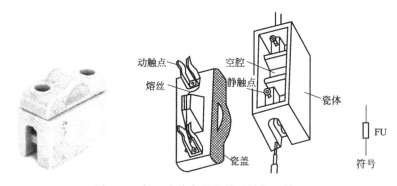

图 4-22 插入式熔断器的外形结构及符号

2. 螺旋式熔断器

螺旋式熔断器的优点是体积小、防振、灭弧力强、有熔断指示等，其用途与插入式基本相同。机床线路中大多采用这种熔断器。

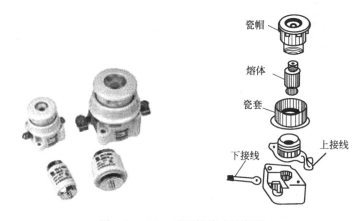

图 4-23 RL1系列螺旋式熔断器

3. 无填料封闭管式熔断器

无填料封闭管式熔断器是一种熔体被封闭在不充填料的熔管内的熔断器，它的优点是灭弧力强、更换方便，被广泛用于发电厂、变电所、工厂的线路或电动机的保护。

第一篇 工业电器

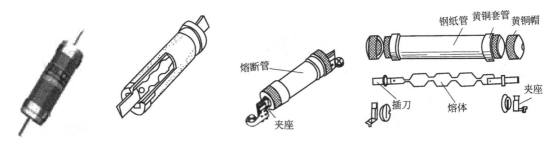

图 4-24 无填料封闭管式熔断器

4. 有填料封闭管式熔断器

有填料封闭管式熔断器是一种熔体被封闭在充有颗粒、粉末等耐热性能好的灭弧填料的熔管内的熔断器，它的灭弧性能特别好，被广泛使用在大容量系统中的各种配电设备中。

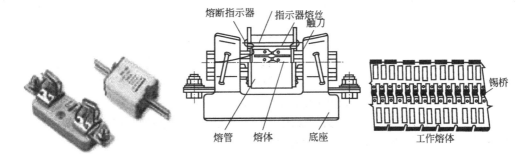

图 4-25 有填料封闭管式熔断器

 小常识　　　　熔断器的选择

在选择熔断器的额定电流时，首先要选择熔体的额定电流，然后再选择熔断器。熔体的额定电流选择过大，过载时不易烧断，失去保护的意义；熔体的额定电流选择过小，会经常烧断而影响工作。其选择方法按其保护对象不同而不同。对于工作电流稳定的电路如照明、电热等电路，熔体的额定电流应等于或稍大于负载的工作电流，这时熔断器可作短路和过载保护。在异步电动机直接启动的电路中，熔体的额定电流应取电动机额定电流的 2.5～4 倍，此时熔断器只能作短路保护。

七、交流接触器

接触器是一种远距离操作的自动电器，它是交流控制电路的主要电器，被用来接通或断开异步电动机或其他电气设备（如电容器、电热器和照明等）的主电路。图 4-26 是交流接触器的外形、结构和符号。交流接触器主要由电磁系统、触头系统及灭弧罩等部分组成。电磁系统包括静铁芯、吸引线圈和动铁芯等，其中静铁芯与线圈固定不动，动铁芯又称衔铁，可以移动；触头系统包括由桥式主触头、辅助常开（闭）触头组成，桥式主触头对中的动触头和电磁系统的动铁芯通过绝缘支架固定在一起。

按线圈未通电时的状态触头可分为常开触头和常闭触头两种。常开触头在线圈未通电时是断开的，线圈通电后闭合；常闭触头在线圈未通电时是闭合的，线圈通电后即断开。另外根据触头允许通过电流的大小，又有主触头和辅助触头之分，主触头一般都是常开的，允许

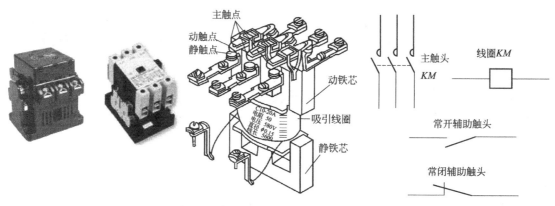

图 4-26　交流接触器的外形、结构和符号

通过较大的电流,接在电动机的主电路中;辅助触头有常开和常闭两种,只允许通过小电流,常接在电动机的控制电路中。

当线圈通电后,线圈电流产生磁场,使静铁芯产生足够的吸力,将动铁芯吸合,使常闭触头先分断,然后所有常开触头跟着闭合;当线圈断电时,所有的触头位置都复原。

交流接触器可频繁的接通、断开带有负载的主电路和大容量控制电路,并兼有失压保护作用,它与按钮配合可实现对电动机的远距离控制。

交流接触器的选用原则是主触头的额定电流应等于或大于电动机的额定电流,所用接触器的线圈额定电压必须符合供给控制电路的电压。

八、热继电器

热继电器利用电流的热效应(电流通过导体时导体发热的现象)产生动作,对电动机进行过载保护的一种保护电器。热继电器主要由热驱动器件、触头、动作机构和复位按钮等部分组成。其外形、结构及符号如图 4-27 所示。

热驱动器件由双金属片和绕在双金属片上的电阻丝组成。双金属片是由两种膨胀系数不同的金属片压制成的,它的一端固定在支架上,另一端是自由端。电阻丝串接在电动机的主电路中,

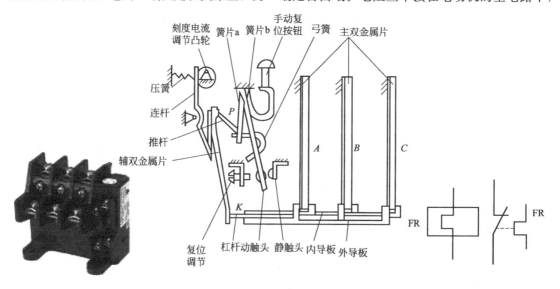

图 4-27　热继电器的外形、结构及符号

常闭触头串接在控制电路中。当电动机过载时，电阻丝中通过的电流超过了它的额定值，产生较大的热量，使双金属片受热膨胀发生弯曲，通过连动机构迫使常闭触头断开。在控制电路中，常闭触头和接触器的线圈相串联，当常闭触头断开时，接触器线圈断电，使主触头分断，电动机停转，实现了过载保护。要使电动机恢复工作，需待热继电器冷却复位后，重新启动电动机。

热继电器在使用前，必须调节其整定电流值，使其与电动机的额定电流值相等。

思维与技能训练

项目 15　三相异步电动机的单向运转控制线路的安装

一、能力目标

1. 掌握具有过载保护的接触器自锁正转控制线路的安装和故障排查。
2. 运用热继电器，掌握其结构与工作原理。
3. 理解线路的自锁作用以及欠压和失压保护功能。
4. 了解热继电器的使用和调整原则。

二、实训内容

1. 读懂单向运转控制线路电路图。
2. 根据布置图按工艺要求安装电器元件。
3. 操作电动机的启动。

三、操作要点

1. 读懂单向运转控制线路电路图［如图 4-28(a) 所示］。
2. 按工艺要求，根据图 4-28(b) 安装电器元件，并标注上醒目的文字符号。
3. 热继电器的热元件应串接在主电路中，其常闭触头应串接在控制电路中。
4. 热继电器的整定电流应按电动机的额定电流自行调整。

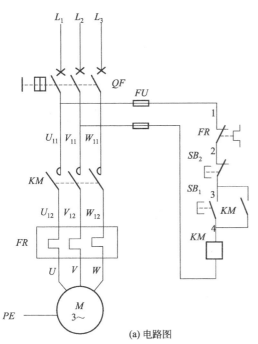

(a) 电路图

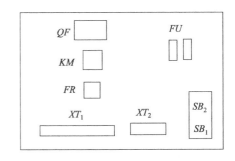

(b) 布置图

图 4-28

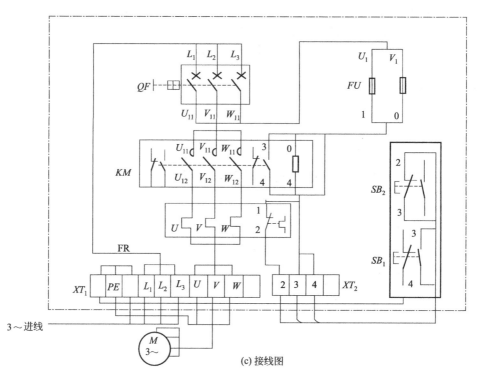

图 4-28 具有过载保护的自锁正转控制线路

5. 在一般情况下,热继电器应置于手动复位的位置上。若需要自动复位时,可将复位调节螺钉沿顺时针方向向里旋足。

6. 编码套管套装要正确。

知识检验

1. 一台单相变压器的初级电压 $U_1=3000V$,电压比 $k=15$,求次级电压 U_2 等于多少?

2. 一台降压变压器,初级电压 $U_1=1000V$,次级电压 $U_2=220V$。如果次级接一台功率 $P=25kW$ 的电阻炉,求初、次级的电流各为多少?

3. 单相变压器初级电压是 220V,次级电压是 110V,如果初级绕组为 440 匝,求次级绕组的匝数是多少? 如果在次级电路中接入 110V、110W 的电灯 11 盏,求此时初、次级电流值?

4. 某晶体管收音机的输出变压器,初级匝数 $N_1=230$ 匝,次级匝数 $N_2=80$ 匝,原来配接有阻抗为 8Ω 的喇叭,现要改接 4Ω 的喇叭,问次级的匝数应为多少?

5. 已知某四极三相异步电动机的额定转速为 1430r/min,电源频率为 50Hz,求额定转差率为多少?

6. 求 Y-100L-2($p=1$)及 Y-100L2-4($p=2$)两台三相异步电动机的同步转速 n_1。交流电源频率为 50Hz。

7. 已知 Y-160L-4 三相异步电动机的磁极对数 $p=2$,电源频率 $f_1=50Hz$,转差率 $s=0.026$,求电动机转速 n。

8. 制作一个变比为 10 的小型变压器。

9. 利用交流接触器设计一个电动机正转、反转、正反转电路。

第五章 电子技术基础

第一节 半导体二极管、三极管

半导体器件是近代电子学的重要组成部分。由于半导体器件具有体积小、重量轻、使用寿命长、输入功率小和功率转换效率高等优点而得到广泛的应用。尤其是二极管和三极管广泛应用在各种电子电路中。

一、PN 结及其特性

1. 半导体的基本知识

半导体是导电能力介于导体与绝缘体之间的物质。常用的半导体材料有硅和锗等，它们都是四价元素。半导体中的载流子有两种：一种是带负电荷的自由电子，另一种是带正电荷的空穴。半导体中自由电子和空穴的数目相等，但总数不多，远远低于金属导体中载流子的数量，因此，半导体的导电性能比导体差而比绝缘体强。

纯净的半导体（又称为本征半导体）的导电能力很弱，但如果人为地掺入某种微量元素，其导电能力会明显增强，这就是半导体的掺杂特性。大多数半导体都是利用这一特性制成的。

当环境温度升高或光照增强时，半导体的导电能力也将随之增强。某些半导体还分别对气体、磁及机械力等十分敏感，利用这些特性可以制成各种特殊用途的半导体器件。

2. P 型半导体和 N 型半导体

在纯净半导体中掺入微量三价元素硼或铟等，可得到 P 型半导体，又称空穴型半导体。其内部空穴的数目多于自由电子的数目，即空穴是多数载流子，自由电子是少数载流子。

在纯净半导体中掺入微量五价元素磷或锑等，可得到 N 型半导体，又称电子型半导体。其内部自由电子的数目多于空穴的数目，即自由电子是多数载流子，空穴是少数载流子。

3. PN 结及其单向导电性

在硅或锗单晶基片上，分别加工出 P 型区和 N 型区，在它们交界面上会形成一个特殊薄层，称为 PN 结，如图 5-1 所示。

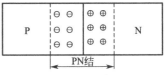

图 5-1 PN 结示意图

在 PN 结上加正向电压时，即 PN 结的 P 区接电源正极，N 区接电源负极，PN 结中有较大电流通过，正向电阻很小，PN 结处于导通状态；在 PN 结上加反向电压时，即 PN 结的 N 区接电源正极，P 区接电源负极，PN 结中只有很小的电流通过，或者可以认为没有电流通过，反向电阻很大，PN 结处于截止状态。这就是 PN 结的重要特性即单向导电性。

二极管、三体管及其它各种半导体器件的工作特性，都是以 PN 结的单向导电性为基础的。

二、二极管的结构、符号和类型

1. 结构和符号

半导体二极管（简称二极管）就是由一个 PN 结构成的最简单的半导体器件。在一个

PN 结的 P 型区和 N 型区各引出一条线，然后再封装在管壳内，就制成一只二极管。P 型区引出端叫正极（阳极），N 型区引出端叫负极（阴极）。如图 5-2(a) 所示。二极管的文字符号为"VD"，图形符号如图 5-2(b) 所示，图形符号中箭头表示 PN 结正向电流的方向。

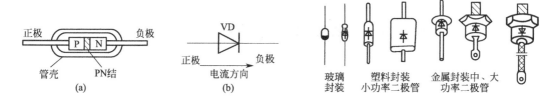

图 5-2 二极管的结构与符号　　　　图 5-3 几种常见二极管的外形

由于在实际应用中要用到二极管不同的功能和用途，所以二极管不仅大小不同，而且外形和封装各异。图 5-3 中，从左到右是由小功率到大功率的几种常见二极管的外形。

2. 类型

二极管根据外形、结构、材料、功率和用途可分成各种类型。

（1）二极管按材料分类：硅二极管和锗二极管。

（2）二极管按的制造工艺分类：点接触型和面接触型。

（3）二极管按用途分类：普通二极管、整流二极管、稳压二极管、光敏二极管、热敏二极管、发光二极管等。

按国标 GB 249—1989 的规定，国产二极管的型号命名方法见表 5-1。

表 5-1 二极管的型号

第一部分		第二部分		第三部分		第四部分	第五部分
用数字表示器件电极数目		用拼音字母表示器件材料和极性		用汉语拼音表示器件的类型		用数字表示器件的序号	用汉语拼音字母表示规格号
符号	意义	符号	意义	符号	意义		
2	二极管	A	N 型锗材料	P	普通管		
		B	P 型锗材料	Z	整流管		
		C	N 型硅材料	W	稳压管		
		D	P 型硅材料	K	开关管		

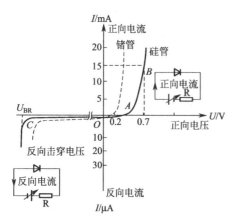

图 5-4 二极管的伏安特性曲线

三、二极管的伏安特性曲线

二极管的伏安特性是指加在二极管两端的电压和流过二极管的电流之间的关系。改变二极管正向电压和反向电压，把测得的电压和电流之间的对应数据绘制在以电压为横坐标、电流为纵坐标的直角坐标系中，就得到二极管的伏安特性曲线，如图 5-4 所示。可以看出，二极管的伏安特性曲线有下列特点。

1. 正向导通特性

当正向电压超过一定数值后（硅管为 0.5V，锗管为 0.2V，称为死区电压），流过二极管的电流随电压的升高而明显增加，二极管的电阻变得很小，进入导通状态。由图 5-4 可见，导通后二极管两端的正向压降几乎不随流过电流的大小而变化，硅管的正向压降约为 0.7V，锗管约为 0.3V。

2. 反向截止特性

当二极管处于反偏截止时，其反向电流在反向电压不大于某一数值（此电压称为反向击穿电压）时是很小的，并且几乎不随反向电压而变化，此时的电流称为反向饱和电流。通常情况下硅管的反向电流是几微安到几十微安，锗管的反向电流则可达到几百微安。这个电流是衡量二极管质量优劣的重要参数。

3. 反向击穿特性

当反向电压增大到某一数值时，反向电流急剧增大，这种现象称为反向击穿，这时的电压称为反向击穿电压。反向击穿破坏了二极管的单向导电性，如果没有限流措施，二极管可能损坏。

四、三极管的结构、符号和类型

1. 结构和符号

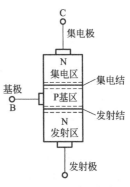

图 5-5 三极管的结构

在一块极薄的硅或锗基片上通过一定的工艺制作出两个 PN 结就构成了三层半导体，从三层半导体上各引出一根引线就是三极管的三个电极，再封装在管壳里就制成了三极管。

三个电极分别叫做发射极 E、基极 B、集电极 C，对应的每层半导体分别称为发射区、基区和集电区。发射区和基区交界的 PN 结称为发射结，集电区和基区交界的 PN 结称为集电结。它们的基本结构如图 5-5 所示。

三极管的文字符号为 VT，按基片是 N 型半导体还是 P 型半导体划分，三极管有 NPN 型和 PNP 型两种组合形式，图形符号如图 5-6 中（a）和（b）所示。两种符号的区别在于发射极箭头的方向不同，箭头的方向就是发射结正向电压时电流的方向。

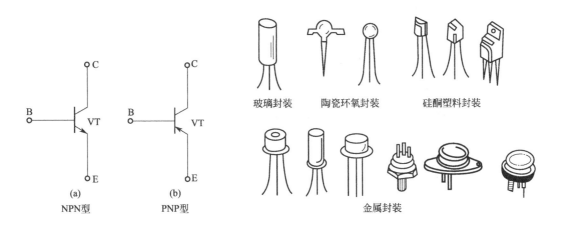

图 5-6 三极管的符号　　　图 5-7 三极管的外形

功率大小不同的三极管有着不同的体积和封装形式，图 5-7 是常见的几种国产三极管的封装和外形。

2. 类型

国产三极管的型号由五部分组成，每部分的意义见表 5-2。

表 5-2 三极管的型号

第一部分		第二部分		第三部分		第四部分	第五部分
用数字表器件电极数目		用拼音字母表示器件材料和极性		用汉语拼音表示器件的类型		用数字表示器件的序号	用汉语拼音字母表示规格号
符号	意义	符号	意义	符号	意义		
3	三极管	A	PNP 型锗材料	X	低频小功率		
		B	NPN 型锗材料	G	高频小功率		
		C	PNP 型硅材料	D	低频大功率		
		D	NPN 型硅材料	A	高频大功率		

五、三极管的电流放大作用

1. 三极管电流放大的条件

要使三极管实现电流放大，必须满足两个条件：第一，发射结要加正向电压；第二，集电结要加反向电压。图 5-8 所示两种结构的三极管工作在放大状态时采用双电源的接线图。

三极管处在放大状态时，应在它的发射结加正向电压，集电结加反向电压。因此，NPN 型管的发射极电位低于基极电位；PNP 型管则相反，如图 5-8 所示。加在发射极和基极之间的电压叫偏置电压，一般硅管在 0.5～0.8V，锗管在 0.1～0.3V。加在集电极和基极之间电压一般是几伏到几十伏。

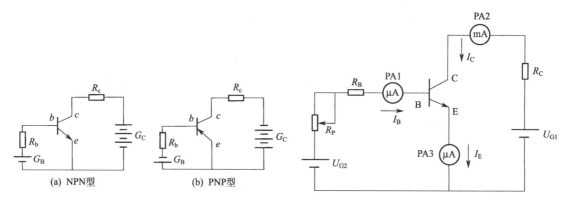

图 5-8 三极管电源的接法　　　图 5-9 三极管电流放大实验电路

图 5-8 中，G_C 为集电极电源，G_B 为基极电源又称偏置电源，R_B 为基极电阻又称偏置电阻，R_C 为集电极电阻。

2. 三极管电流分配关系

在图 5-9 所示的实验电路中，调节电位器 R_P 可改变基极电流 I_B 的大小，可相应地测得一组集电极电流 I_C 和发射极电流 I_E。

通过分析，可得出：

$$I_E = I_B + I_C$$

即发射极电流等于基极电流与集电极电流之和。而且基极电流 I_B 比集电极电流 I_C 小得多，可认为发射极电流和集电极电流近似相等。即

$$I_E \approx I_C$$

3. 三极管的电流放大作用

实验证明：当基极电流 I_B 有一微小变化时，就能够引起集电极电流 I_C 的较大变化，这

就是三极管的电流放大作用。

通常把集电极电流的变化量与基极电流的变化量的比值,称为三极管的共发射极交流电流放大系数,用 β 表示

$$\beta = \Delta I_C / \Delta I_B$$

三极管放大的实质是以小电流控制大电流,放大后信号的能量是电源提供的,而不是凭空增加的。

> **想想议议**
>
> 三极管处在放大状态时,PNP 型三极管和 NPN 型三极管在电源接法上有什么不同?两种三极管可否相互替换?

六、三极管的输入、输出特性曲线

三极管的特性曲线是指三极管各极上电压和电流之间的关系曲线。它有输入特性和输出特性两种。

1. 输入特性曲线

输入特性曲线是指当三极管的集电极与发射极间的电压 U_{CE} 为定值时,基极电流 I_B 和发射结偏压 U_{BE} 之间的曲线,如图 5-10 所示。

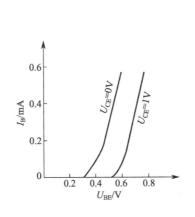

图 5-10 三极管输入特性曲线

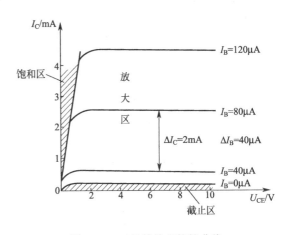

图 5-11 三极管输出特性曲线

由图可看出,当 U_{BE} 很小时,$I_B=0$,三极管截止,只有当 U_{BE} 大于死区电压后,三极管才开始导通。

导通后,I_B 在很大范围内变化时,U_{BE} 几乎不变,此时的 U_{BE} 称发射结的正向压降,硅管的 U_{BE} 约为 0.7V,锗管的 U_{BE} 约为 0.3V。

2. 输出特性曲线

输出特性曲线是指当三极管的基极电流 I_B 为一定值时,集电极电流 I_C 与集电极与发射极间的电压 U_{CE} 之间的关系曲线,如图 5-11 所示。

对应不同的基极电 I_B 可得出不同的曲线,从而形成一个曲线簇。通常把输出特性曲线族划分成三个区域来讨论三极管的工作特性。

(1) 截止区。即 $I_B=0$ 这条曲线以下的区域。

三极管处于截止状态,无放大作用。三极管处于截止状态的条件是:发射结、集电结

反偏。

（2）饱和区。即输出特性曲线起始部分左边的区域。在饱和区内，I_C 随 U_{CE} 的增加而迅速增加，不再受 I_B 的控制，失去放大作用。三极管处于饱和状态的条件是：发射结正偏，集电结正偏。

（3）放大区。即输出特性曲线中间的平坦区域。在放大区内，I_C 几乎不受 U_{CE} 的影响，只受 I_B 的控制，即满足三极管的电流放大关系。三极管处于放大状态的条件是：发射结正偏，集电结反偏。

思维与技能训练

项目 16　二极管和三极管的识别和简单测试

一、能力目标

学会二极管和三极管的识别和简单测试方法。

二、实训内容

按正确的电阻挡来测量二极管和三极管，掌握二极管和三极管测量方法。

三、操作要点

（一）二极管的识别和简单测试

我们用万用表的电阻挡来测量二极管的电阻以判别它的极性及其质量好坏。万用表的红笔（正端）接表内电池的负极，黑笔（负端）接表内电池的正极。测试前应选好倍率挡，一般可选择 $R \times 100$ 或 $R \times 1k$ 挡，并先将两表棒短接调零。具体测试见表 5-3。

表 5-3　二极管的简单测试方法

测试项目	测试方法	正常数据		极性判断
		硅管	锗管	
正向电阻	测硅管时　测锗管时　红笔　黑笔	表针指示在中间偏右一点	表针偏右靠近满度，而又不到满度	万用表黑笔连接的一端为二极管的阳极
		（几百欧~几千欧）		
反向电阻	测硅管时　测锗管时　红笔　黑笔	表针一般不动	表针将启动一点	万用表黑笔连接的一端为二极管的阴极
		（大于几百千欧）		

要注意的是，由于二极管正向特性曲线起始端的非线性，PN 结的正向电阻是随外加电压的变化而变化的，所以同一二极管用 $R \times 100$ 和 $R \times 1k$ 挡时测得的正向电阻读数是不一样的。

（二）三极管的识别和简单测试

1. 根据管脚排列识别

目前三极管的种类较多，封装形式不一，管脚也有多种排列形式。表 5-4 所列是常见的三极管管脚排列方式。

表 5-4 常见三极管管脚排列

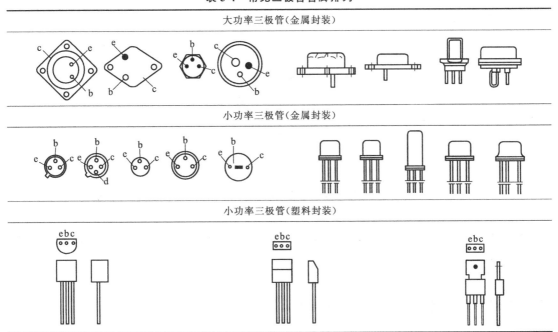

2. 使用万用表判别三极管极性

万用表测小功率管时，一般选用 $R\times 100$ 或 $R\times 1k$ 挡；测大功率管时，可选用 $R\times 10$ 挡，测试方法如图 5-12 所示。

首先判别管型找出基极。以黑笔为准，红笔分别接另外两个管脚，如果测得两个阻值均较小时，则该管为 NPN 型，黑笔所接为基极；如果两次阻值均较大时，则该管为 PNP 型，黑笔所接仍是基极。

基极找出后，第二步找集电极。假设一脚为集电极 c，管型是 NPN 型，将黑笔接 c，红笔接发射极 e。然后用手捏住基极和集电极（两极不能相碰），观察指针偏转情况并记下偏转位置，再将两表笔交换极性，重复上述过程，则偏转角大的一次黑笔所接

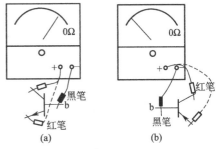

图 5-12 三极管管脚和极性

脚为集电极。如果是 PNP 型管；只需将红笔接假设的集电极 c，其余和 NPN 型管的测试完全相似。

第二节 单级基本放大电路

在生活和生产实践中，经常要求将微弱电信号加以放大去推动各式各样的负载，以满足人们生活、生产和科学实验的需要。三极管放大电路就是将微弱的电信号转变为较强的电信号的电子电路。单级基本放大电路是基础，复杂的放大电路是由多个单级基本放大电路组合而成的。

一、三极管在电路中的基本连接方式

三极管在电路中有三种基本连接方式，如图 5-13 所示，即：

（1）共发射极接法　以基极为输入端，集电极为输出端，发射极为输入、输出两回路的公共端，如图 5-13(a) 所示。

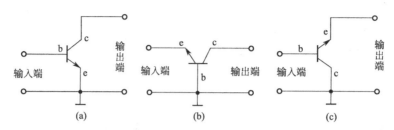

图 5-13　三极管在电路中的三种基本联接方式

（2）共基极接法　以发射极为输入端，集电极为输出端，基极为输入、输出两回路的公共端，如图 5-13(b) 所示。

（3）共集电极接法　以基极为输入端，发射极为输出端，集电极为输入、输出两回路的公共端，如图 5-13(c) 所示。

三种接法中以共发射极接法最为常见。

二、单级基本放大电路工作原理

由于共发射极放大电路最为常见，本节介绍共发射极单级基本放大电路。由单个三极管

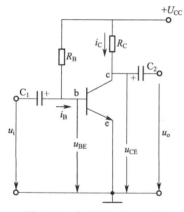

图 5-14　共发射极放大电路

组成的放大电路称为单级放大电路，图 5-14 是 NPN 型三极管组成的最基本的放大电路。整个电路分为输入回路和输出回路两部分：u_i 端为放大器的输入端，用来接收信号；u_o 端为放大器的输出端，用来输出放大器的信号。图中"⊥"表示公共端，用来作为电位的参考点，电路中其他各点电位均是相对"⊥"而言。图中发射极是输入和输出回路的公共端，故称此电路为共发射极放大电路。

下面以图 5-14 为例来说明放大电路中各元器件的作用。

（1）三极管 VT 具有电流放大作用，它使集电极电流随基极电流作相应的变化，是放大电路中的核心器件。

（2）基极偏置电阻 R_B 的作用是为三极管的基极提供合适的偏置电流，并向发射结提供必需的正向偏置电压。选择合适的 R_B 就可以使三极管有合适的静态工作点。所谓静态就是当放大电路的输入信号 $u_i=0$ 时的状态。R_B 一般取几十千欧到几百千欧之间。

（3）集电极电源 U_{CC} 通过集电极负载电阻 R_C 给三极管的集电结加反向偏压，同时又通过基极偏置电阻 R_B 给三极管的发射结加正向偏压，使三极管处于放大状态。另一方面给放大器提供能源，三极管的放大实质是用输入端能量较小的信号去控制输出端能量较大的信号，三极管本身不能创造出新的能量，输出信号的能量来源于集电极电源 U_{CC}。因此它是整个放大器能源的提供者。

（4）集电极负载电阻 R_C 的作用是把三极管的电流放大作用以电压放大的形式表现出来，从而输出一个比输入电压大得多的电压。R_C 一般在几千欧到几十千欧之间。

（5）耦合电容 C_1 和 C_2 分别接在放大器的输入端和输出端。利用电容器"隔直通交"的特点，一方面可避免放大器的输入端与信号源之间、输出端与负载之间直流电的互相影

响，使三极管的静态工作不致因接入信号源和负载而发生影响；另一方面又要保证输入和输出信号畅通地进行传输。通常 C_1 和 C_2 选用电解电容器，取值为几微法到几十微法。

 小常识

单级放大电路的放大倍数并不是越大越好，放大倍数太大，三极管的性能不稳定。放大倍数小了也不好，那样放大能力差。一般通常让单级放大电路的放大倍数保持在 30～100 之间较为合适。如果要得到更高的放大能力，就应采用多级放大电路。

第三节　单相整流电路

把交流电转换成直流电的过程称为整流。利用二极管的单向导电性把单相交流电转换成直流电的电路称为二极管单相整流电路，它主要有单相半波整流和单相桥式全波整流电路。

一、单相半波整流电路

图 5-15(a) 是单相半波整流电路图，电路由电源变压器 T、整流二极管 VD 和负载电阻 R_L 组成。整流变压器将电压 u_1 变为整流电路所需的电压。

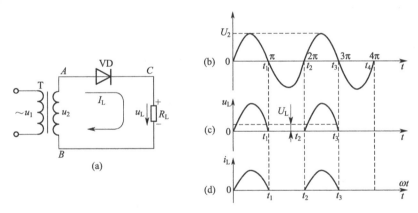

图 5-15　单相半波整流电路

1. 工作原理

设在交流电压正半周（0-t_1），A 端电位比 B 端电位高，二极管 VD 因加正向电压而导通，电流 I_L 的通路是 $A \rightarrow VD \rightarrow R_L \rightarrow B \rightarrow A$。$R_L$ 上电流方向与电压极性如图 5-15(a) 所示。

在交流电压负半周（t_1-t_2），A 端电位比 B 端电位低，二极管 VD 反向电压而截止，负载 R_L 上的电压为零。

由此可见，在交流电一个周期内，二极管半个周期导通半个周期截止，以后周期性地重复上述过程，负载 R_L 上电压和电流波形如图 5-15(b)、(c)、(d) 所示。在交流电工作的全周期内，R_L 上只有自上而下的单方向电流，实现了整流。由图可以看出电流的大小是波动的，但方向不变。这种大小波动、方向不变的电压和电流；称为脉动直流电。由波形可见，这种电路仅利用了电源电压的半个波，故称为半波整流电路，它的缺点是电源利用率低且输出电压脉动大。所以半波整流仅用于功率较小的电路中。

2. 负载 R_L 上的直流电压和电流

实验证明，负载 R_L 两端电压与变压器次级电压有效值的关系是

$$U_L \approx 0.45 U_2$$

负载 R_L 上的直流电流 I_L 可根据欧姆定律求出

$$I_L \approx U_L/R_L \approx 0.45 \times U_2/R_L$$

选用半波整流二极管时应满足下列两个条件：
(1) 二极管额定电压应大于承受的反向峰值电压。
(2) 二极管额定整流电流应大于流过二极管的实际工作电流。

二、单相桥式全波整流电路

单相桥式整流电路如图 5-16(a) 所示。电路中四只二极管接成电桥形式，所以称为桥式整流电路，这种电路有时被画成图 5-16(b) 或图 5-16(c) 的形式。

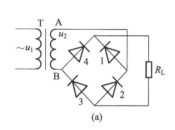
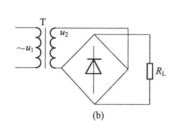
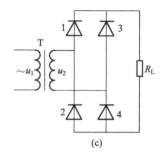

图 5-16 单相桥式整流电路

1. 工作原理

二次电压 u_2 波形如图 5-17(a) 所示。设在交流电压正半周 (0-t_1)，A 点电位高于 B 点电位。二极管 VD_1、VD_3 正偏导通，VD_2、VD_4 反偏截止，电流 I_{L1} 通路是 $A \to VD_1 \to R_L \to VD3 \to B \to A$，如图 5-17(a) 所示。这时负载 R_L 上得到一个半波电压，如图 5-17(b) 中 (0-t_1) 段。

在交流电压负半周 (t_1-t_2)，B 点电位高于 A 点电位，二极管 VD_4、VD_2 正偏导通，二极管 VD_1、VD_3 反偏截止，电流 I_{L2} 通路是 $B \to VD_4 \to R_L \to VD_2 \to A \to B$，如图 5-17(b) 所示。

同样，在负载 R_L 上得到一个半波电压，如图 5-17(b) 中 (t_1-t_2) 段。

由此可见，在交流输入电压的正负半周，都有同一方向的电流流过 R_L，四只二极管中，两只两只轮流导通，在负载上得到全波脉动的直流电压和电流，

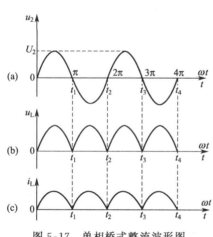

图 5-17 单相桥式整流波形图

如图 5-17(b)、(c) 所示。所以这种整流电路属于全波整流类型，也称为单相桥式全波整流电路。

2. 负载 R_L 上的直流电压和电流

在单相桥式整流电路中（见图 5-18），交流电在一个周期内的两个半波都有同方向的电

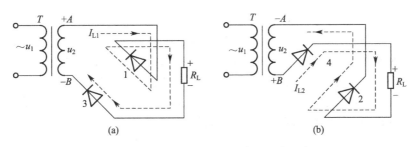

图 5-18　单相桥式整流电路的电流通路

流流过负载，因此在同样的 U_2 时，该电路输出的电流和电压均比半波整流大一倍。输出电压为

$$U_L \approx 0.9 U_2$$

输出电流为

$$I_L \approx U_L/R_L \approx 0.9 \times U_2/R_L$$

三、滤波电路

前面讨论的几种整流电路，虽然都可以把交流电转换为直流电，但是所输出的都是脉动的直流电压，要把脉动的直流电变为平滑的直流电，保留脉动电压的直流成分，尽可能滤除它的交流成分，这就是滤波。这样的电路叫做滤波电路。滤波电路直接接在整流电路后面，它通常由电容器、电感器和电阻器按照一定的方式组合而成。

1. 电容滤波电路

图 5-19 所示是单相桥式整流电容滤波电路图。图中电容器 C 并联在负载两端。电容器在电路中有储存和释放能量的作用，电源供给的电压升高时，它把部分能量储存起来，而当电源电压降低时，就把能量释放出来，从而减少脉动成分，使负载电压比较平滑，即电容器具有滤波作用。滤波时电容器应并联接在电路中。滤波电容器的容量大一些，滤波效果好，滤波时电容器容量应选用 $200\mu F$ 以上较为合理。

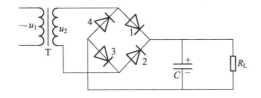　　　　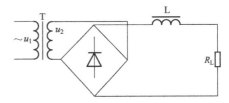

图 5-19　单相桥式整流电容滤波电路　　　图 5-20　单相桥式整流电感滤波电路

2. 电感滤波电路

当一些电气设备需要脉动小、输出电流大的直流电时，往往采用电感滤波电路，即在整流输出电路中串联带铁芯的大电感线圈。图 5-20 所示是电感滤波电路图。由于电感线圈的直流电阻很小，脉动电压中直流分量很容易通过电感线圈，几乎全部加到负载上；而电感线圈对交流的阻抗很大，根据电磁感应原理，线圈通过变化的电流时，它的两端要产生自感电动势来阻碍电流变化，当整流输出电流增大时，它的抑制作用使电流只能缓慢上升；而整流输出电流减小时，它又使电流只能缓慢下降，这样就使得整流输出电流变化平缓，其输出电压的平滑性比电容滤波好。

滤波电感线圈应串联在电路中。一般来说，电感大一些，滤波效果好，滤波电感常取几亨到几十亨。

3. 复式滤波电路

复式滤波电路是由电容器、电感器和电阻器组成的滤波器；通常有 LC 型、$LC\pi$ 型几种。它的滤波效果比单一使用电容或电感滤波要好得多，其应用较为广泛。

图 5-21 所示是 LC 型滤波电路，它由电感滤波和电容滤波组成。脉动电压经过双重滤波，交流成分大部分被电感器阻止，即使有小部分通过电感器，再经过电容滤波，这样负载上的交流成分也很小，可达到滤除交流成分的目的。

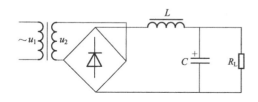 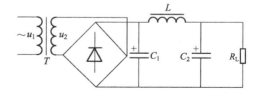

图 5-21　LC 型滤波电路　　　　　　　图 5-22　$LC\pi$ 型滤波电路

图 5-22 所示是 $LC\pi$ 型滤波电路，可看成是电容滤波和 LC 型滤波电路的组合，因此滤波效果更好，在负载上的电压更平滑。由于 $LC\pi$ 型滤波电路输入端接有电容，在通电瞬间因电容器充电会产生较大的充电电流，所以一般取 $C_1 < C_2$，以减小浪涌电流。

当使用一级复式滤波达不到对输出电压的平滑性要求时，可以增添级数，以达到更好的滤波效果。

4. 简单的稳压电路

图 5-23 是利用硅稳压管组成的简单稳压电路。电阻 R 用来限制电流，使稳压管电流 I_Z 不超过允许值，另一方面还利用它两端电压升降使输出电压 U_L 趋于稳定。稳压管 VD 反并在直流电源两端，使它工作在反向击穿区。经电容滤波后的直流电压通过电阻器 R 和稳压管 VD 组成的稳压电路接到负载上。这样，负载上得到的就是一个比较稳定的电压。

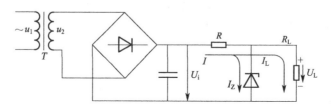

图 5-23　简单的稳压电路

输入电压 U_i 经电阻 R 加到稳压管和负载 R_L 上，设负载电阻 R_L 不变，当电网电压 u_1 波动升高，使稳压电路的输入电压 U_i 上升，引起稳压管 VD 两端电压增加，输出电压 U_L 也增加，根据稳压管反向击穿特性，只要 U_L 有少许增大，就使 I_Z 显著增加，使流过 R 的电流 I 增大，电阻 R 上压降增大（$U=IR$），使输出电压 U_L 保持近似稳定。其工作过程可描述为：

$$u_1 \uparrow \to U_i \uparrow \to U_L \uparrow \to I_Z \uparrow \to I_R \uparrow \to U_L \downarrow$$

反之，如果电源电压 u_1 下降，其工作过程与上述相反，U_L 仍近似稳定。

第四节　集成电路简介

在电子技术发展的早期，人们常用多个晶体管、电阻器和电容器等元件组装电子线路，这就是通常称为分立元件的电路形式。随着半导体制造工艺不断发展，人们研制出一种新型的半导体器件——集成电路。集成电路是将电子元器件和连线集中制作在一小块半导体晶片上，从而缩小了电子设备的体积和重量，降低了成本，大大提高了电路工作的可靠性，减少了组装和调试的难度。所以，集成电路的出现标志着电子技术的应用发展到了一个新的阶段。

1. 集成电路中元器件的特点

（1）集成电路中的元器件是用相同的工艺在同一块硅片上大批制造的，因此元器件的性能比较一致，对称性好。

（2）集成电路中的电阻器用 P 型区（相当于 NPN 型三极管的基区）的电阻构成，阻值范围一般在几十欧至几十千欧之间，阻值太高和太低的电阻均不易制造，大电阻多采用外接方式。由于制造三极管比制造电阻器节省硅片，且工艺简单，故集成电路中三极管用得多，电阻用得少。

（3）集成电路中的电容是用 PN 结的结电容，一般小于 100pF，如必须用大电容时可以外接。利用集成电路工艺目前还不能制造电感器。

2. 集成电路的分类

（1）按功能分类。有模拟集成电路和数字集成电路。模拟电路的信号是连续的，而数字信号是断续的、离散的信号。常用的模拟集成电路有集成运算放大器、集成功率放大器、集成稳压器、集成数-模和模-数转换器等。数字集成电路主要用于处理断续的、离散的信号，常用的有各种集成门电路、触发器，各种集成计数器、寄存器、译码器，各种数码存储器等。

（2）按导电类型分类。可分单极型（MOS 场效应管）、双极型（PNP 型或 NPN 型）和二者兼容型三种。

（3）按制造工艺分类。可分为半导体集成电路、薄膜集成电路和厚膜集成电路等。

（4）按集成度分类。在一块芯片上有包含一百个以下元器件的小规模集成电路，有包含一百到一千个之间的中规模集成电路，有包含一千到十万个之间的大规模集成电路，以及包含十万个以上的超大规模集成电路等几种。目前，中规模和某些大规模集成电路的使用已相当普遍。

3. 集成电路的型号命名和外形

我国国家标准 GB 3430—1989 规定，半导体集成电路的型号由 5 部分组成，见表 5-5。

表 5-5 半导体集成电路型号命名方法

第零部分		第一部分		第二部分	第三部分		第四部分	
用字母表示器件		用字母表示器件的类型		用数字表示器件系列和品种代号	用字母表示器件工作温度范围		用字母表示器件封装	
符号	意义	符号	意义		符号	意义	符号	意义
C	中国制造	T	TTL		C	0～70℃	W	陶瓷扁平
		H	HTL		E	−40～85℃	B	塑料扁平
		E	ECL		R	−55～85℃	F	全封闭扁平
		C	CMOS		M	−55～125℃	D	陶瓷直插
		F	线性放大器		…	…	P	塑料直插
		B	非线性电路				J	黑陶瓷直插
		D	音响电视电路				K	金属菱型
		W	稳压器				T	金属圆型
		J	接口电路				…	…
		M	存储器					
		…	…					

集成电路的封装有陶瓷双列直插、塑料双列直插、陶瓷扁平、塑料扁平、金属圆形等多种，有的还带有散热器。部分集成电路的外形如图 5-24 所示。

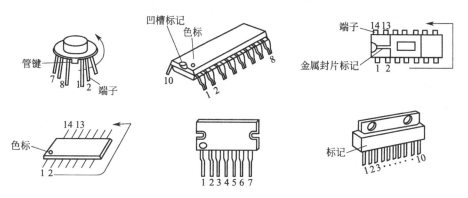

图 5-24 部分集成电路的外形

思维与技能训练

项目 17　三极管的特性曲线

一、能力目标

1. 了解三极管的外形与封装。
2. 测试三极管的输入和输出特性并绘制特性曲线。

二、实训内容

1. 按电路图接线，经教师检查合格后接通电源，测量电阻 R_2 上电压 U_2 和 I，并记录数据，填入表中。
2. 作出关系曲线，观察关系曲线是否和学过知识吻合。

三、操作要点

1. 按实验图 5-25 接好电路。

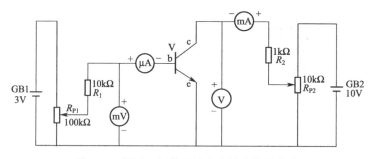

图 5-25　测试三极管的输入和输出特性电路

2. 测试三极管的输入特性。

（1）将基极电源调到 3V，集电极电源调到 0V，即 $U_{CE}=0V$。然后调节 R_{P1}，使毫伏表的示值按表 5-6 规定的值由零逐次增大，并将相应的基极电流 I_B 值记入表 5-6 中。

（2）将集电极电源调到 1V，即 $U_{CE}=1V$，然后重复（1）中的步骤，将相应的 I_B 值记入表 5-6 中。

（3）将集电极电源调到 3V，即 $U_{CE}=3V$，然后重复（1）中的步骤，将相应的 I_B 值记入表 5-6 中。

（4）按表 5-6 中记录的数据逐点描绘出 $U_{CE}=0V$、$U_{CE}=1V$ 及 $U_{CE}=3V$ 时三极管的输入特性曲线。

表 5-6　三极管 U_{CE} 与 I_B 的关系

$U_{BE}=0(V)$		0	0.2	0.4	0.6	0.8	1.0	1.2
$I_B(\mu A)$	$U_{CE}=0V$							
	$U_{CE}=1V$							
	$U_{CE}=3V$							

3. 测试三极管的输出特性。

（1）调节 R_{P1} 使微安表的示值为零，即 $I_B=0$，然后由 $U_{CE}=0V$ 开始调节 R_{P2}，使 U_{CE} 逐渐增大，将相应的 I_C 值记入表 5-7 中。

（2）依照表 5-7 中选定的 I_B 值，重复步骤（1），将所测得的 I_c 值记入表 5-7 中。

（3）按表 5-7 所列数据描绘出输出特性曲线。

表 5-7　三极管 U_{CE} 与 I_C 的关系

I_C/mA＼$I_B/\mu A$＼U_{CE}/V	0	20	40	60	80	100
0						
0.2						
0.4						
0.6						
1						
5						
10						

知识检验

一、选择题

1. 半导体中传导电流的载流子为（　　）。
   A. 电子　　　　　　B. 空穴　　　　　　C. 电子和空穴
2. PN 结形成后，它的最大特点是具有（　　）。
   A. 导电性　　　　　B. 绝缘性　　　　　C. 单向导电性。
3. PN 结的 P 区接电源负极，N 区接电源正极，称为（　　）偏置法。
   A. 正向　　　　　　B. 反向　　　　　　C. 零
4. 二极管正向导通的条件是其正向电压值（　　）。
   A.＞死区电压　　　B.＞0.3V　　　　　C.＞0.7V
5. 三极管的"放大"，实质上是（　　）。
   A. 将小能量放大成大能量　　B. 将小电流放大成大电流
   C. 用变化较小的电流去控制变化较大的电流
6. 工作在放大区的某三极管，当 I_B 从 $20\mu A$ 增大到 $40\mu A$，I_C 从 1mA 变成 2mA，它

的 β 值约为（　　）。
   A. 10　　　　　　　B. 50　　　　　　　C. 100
7. 三极管的放大倍数是（　　）。
   A. 电流放大倍数　　B. 电压放大倍数　　C. 功率放大倍数
8. 若用万用表测得某二极管的正反向电阻均很大，则说明该管子（　　）。
   A. 很好　　　　　　B. 已击穿　　　　　C. 内部已断路
9. 若用万用表测得某二极管的正反向电阻均很小或为零，则说明该管子（　　）。
   A. 很好　　　　　　B. 已击穿　　　　　C. 内部已断路
10. 工作于放大状态的三极管的三个电极中，（　　）电流最大，（　　）电流最小。
   A. 集电极　　　　　B. 基极　　　　　　C. 发射极
11. 利用半导体器件的（　　）特性可以实现整流。
   A. 伏安　　　　　　B. 稳压　　　　　　C. 单向导电性
12. 半导体稳压二极管工作在稳压状态时，它的 PN 结处于（　　）。
   A. 正向导通　　　　B. 反向截止　　　　C. 反向击穿

二、填空题

1. 根据导电能力来衡量，自然界的物质可以分为_____、_____和_____三类。
2. 常用的半导体材料是_____和_____，它们都是_____价元素。
3. 半导体中导电的不仅有_____，而且还有_____，这是半导体区别于导体导电的重要特征。
4. 半导体按导电类型分为_____型半导体和_____型半导体。
5. 二极管的正向接法，是_____接电源的正极，_____接电源的负极，反向接法时相反。
6. 二极管的主要特性是_____，硅二极管的死区电压约_____V，锗二极管的死区电压约_____V。
7. 硅二极管导通时的正向压降约_____V，锗二极管导通时的正向压降约_____V。
8. 晶体三极管有两个 PN 结，即_____结和_____结；有三个电极，即_____极、基极和_____极，分别用_____、_____和_____表示。
9. 晶体三极管有_____型和_____型，前者的图形符号是_____，后者的图形符号是_____。
10. 放大电路按三极管连接方式可分为_____、_____和_____。
11. 共发射极放大电路的输入端由_____和_____组成，输出端由_____和_____组成。
12. 将_____变成_____的过程叫整流。
13. 集成电路按其功能可分为_____集成电路和_____集成电路（模拟、数字）。

三、判断题（正确的在括号内打"√"，错误的打"×"）

1. 在硅或锗晶体中掺入五价元素形成 P 型半导体。　　　　　　　　　　　　（　　）
2. PN 结正向偏置时电阻小，反向偏置时电阻大。　　　　　　　　　　　　（　　）
3. PN 结正向偏置时导通，反向偏置时截止。　　　　　　　　　　　　　　（　　）
4. 在整流电路中，一般采用点接触型晶体二极管。　　　　　　　　　　　　（　　）
5. 一般来说，硅晶二极管的死区电压小于锗二极管的死区电压。　　　　　　（　　）

6. 二极管的反向饱和电流越大,二极管的质量越好。（　）
7. 二极管加正向电压时一定导通。（　）
8. 在晶体三极管放大电路中,三极管发射结加正向电压,集电结加反向电压。（　）
9. 单相桥式整流电路在输入交流电的每个半周内都有两只二极管导通。（　）
10. 数字集成电路主要用于处理连续的、离散的信号。（　）

第二篇 工业控制及仪表

第六章 过程检测仪表

在工业生产过程中，为正确指导生产操作、保证生产安全、提高产品质量和实现生产过程的自动控制，必须及时、准确地对生产中的各种工艺变量进行检测和控制。过程检测仪表就是用来检测压力、流量、物位、温度及物质成分等工艺变量的仪表。

过程检测仪表品种繁多，结构各异，但是它们的基本构成是相同的，一般是由测量元件、变送器和显示装置三部分组成，也可只用到其中的两个部分，当然这三部分可以有机地组合在一起成为一体，如弹簧管压力表。对于测量元件是直接将被测变量转换成一个与之成一定函数关系的电压、电流、电阻、频率、压力等信号，因测量元件输出的信号不仅种类多，且微弱不易测，一般还需经变送器处理转换成统一标准的电或气信号（如Ⅱ型电动单元组合仪表输出的 $0\sim10\text{mA}$ 的直流电流信号，Ⅲ型电动单元组合仪表输出的 $4\sim20\text{mA}$ 的直流电流信号，气动单元组合仪表输出的 $20\sim100\text{kPa}$ 的气压信号）后，才能送给显示装置（或仪表）来指示及记录工艺变量，或同时送给控制器对被控变量进行控制。

测量元件又称为敏感元件或传感器，由于与被测介质直接接触，先感受工艺变量的变化，所以也称为一次仪表；而变送器和显示装置则接收测量元件的输出信号称为二次仪表。

第一节 概　　述

测量是将被测变量与其相应的标准单位进行比较，从而获得确定的量值。检测过程是将研究对象与带有基准单位的测量工具进行转换、比较的过程，实现这种转换、比较的工具就是过程检测仪表。本节主要探讨过程检测仪表的性能指标。

一、仪表的测量误差

在测量过程中，由于使用的测量工具本身不够精确，以及观察者的主观性和周围环境的影响等，使测量结果不可能绝对准确，被测变量的测量值与其真实值（通常是精确仪表指示值）之间的差值叫测量误差，测量误差按表示方法的不同分为绝对误差和相对百分误差。

1. 绝对误差

绝对误差就是仪表的测量值与被测变量真实值之差。

注意：

① 仪表标尺范围内各点的绝对误差是不可能完全相同的，我们通常说的绝对误差是指标尺范围内所有绝对误差中数值最大的。

② 在标尺刻度相同时，绝对误差越小，说明测量结果越准确，越接近真实值；但在标尺刻度不同时，绝对误差就不具可比性。

2. 相对百分误差

仪表的绝对误差与仪表标尺范围之比的百分数称为相对百分误差。由于绝对误差是指标尺范围内所有绝对误差中数值最大的，所以得到的相对百分误差也是最大的，即

$$\delta_{max} = \frac{最大的绝对误差}{标尺上限 - 标尺下限} \times 100\%$$

相对百分误差也叫仪表的引用误差，相对百分误差的最大值是仪表的允许误差。

二、仪表的精确度（准确度）

仪表的精确度简称仪表的精度，是用来表示测量结果可靠程度的指标，工程上常用仪表的精度等级来表示仪表测量的精确程度。

仪表的精度等级是由国家统一规定的，是将最大的相对百分误差去掉"±"号及"%"后剩下的数值来划分的。目前，我国生产的仪表的精度等级：Ⅰ级标准表为 0.005，0.02，0.05；Ⅱ级标准表为 0.1，0.2，0.35；一般工业用表为 0.5，1.0，1.5，2.5，4.0。

注意：

① 仪表的精度等级数值越小，仪表允许的相对百分误差就越小，仪表测量的精度就越高；反之仪表的精度等级数值越大，仪表允许的相对百分误差就越大，仪表测量的精度就越低。

② 仪表的精度等级（如 1.5 级仪表）在仪表的面板上有 △1.5 及 ○1.5 或 1.5 级等表示法。

③ 在确定仪表的精度等级时往精度低的一级靠；而在选择仪表的精度等级时往精度高的一级靠。

在实际中涉及根据仪表的校验数据确定仪表的精度等级和根据工艺要求选择仪表的精度等级，下面举两个例子来加以说明。

例 6-1 某台测温仪表量程范围为 0～500℃，校验时发现最大的绝对误为±6℃，试确定该表的精度等级。

解： 由于该表的最大绝对误差为±6℃，最大的相对百分误差根据公式为

$$\delta_{max} = \frac{最大的绝对误差}{标尺上限 - 标尺下限} \times 100\% = \frac{\pm 6}{500 - 0} \times 100\% = \pm 1.2\%$$

将最大的相对百分误差±1.2%去掉"±"号及"%"后剩下的数值为1.2,因为1.0<1.2<1.5,所以该表的精度等级应定为1.5级。

例6-2 用一台量程范围为0~500℃的测温仪表来测温,要求测量误差不超过±6℃,试选择该表的精度等级。

解:最大的相对百分误差仍为

$$\delta_{max} = \frac{最大的绝对误差}{标尺上限-标尺下限} \times 100\% = \frac{\pm 6}{500-0} \times 100\% = \pm 1.2\%$$

将最大的相对百分误差±1.2%去掉"±"号及"%"后剩下的数值为1.2,1.2还在1.0与1.5之间,若选择1.5级的仪表,测量误差为±1.5%×(500-0)=±7.5℃超过±6℃,不能满足要求,所以该表的精度等级应选择1.0级的。

三、仪表的变差(来回差或恒定度)

变差是指在外界条件不变的情况下,用同一仪表对被测量在进行正、反行程(正行程是指仪表的指针由小逐渐到大,反行程是指仪表的指针由大逐渐到小)测量时,对每一点正、反行程指示值之差的最大绝对误值与仪表标尺

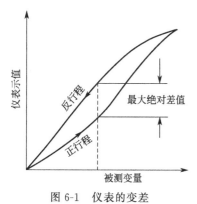

图6-1 仪表的变差

范围之比的百分数,如图6-1所示。

$$变差 = \frac{正反行程指示值之差的最大绝对误差}{标尺上限-标尺下限} \times 100\%$$

造成变差的原因很多,例如传动机构间存在的间隙和摩擦力,弹性元件的弹性滞后等。

注意:

仪表的变差不能超过仪表的允许误差,即允许的最大相对百分误差,否则应及时检修。

四、仪表的灵敏度与灵敏限

仪表的灵敏度是指仪表指针的线位移或角位移,与引起这个位移的被测量的变化量之比;而仪表的灵敏限是指能引起仪表指针发生动作的被测量的最小变化量。

注意:

① 仪表的灵敏度是仪表标尺刻度的依据,通常规定仪表标尺上最小分格值不能小于仪表允许的绝对误差。
② 仪表灵敏限的数值应不大于仪表允许的绝对误差的一半。

值得注意的是,上述指标仅适用指针式仪表,在数字式仪表中用分辨力来表示仪表的灵敏度或灵敏限的大小。

五、仪表的分辨力

数字式仪表的分辨力是指数字显示器最末位数字间隔所代表的被测量的变化量。如数字

电压表显示器末位一个数字所代表的输入电压值。显然不同量程的分辨力是不同的，相应于最低量程的分辨力称为该仪表的最高分辨力，也叫灵敏度。通常以最高分辨力作为数字电压表的分辨力指标。例如某表的最低量程是 0～1.0000V，五位数字显示，末位一个数字的等效电压为 10μV，便可说该表的分辨力为 10μV。当数字式仪表的灵敏度用它与量程的相对值表示时，便是分辨率。分辨率与仪表的有效数字的位数有关，如一台仪表的有效数字位数为三位，则其分辨力为千分之一。

仪表的性能指标还有线性度、反应时间等，读者可自行研究。

第二节 压力的检测及仪表

工业生产中，压力是重要的操作参数之一。特别是在化工、炼油等生产过程中，经常会遇到压力和真空度的测量，其中包括比大气压力高很多的高压、超高压和比大气压力低很多的真空度的测量。如高压聚乙烯，要在 150MPa 或更高压力下聚合；氢气和氮气合成氨气时，要在 15MPa 或 32MPa 的压力下进行反应；而炼油厂减压蒸馏，则要在比大气压低很多的真空下进行。如果压力不符合要求，不仅会影响生产效率，降低产品质量，有时还会造成严重的生产事故。此外，压力测量的意义还不局限于它本身，有些其它参数的测量，如物位、流量等往往是通过测量压力或差压来进行的，即测出了压力或差压，便可确定物位或流量。

一、压力的概念、单位及表示法

1. 压力

压力是指均匀垂直地作用在物体单位面积上的力。可用下式表示

$$P = \frac{F}{S}$$

式中，P 表示压力，F 表示垂直作用力，S 表示受力面积。

2. 压力的单位

压力的国际单位制为帕斯卡，简称帕（Pa），1 帕为 1 牛顿每平方米，即 $1Pa=1N/m^2$。帕所表示的压力较小，工程上还经常使用千帕（kPa）和兆帕（MPa），换算关系为

$$1kPa = 1 \times 10^3 Pa；1MPa = 1 \times 10^6 Pa$$

3. 压力的表示法

压力有绝对压力 $P_绝$、表压力 $P_表$、负压力 $P_负$ 或真空度三种表示法，它们的关系如图 6-2 所示。

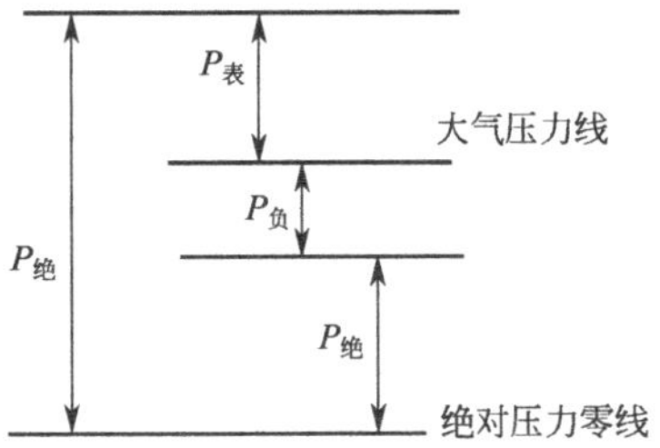

绝对压力：是物体所受的实际压力。

表压力：是压力表所测得的压力，它是绝对压力与大气压力之差，即

$$P_表 = P_绝 - P_大$$

负压力或真空度：是指大气压与低于大气压的绝对压力之差，即

$$P_负 = P_大 - P_绝'$$

因为工程上所有的设备和仪表都处于大气之中，都受到大气压力的作用，所以，工程上经常用表压力或真空度来表示压力的大小。以后所提的压力，除特别说明外，均指表压力或真空度。

图 6-2 绝对压力、表压力、负压力或真空度的关系图

二、压力的测量方法

目前工业上常用的压力测量方法和仪表很多,根据测压元件和原理不同,一般分为以下四类。

1. 液柱式测压法

它是根据流体静力学的原理,将压力转换成液柱高度进行测压的。如 U 形管式压力计、单管式压力计和斜管式压力计等。这些压力计结构简单、使用方便,但其精度受工作液的毛细管作用、密度及视差等因素的影响,测量范围较窄,一般用来测量较低压力、真空度或压力差。

2. 弹性变形式测压法

它是将被测压力转换成弹性元件变形的位移进行测压的。例如弹性式压力计、波纹管式压力计及膜式压力计等,常用的弹性元件有弹簧管(单圈、多圈)、膜片、膜盒及波纹管等,如图 6-3 所示。

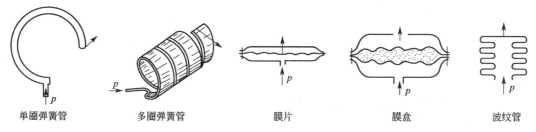

图 6-3　常用的弹性元件

3. 电气式测压法

它是通过机械和电气元件将被测压力转换成电量(如电压、电流、频率等)来进行测压的仪表,如各种压力传感器和压力变送器。

4. 活塞式测压法

它是根据水压机液体传送压力的原理,将被测压力转换成活塞上所加平衡砝码的质量来进行测压的。它的测量精度很高,一般作为标准型压力测量仪器,来检验其它类型的压力计。

三、常用的压力测量仪表

1. 弹性式压力计

弹性式压力计应用较多的是弹簧管压力表,弹簧管压力表的测压元件是弹簧管。

弹簧管压力表的测压原理:
是根据弹簧管受压产生弹性变形的原理来测压的。

图 6-4 所示为单圈弹簧管压力表,其弹簧管是一根弯成 270°的圆弧、截面呈扁形或椭圆形的空心金属管,管子的自由端 B 封闭,管子的另一端固定在接头 9 上。当通入被测压力 P 后,自由端 B 向右上方位移,带动拉杆 2 运动,使扇形齿轮 3 逆时针转,中心齿轮 4 顺时针转,这样与中心齿轮同轴的指针 5 也顺时针转,于是指针在面板 6 的刻度标尺上显示出被测

压力 P 的数值。

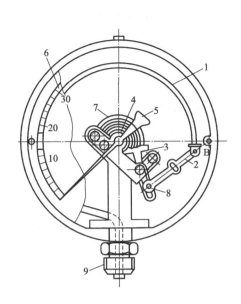 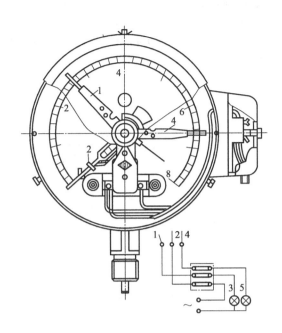

图 6-4　弹簧管压力表　　　　　　　　　图 6-5　电接点信号压力表
1—弹簧管；2—拉杆；3—扇形齿轮；4—中心齿轮；　　1,4—静触点；2—动触点；3—绿灯；5—红灯
5—指针；6—面板；7—游丝；8—调整螺钉；9—接头

弹簧管压力表的特点：

　　测压范围广，品种规格多，结构简单，价格便宜，标尺刻度均匀，在工厂得到了广泛的使用。

弹簧管压力表使用注意：

① 在被测压力 $P<20MPa$ 时，弹簧管的材质选用磷青铜或黄铜；在被测压力 $P>20MPa$ 时，弹簧管的材质选用合金钢或不锈钢。

② 测特殊介质的压力时，弹簧管压力表的面板上用色标表示，见表 6-1 所示。

表 6-1　弹簧管压力表色标含义

被测介质	氧气	氨气	氢气	氯气	乙炔	可燃气体	惰性气体
色标颜色	天蓝	黄色	深绿	褐色	白色	红色	黑色

　　图 6-5 是电接点信号压力表，它与弹簧管压力表的区别是能进行上、下限报警。当压力超过上限设定值（此数值由静触点 4 的指针位置确定）时，动触点 2 与静触点 4 接触，红色信号灯 5 的电路被接通，使红灯亮；若压力低到下限设定值（此数值由静触点 1 的指针位置确定）时，动触点 2 与静触点 1 接触，绿色信号灯 3 的电路被接通，绿灯亮。静触点 1、4 的位置可根据需要灵活调节。

2. 电气式压力计

　　电气式压力计能将压力转换成电信号进行远传及显示，这有利于压力信号的检测、显示及与工业控制机联用，并可实现压力自动控制和报警。霍尔片式、应变片式，压阻式等压力传感器都是电气式压力计,当压力传感器输出的电信号能够被进一步转换为标准信号时,压力传感器又称为压力变送器。

(1) 霍尔片式压力传感器。霍尔片为一半导体(如锗)材料制成的薄片,如图 6-6 和图 6-7 所示。

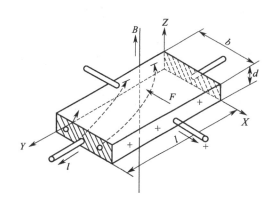

图 6-6 霍尔效应

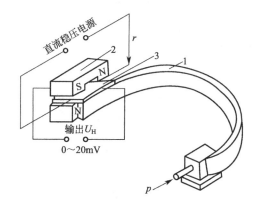

图 6-7 霍尔片式压力传感器
1—弹簧管;2—磁钢;3—霍尔片

 霍尔片式压力传感器的测压原理:
它是根据霍尔效应的原理制成,即利用霍尔元件将由压力所引起的弹性元件的位移转换成霍尔电势从而实现压力的测量。

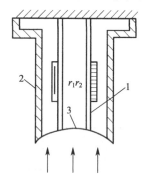

图 6-8 应变片压力传感器
1—应变筒;2—外壳;
3—密封膜片

在霍尔片的 Z 轴方向加一磁感应强度为 B 的恒定磁场,在 Y 轴方向加一外电场,接入直流稳压电源,便有恒定电流沿 Y 轴方向通过。电子在霍尔片中运动(电子逆 Y 轴方向运动)时,由于受电磁力的作用,而使电子的运动轨道发生偏移,造成霍尔片的一个端面上有电子积累,另一个端面上正电荷过剩,于是在霍尔片的 X 轴方向上出现电位差,这一电位差称为霍尔电势,这样一种物理现象称为"霍尔效应"。霍尔电势的大小为

$$U_H = R_H B I$$

式中,U_H 为霍尔电势;R_H 为霍尔常数(与霍尔片材料、几何形状有关);B 为磁感应强度;I 为控制电流的大小。

如果选定了霍尔元件,并使电流保持恒定,则在非均匀磁场中,霍尔元件所处的位置不同,所受的磁感应强度也将不同,这样就可得到与位移成比例的霍尔电势,实现位移与电势的线性转换。

将霍尔元件与弹簧管配合,就组成了霍尔式弹簧管压力传感器,如图 6-7 所示。

(2) 应变片式压力传感器。应变片是由金属导体或半导体制成的电阻体,当应变片产生压缩应变时,其阻值减小;当应变片产生拉伸应变时,其阻值增加。图 6-8 是应变片式压力传感器的原理图。应变筒 1 的上端与外壳 2 固定在一起,下端与不锈钢密封膜片 3 紧密接触,两片康铜丝应变片 r_1 和 r_2 贴在应变筒的外壁上。r_1 为测量片,沿应变筒轴向贴放;r_2

为温度补偿片，沿径向贴放。应变片与筒体之间不发生相对滑动，并且保持电气绝缘。当被测压力 P 作用于膜片而使应变筒作轴向受压变形时，沿轴向贴放的应变片 r_1 也将产生轴向压缩应变 ε_1，于是 r_1 阻值变小；而沿径向贴放的应变片 r_2，由于本身受到横向压缩将引起纵向拉伸应变 ε_2，于是 r_2 阻值变大。但是由于 ε_2 比 ε_1 小，故实际上 r_1 的减少量比 r_2 的增大量为大。

应变片阻值的变化，可通过桥式电路获得相应的毫伏级电势输出，再用毫伏计或其它记录仪表就能显示出被测压力，这就组成了应变片式压力传感器。

应变片式压力传感器的测压原理：
它是利用电阻应变效应的原理构成，即利用应变片在受外力作用时，其阻值会发生变化产生应变效应，测出应变片阻值的变化就可实现压力的测量。

（3）压阻式压力传感器。压阻式压力传感器是利用单晶硅的压阻效应而构成，其工作原理如图 6-9 所示。采用单晶硅片为弹性元件，在单晶硅膜片上利用集成电路的工艺，在单晶硅的特定方向扩散一组等值电阻，并将电阻接成桥路，单晶硅片置于传感器腔内。当压力发生变化时，单晶硅产生应变，使直接扩散在上面的应变电阻产生与被测压力成比例的变化，再由桥式电路获得相应的电压输出信号。

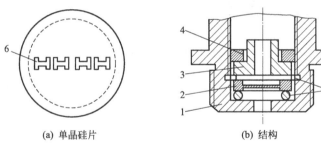

图 6-9　压阻式压力传感器
1—基座；2—单晶硅片；3—导环；4—螺母；5—密封垫圈；6—等值电阻

压阻式压力传感器的特点：
具有精度高、工作可靠、频率响应高、迟滞小、尺寸小、重量轻、结构简单等特点，可以适应恶劣的环境条件下工作，便于实现数字化显示。它不仅可以用来测量压力，稍加改变，还可用来测量差压、高度、速度、加速度等参数。

（4）DDZ-Ⅲ型力矩平衡式压力变送器。图 6-10 所示为力矩平衡式压力变送器的测量机构示意图。测量室 1 由测量膜片 2 分隔为高（右）、低（左）两个压室。测量膜片 2 在差压作用下产生变形，通过连杆推动主杠杆 4 绕轴密封膜片上的支点 O_1 转动，通过推板 5 作用在矢量板 6 上，将作用力 F_1 分解成沿矢量板作用在支点上的 F_3 和沿拉杆 7 向上的 F_2 带动副杠杆 11 绕十字支撑簧片 8 转动，使与副杠杆刚性连接的动铁芯 9 和差动变压器 10 之间的距离改变，从而改变差动变压器原、副边绕组的磁耦合。使差动变压器副边绕组输出电压改变，经检测放大器 12 放大后转换成 4～20mA DC 电流输出。该电流流过可动线圈 14，与永久磁钢 13 之间形成电磁力作用于副杠杆以实现力矩平衡，从而保证输出与输入的一一对应关系。

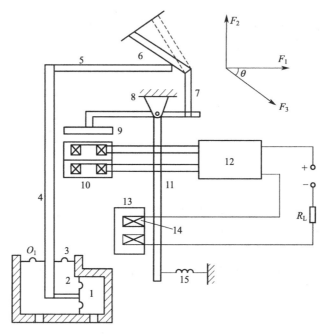

图 6-10　DDZ-Ⅲ型压力变送器的工作原理图

1—测量室；2—测量膜片；3—轴密封膜片；4—主杠杆；5—推板；
6—矢量板；7—拉杆；8—十字支撑簧片；9—动铁芯；10—差动变压器；
11—副杠杆；12—检测放大器；13—永久磁钢；14—可动线圈；15—调零弹簧

　　DDZ-Ⅲ型压力变送器的作用：
　　它是用来将压力转换成 4～20mA DC 标准电信号，送给指示仪、记录仪、控制器或计算机控制系统，从而实现对被测变量的自动检测和控制。
　　DDZ-Ⅲ型压力变送器的特点：
　　它以 24VDC 电源供电，为两线制现场安装、安全火花型（即在任何状态下产生的火花都是不能点燃爆炸性混合物的安全火花）防爆仪表，具有较高的测量精度（一般为 0.5 级）。工作稳定可靠、线性好，不灵敏区较小。

（5）电容式差压变送器。电容式差压变送器由测量部件、转换放大电路两大部分组成。其中测量部件的核心部分是由两个固定的弧形电极与中心感压膜片这个可动电极构成的两个电容器，如图 6-11 所示。当被测差压变化时，中心感压膜片发生微小的位移（最大的位移量不超过 0.1mm），使之与固定电极间的距离发生微小的变化，从而导致两个电容值发生微小变化，该变化的电容值由转换放大电路进一步放大成 4～20mA DC 电流信号。这个电流与被测差压成一一对应的线性关系，这样就实现了被测差压的测量。

电容式差压变送器的特点：
具有结构简单、过载能力强、可靠性好、测量精度高、体积小、重量轻、使用方便等一系列优点。

电容式差压变送器的测量原理：
是将差压的变化转换为电容量的变化，然后来进行测量的。

(6) 智能型差压变送器。在普通差压变送器的基础上增加微处理器电路，就构成智能型差压变送器。它能通过手持终端（也称手操器）对现场变送器的各种运行参数进行选择和标定，且有精度高、使用维护方便等优点。通过编制各种程序或输入模型，使变送器具有自动诊断、自动修正、自动补偿以及错误方式报警等多种功能，从而提高了变送器的精确度，简化了调校、维护过程，实现了与计算机和控制系统直接对话的功能。

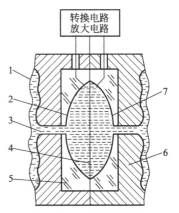

图 6-11 电容式差压变送器测量部件
1—隔离膜片；2, 7—固定弧形电极；
3—硅油；4—测量膜片；
5—玻璃层；6—底座

四、压力表的选用与安装

1. 压力表的选用

压力表的选用应根据工艺生产过程对压力测量的要求，结合其它各方面的情况，加以全面的考虑和具体的分析，压力表的选用原则主要有以下几方面：

(1) 仪表类型的选用。仪表类型的选用必须满足工艺生产的要求、被测介质的物理化学性质及现场环境等因素。对特殊的介质，应选用专用的压力表，如氨用压力表、氧用压力表等。

(2) 仪表测量范围的选用。根据被测压力的大小来确定仪表的测量范围。对于弹簧管压力表，为保证弹性元件在弹性范围内可靠的工作，最大的工作压力要低于仪表的上限值，规定如下：

测稳定压力时，最大的工作压力不应超过仪表上限值的 2/3；

测脉动压力时，最大的工作压力不应超过仪表上限值的 1/2；

测高压力时，最大的工作压力不应超过仪表上限值的 3/5；

此外，为了保证测量的准确度，一般被测压力的最小值不低于仪表满量程的 1/3。

当被测压力变化范围大，最大和最小工作压力可能不能同时满足上述要求时，选择仪表量程应首先满足最大工作压力条件。

目前我国出厂的压力（包括差压）仪表的量程有：1.0×10^n MPa、1.6×10^n MPa、2.5×10^n MPa、4.0×10^n MPa、6.0×10^n MPa（n 为整数），具体见本章附录一。

(3) 仪表精度等级的选用。根据工艺生产上所允许的最大的相对百分误差大小来确定。考虑到生产成本，一般所选的仪表精度只要能满足生产要求即可。

压力表的选用原则和举例说明如下。

例 6-3 某台往复式压缩机的出口压力范围为 25～28MPa，测量误差不得大于 1MPa。工艺上要求就地观察压力，并能上、下限报警，试正确选用压力表的型号、测量范围和精度等级。

解：(1) 仪表类型的选用：根据就地观察压力并能上、下限报警的要求，故应选电接点信号压力表。

(2) 仪表测量范围的选用：由于往复式压缩机的出口压力脉动较大，所以按最大的工作压力不应超过仪表上限值的 1/2 来确定仪表的上限值，有

$$上限值 > 2 \times 28 = 56 \text{MPa}$$

查本章附录一，选用 YX-150 型电接点信号压力表，测量范为 0~60MPa。

由于 $\frac{25}{60} > \frac{1}{3}$，所以被测压力的最小值不低于仪表满量程的 1/3，可见被测压力最小值能满足仪表的精度要求。

(3) 仪表精度等级的选用：根据测量误差的要求，可求出最大的相对百分误差为

$$\delta_{\max} = \frac{最大的绝对误差}{标尺上限 - 标尺下限} \times 100\% = \frac{1}{60-0} \times 100\% = 1.67\%$$

所以，精度等级选 1.5 级的就可以满足测量误差要求。

结论：选测量范围为 0~60MPa、精度等级为 1.5 级、型号为 YX-150 的电接点信号压力表。

2. 压力表的安装

压力表的安装正确与否，直接影响到测量结果的准确性和压力表的使用寿命。

(1) 测压点的选择。所选择的测压点应能反映被测压力的真实大小。

测压点的选择必须注意以下几点：

① 要选在被测介质直线流动的管段部分，不要选在管路拐弯、分叉、死角或其它易形成漩涡的地方。

② 测量流动介质的压力时，应使取压点与流动方向垂直，取压管内端面与生产设备连接处的内壁应保持平齐，不应有凸出物或毛刺。

③ 测量液体压力时，取压点应在管道的下半部与管道水平线成 0°~45° 范围内，使导压管内不积存气体；测量气体压力时，取压点应在管道的上半部与管道垂直中心线成 0°~45° 范围内，使导压管内不积存液体；测量蒸汽压力时，取压点应在管道的上半部与管道水平线成 0°~45° 范围内中上部。

(2) 导压管铺设。

导压管铺设要注意以下几点：

① 导压管粗细要合适，一般内径 6~10mm，长度应尽可能短，最长不得超过 50m，以减少压力指示的迟缓。如超过 50m，应选用能远距离传送的压力计。

② 导压管水平安装时，应保证有 (1:10)~(1:20) 的倾斜度，以利于积存在其中的液体（或气体）排除。

③ 被测介质易冷凝或冻结时，必须加设保温或伴热管线。

④ 取压口到压力表之间，应装有切断阀，以备检修压力表时使用。切断阀应装设在靠近取压口的地方。

(3) 压力表的安装。

压力表安装要注意以下几点：
① 压力表应安装在易观察和检修的地方。
② 安装地点应力求避免振动和高温影响。
③ 测蒸汽压力时应加装凝液管，以防高温蒸汽直接与测压元件接触，如图 6-12(a) 所示；测有腐蚀性介质压力时，应加装充有中性介质的隔离罐，如图 6-12(b) 所示。

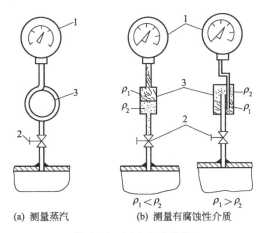

(a) 测量蒸汽　　(b) 测量有腐蚀性介质

图 6-12　压力表的安装
1—压力表；2—切断阀；3—凝液管或隔离罐；ρ_1、ρ_2—中性介质和被测介质的密度

思维与技能训练

项目1　弹簧管压力表的校验

一、能力目标

1. 熟悉弹簧管压力表的结构和工作原理。
2. 掌握弹簧管压力表的校验方法。
3. 明确仪表精度等级的确定方法。

二、实训设备及器件

1. 活塞式压力计（或其它压力表校验器），1 台。
2. 标准弹簧管压力表，1 台。
3. 普通弹簧管压力表，1 台。

三、实训内容及步骤

1. 观察被校压力表和标准压力表的种类、型号、精度等级和测量范围，并填入表 6-2 中。
2. 打开被校表的表壳和面板，观察仪表的内部结构和工作原理，然后再复位组装好。
3. 在操作使用活塞式压力校验台以前，首先调整气液式水平器使之处于水平状态。
4. 按图 6-13 所示，构成弹簧管压力表校验系统。

表 6-2　仪表观察记录

项　目	名　称	型　号	测量范围	精度等级	出厂编号	制造厂家
标准表						
被校表						

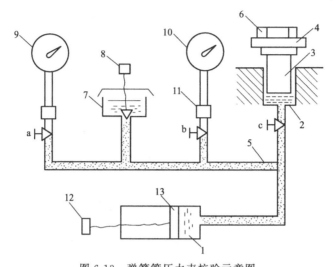

图 6-13　弹簧管压力表校验示意图

1—螺旋压力泵；2—活塞缸；3—测量活塞；4—承重盘；5—传压介质；
6—砝码；7—油杯；8—油杯阀；9—被校压力表；10—标准压力表；
11—表接头；12—手轮；13—工作活塞；a、b、c—切断阀

5. 零位调整：首先观察未加压时被校压力表的零位指示是否准确，若不准，则重新安装表针。

6. 量程调整：关闭切断阀 a、b、c，打开油杯阀，逆时针旋转手轮使工作活塞退出，吸入工作液。待丝杠露出螺旋加压泵体的五分之四长度时，关闭油杯阀，打开 a, b 阀。顺时针旋转手轮给表加压至满量程（从标准表读出），看被校表的指针是否准确。若不准应退油撤压，再打开仪表，调整仪表的量程螺钉，然后再校。

7. 重复 5、6 两步，对零点、量程反复调整，使二者均符合要求为止。

8. 示值误差校验：选择压力表量程的 0％、25％、50％、75％、100％ 五点进行正、反行程校验，并将校验结果填入表 6-3 中。

表 6-3　仪表校验记录

	标准表读数					
正行程	被校表读数					
	测量误差					
反行程	被校表读数					
	测量误差					
正、反行程之间测量误差						

四、数据处理及分析

1. 根据表 6-3 中的校验数据，计算最大的绝对误差、最大的相对百分误差及变差。

2. 将最大的绝对误差（或相对百分误差）及变差与仪表允许的误差相比较，判断仪表是否合格。

3. 若仪表不合格，确定仪表的精度等级。

第三节　流量的检测及仪表

一、流量的概念、单位及检测方法

在生产过程中，经常要对各种原料介质（液体、气体、蒸汽等）的流量进行检测，以便为生产和操作提供依据。同时，为进行经济核算，经常要知道在一段时间内流过管道介质的总量。故介质流量检测是控制生产过程的重要参数之一。

流量分瞬时流量和累计流量（总量），它们可用质量表示，也可用体积表示。瞬时流量是单位时间内流过管道某一截面流体数量的大小，其单位一般用立方米/秒（m^3/s）、千克/秒（kg/s）；累计流量是一段时间内流过管道的流体流量的总合，其单位用立方米（m^3）、千克（kg）。

流量仪表很多，结构和原理也各不相同。大致有以下几类。

(1) 速度式流量计。以测流体在管道内的流速作为测量依据来计算流量的仪表，如差压式流量计、转子流量计、电磁流量计、涡轮流量计等。

(2) 容积式流量计。以测单位时间内所排出流体固定容积的数目作为测量依据来计算流量的仪表，如椭圆齿轮流量计、腰轮流量计、活塞式流量计等。

(3) 质量式流量计。以测流体流过的质量为依据的流量仪表，如直接式质量流量计、间接补偿式质量流量计等。

二、速度式流量计

(一) 差压式流量计（又称节流式流量计）

1. 测量原理

差压式流量计的测量原理：
是基于流体流动的节流原理来测流量的，即利用流体流经节流装置时产生的静压差来实现流量的测量。

差压式流量计是由节流装置、引压管线和差压计（或差压变送器）三部分组成。而节流装置又是由节流元件和取压装置组成。

节流元件是能使管道中流体产生局部收缩的元件，如孔板、喷嘴和文丘里管等。下面就以孔板为例来分析节流装置测量流量的原理。

图 6-14 为标准孔板的压力、流速变化示意。流体在管道中流动，流经节流装置时，由于流通面积突然减小，流束必然产生局部收缩，流速加快。根据能量守恒定律，动压能和静压能在一定条件下可以相互转换，流速加快的结果必然导致静压能的降低，因而在节流装置的上、下游之间产生了静压差，这个静压差的大小与流过此管道流体的流量有关，流量的基本方程式为

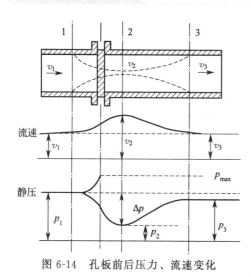

$$Q = \alpha\varepsilon F_0 \sqrt{\frac{2}{\rho_1}\Delta P}$$

$$M = \alpha\varepsilon F_0 \sqrt{2\rho_1 \Delta P}$$

式中　Q——流体的体积流量，m^3/h；
　　　α——流体流量系数；
　　　ε——流体膨胀校正系数；
　　　F_0——节流装置的开孔截面积，cm^2；
　　　ρ_1——节流装置前的流体密度；
　　　ΔP——节流装置前后的静压差，Pa，$\Delta P = P_1 - P_2$；
　　　M——流体的质量流量，kg/h。

当 α、ε、F_0、ρ_1 为常数时，流量的基本方程式可表示为 $Q = K\sqrt{\Delta P}$（K 为常数）。

图 6-14　孔板前后压力、流速变化

注意：

由于差压式流量计被测的流量与差压的平方根成正比，所以标尺刻度是非线性的（起始部分刻度密，后来逐渐变疏）；要想使标尺刻度呈线性，必须加开方器。

2. 标准节流装置

所谓标准节流装置就是指它们的结构、尺寸、取压方式和使用条件都有统一规定，实际使用过程中，只要按照标准要求进行加工，可直接投入使用。目前我国常用的标准节流装置有孔板、喷嘴和文丘里管等，其结构如图 6-15 所示。

　　(a) 孔板　　　　　(b) 喷嘴　　　　　(c) 文丘里管

图 6-15　标准节流装置

（1）标准节流装置的使用条件。

标准节流装置的使用条件是：
① 流体必须充满管道并连续地流动。
② 管道内的流束（流动状态）应该是稳定的，且是单向、均匀的，不随时间发生变化或变化非常缓慢。
③ 流体流经节流装置时，不发生相变。
④ 流体在流经节流元件以前，其流束必须与管道轴线平行，不得有旋转流。

（2）标准节流装置的选择原则。

标准节流装置的选择原则是：
① 在压力损失较小时，采用文丘里管和喷嘴。
② 在检测具有沾污、腐蚀性等介质的流量时，采用喷嘴。
③ 在加工制造和安装方面，以孔板最为简单，所需的直管段长度也短；喷嘴次之；文丘里管最为复杂，造价也高。

（3）标准节流装置的安装。

标准节流装置的安装需注意：
① 应使节流元件的开孔与管道的轴线同心，并使其端面与管道的轴线垂直。
② 在节流元件前后长度为管径2倍的一段管道内壁表面上，不应有明显的粗糙或不平。
③ 节流元件的上下游必须配置一定长度的直管段。
④ 标准节流装置（孔板、喷嘴），一般只用于直径$D>50mm$的管道中。

3. 差压的测量及显示

节流装置将管道中流体的流量转换为差压，该差压由引压管线取出，送给差压计（双波纹管差压计、膜盒差压计或差压变送器等）来进行测量。

由于流量与差压之间具有开方关系，为指示方便，常在差压变送器后增加一个开方器，使输出电流与流量变成线性关系后，再送显示仪表进行显示。

4. 差压式流量计的投运

差压式流量计在现场安装完毕，经检测校验无误后，就可以投入使用。

开表前，必须先使引压管线内充满液体或隔离液，引压管中的空气要通过排气阀和仪表的放气孔排除干净。

在开表过程中，要特别注意差压计或差压变送器的弹性元件不能受突然的压力冲击，更不要处于单向受压状态。下面以图6-16为例说明差压式流量计的投运。

① 打开节流装置引压口截止阀1和2。
② 打开平衡阀5，并逐渐打开正压侧切断阀3，使差压计的正、负压室承受同样压力。
③ 开启负压侧切断阀4，并逐渐关闭平衡阀5，仪表即投入使用。

仪表停运时，与投运步骤相反。

在运行中，如需在线校验仪表的零点，只需打开平衡阀5，关闭切断阀3、4即可。

（二）转子流量计

① 转子流量计的工作原理：
转子流量计是通过改变流体流通面积的方法来测流量的。
② 转子流量计与差压式流量计在工作原理上的不同：差压式流量计是在节流面积不变，以差压变化来测量流量的大小；而转子流量计是压降不变，利用节流面积的变化来测流量的大小，即采用恒压降、变节流面积的方法测量流量。

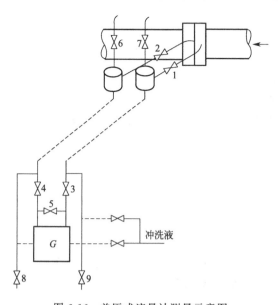
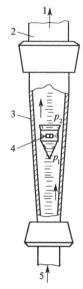

图 6-16　差压式流量计测量示意图

1,2—引压口截止阀；3—正压侧切断阀；4—负压侧切断阀；5—平衡阀；6,7—排气阀；8,9—排污或取样阀

图 6-17　转子流量计

1,5—流体；2—管道；3—锥形管；4—转子

转子流量计结构如图 6-17 所示，是由锥形管（锥度 40°～3°；就地显示用玻璃，远传用不锈钢）和转子（也叫浮子）组成的。当流体自下而上流经锥形管时，转子受到一个 $(P_1-P_2)A$ 的向上的作用力，使转子浮起。随着转子的上升，转子与锥形管间的环形流通面积增大，这个作用力减小，当这个力正好等于转子的重量减去转子受到的浮力时，转子停留在某一高度。流量变化时，转子停留在新的高度，若锥形管上标有流量刻度，则转子停留的高度就对应了被测流量的大小。也可将转子的高度转换成电信号或气信号，进行远传来显示、记录及控制流量。

转子流量计的特点及使用：
① 测量精度高，反应灵敏，量程比宽可达 10∶1，适合测 50mm 以下小管径、小流量。
② 必须垂直安装，让流体自下而上流出。
③ 测得的示值要修正。转子流量计是一种非标准化的仪表，为成批生产和制造，只生产水和空气标定的，即在测液体的流量时，测得的示值代表 20℃时水的流量；在测气体流量时，测得的示值代表 20℃、0.10133MPa 空气的流量。如果被测介质的密度、温度、压力等与标准状态不符就要修正。

三、容积式流量计

椭圆齿轮流量计的工作原理：
椭圆齿轮流量计是属于容积式流量计的一种。它是通过测单位时间内排出流体体积的多少来测流量的。

椭圆齿轮流量计主要由两个互相啮合的椭圆齿轮 A 和 B、转动轴及壳体构成，椭圆齿轮与壳体之间的月牙形空腔为测量室，如图 6-18 所示。

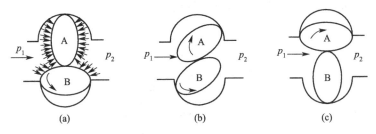

图 6-18　椭圆齿轮流量计测流量原理图

当流体在管道外部压力的作用下，流过椭圆齿轮流量计时，入口压力 P_1 大于出口压力 P_2，在此压力差的作用下，椭圆齿轮连续转动。图 6-18(a) 位置，因为 $P_1 > P_2$，A 轮顺时针旋转，为主动轮，在 A 轮的带动下，B 轮逆时针旋转，为从动轮；当转到图 6-18(b) 位置时，A 和 B 均为主动轮；转到图 6-18(c) 位置时，B 为主动轮，A 为从动轮。如此往复循环，A 和 B 轮相互交替为主动轮和从动轮地转动，每转一周排出 4 个月牙形测量室的流体（测量室的容积为 V_0），如果椭圆齿轮流量计的转速为 n，则流量 Q 为

$$Q = 4nV_0$$

由上式可知，在 V_0 已知的条件下，只要测出椭圆齿轮流量计的转速 n，就可测出流过椭圆齿轮流量计的流量 Q 大小。

椭圆齿轮流量计的特点及使用：
① 测量精度高，量程比宽（10∶1），压力损失小。
② 对流体的黏度变化不灵敏，特别适合测黏度较高介质的流量。
③ 安装时要注意，流量计外壳上剪头的方向与流体的流向要一致。
④ 不能测含有固体颗粒及杂质等介质的流量，否则会造成齿轮的磨损甚至损坏。为此，椭圆齿轮流量计的入口端必须加装过滤器。
⑤ 为便于拆卸检修，流量和过滤器要安装在一起，前后要加装截止阀和设置旁路阀。

四、质量式流量计

1. 直接式质量流量计（科里奥利质量流量计）

科里奥利质量流量计（简称科氏力流量计）的测量原理：
是基于流体在振动管中流动时，将产生与质量流量成正比的科里奥利来测流量的。

科里奥利质量流量计有直管、弯管、单管、双管等多种形式。图 6-19 是双弯管科里奥利质量流量计，两根金属 U 形管与被测管路由连通器相接，流体按箭头方向分别由两弯管通过。在 A、B、C 三处各有一组压电换能器，在换能器 A 处加交流电压产生交变力，使两个 U 形管里彼此一开一合地振动，B 处和 C 处分别检测两管的振动幅度。B 位于进口侧，C

位于出口侧。根据出口侧相位超前于进口侧的规律，C 输出的交变电信号超前于 B 某个相位差，此相位差的大小与质量流量成正比。若将这两个交流信号相位差经过电路进一步转换成 4～20mA 直流的标准电信号，就成为质量流量变送器。

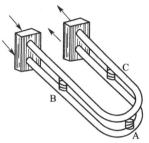

图 6-19　双弯管科里奥利质量流量计

科里奥利质量流量计的特点是：
① 直接测量质量，不受流体物性（密度、黏度等）的影响，测量精度高。
② 测量值不受管道内流体影响，无上、下游直管段长度的要求。
③ 可测量各种非牛顿流体以及黏滞的和含微粒的浆液。
④ 阻力损失较大，零点不稳定以及管路振动会影响测量精度。

2. 间接式质量流量计

这类仪表由测量体积流量的仪表与测量密度的仪表配合，再用运算器将两表的测量结果加以适当的运算，间接的得出质量流量。

① 体积流量计与密度计的组合。利用容积式流量计或者速度式流量计检测流体的体积流量，再配以密度计检测流体密度，将体积流量与密度相乘即为质量流量。

② 差压式流量计与密度计组合。差压式流量计的输出信号正比于 ρQ^2，配上密度计，将二者相乘后再开方即可得到质量流量。

③ 差压式流量计与体积流量计组合。差压式流量计的输出信号与 ρQ^2 成正比，体积流量计的输出信号与 Q 成正比，因此将两者相除也可以得到质量流量。

第四节　物位的检测及仪表

一、物位的概念、单位及检测方法

容器中液体的高度称为液位；液体与液体或液体与固体之间的界面高度称为界位；容器中固体的高度称为料位，物位的检测包括液位、界位及料位的检测三种情况。

物位测量的一个目的是监视和控制容器内的物位，在物位超过一定值时发出报警信号，保证生产的安全运行；另一个目的是知道容器内储存物的体积或质量。

物位检测仪表按原理可分以下几类：

① 直读式液位计。依据连通器的原理来工作。结构简单，使用方便，只能就地指示，不利于远传，在一些要求不高的场合下经常使用。主要有玻璃管液位计、玻璃板液位计。

② 浮力式液位计。一种是恒浮力式液位计,利用漂浮在液面上的浮球随液位高度变化而变化的原理测液位,如浮球式液位计;另一种是变浮力式液位计,利用沉浸在液体中的沉筒所受的浮力随液位变化而变化的原理来测液位,如沉筒式液位计。

③ 差压式液位计。是基于静压的原理来测液位,即通过测液柱的静压差来测液位的高度。

④ 电气式物位计。将物位变化转换成电信号来测物位的仪表。如电容式液位计,电阻式物位计等。

⑤ 非接触式物位计。利用光学、声学或辐射等原理,对物位进行测量。如光学式液位计、超声波式物位计和核辐射式物位计等。

二、差压式液位计

1. 差压式液位计的测量原理

如图 6-20 所示,以 DDZ-Ⅲ型差压变送器为例来分析液位的测量,差压变送器的正、负压室分别接容器的液相和气相,则

$$P_1 = \rho g H + P_0$$
$$P_2 = P_0$$
$$\Delta P = P_1 - P_2 = \rho g H$$

ρ 是已知的,g 是常数,所以差压 ΔP 与液位的高度 H 成正比,只要测出差压 ΔP 就可达到测液位 H 的目的。

> 差压式液位计的测量原理:
> 是基于静压的原理来测液位,即通过测液柱的静压差来达到测液位的目的。
> 差压式液位计如何用来测开口容器的液位:
> 由于,此时的气相压力为大气压,所以只要将差压变送器的负压室与大气相通即可。

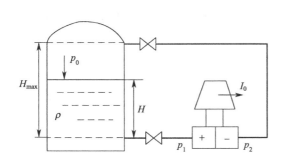

图 6-20 无迁移示意图

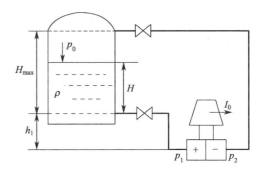

图 6-21 正迁移示意图

2. 零点迁移的问题

(1) 无迁移。图 6-20 差压 ΔP 与液位的高度 H 之间的关系为

$$\Delta P = \rho g H$$

当 $H=0$ 时,$\Delta P=0$,差压变送器的输出电流 $I_0=4\text{mA}$;

当 $H=H_{\max}$ 时,$\Delta P=\rho g H_{\max}=\Delta P_{\max}$,差压变送器的输出电流 $I_0=20\text{mA}$。

当液位 H 在 $0 \sim H_{\max}$ 之间变化时,差压变送器的输出电流 I_0 在 $4 \sim 20\text{mA}$ 之间变化,它们之间成一一对应的关系,称为"无迁移"。

(2) 正迁移。图 6-21 所示，某种原因差压变送器需装在最低液位下方时，会有
$$P_1 = \rho g H + \rho g h_1 + P_0$$
$$P_2 = P_0$$
$$\Delta P = P_1 - P_2 = \rho g H + \rho g h_1$$

当 $H=0$ 时，$\Delta P = \rho g h_1 > 0$ 时，$I_0 > 4\text{mA}$

当 $H = H_{max}$ 时，$\Delta P = \rho g H_{max} + \rho g h_1 > \Delta P_{max}$，差压变送器的输出电流 $I_0 > 20\text{mA}$。

为使差压变送器的输出能正确反映液位的高度，必须把作用在差压变送器正压室的固定差压 $\rho g h_1$ 抵消掉，使得 H 在 $0 \sim H_{max}$ 之间变化时，差压变送器的输出电流 I_0 仍在 $4 \sim 20\text{mA}$ 之间变化，这就是"正迁移"。

(3) 负迁移。图 6-22 所示，当被测介质易挥发或有腐蚀，正、负压室引压管线里要通过隔离液来传递压力信号时，则有
$$P_1 = \rho_1 g H + \rho_2 g h_1 + P_0$$
$$P_2 = \rho_2 g h_2 + P_0$$
$$\Delta P = P_1 - P_2 = \rho_1 g H - \rho_2 g (h_2 - h_1)$$

当 $H=0$ 时，$\Delta P = -\rho_2 g (h_2 - h_1) < 0$ 时，$I_0 < 4\text{mA}$

当 $H = H_{max}$ 时，$\Delta P = \rho_1 g H_{max} - \rho_2 g (h_2 - h_1) < \Delta P_{max}$，差压变送器的输出电流 $I_0 < 20\text{mA}$。

同正迁移一样，只有把作用在差压变送器负压室的固定差压 $\rho_2 g (h_2 - h_1)$ 抵消掉，才能使差压变送器的输出正确反映液位的高度，这就是"负迁移"。

① 差压变送器测液位为何会有迁移的问题？

由于差压变送器的安装位置（不一定正好与最低液位在同一水平线上）或方式（正、负压室引压管里通过隔离液来传递压力信号）不同，如果 $\Delta P \neq \rho g H$，即 ΔP 不仅与 H 有关，还受到一个与液位高度无关的固定差压的影响，这就需要进行零点迁移。

② 什么是零点迁移？什么是正迁移？什么是负迁移？

把调零点迁移弹簧抵消作用在差压变送器正、负压室那个固定差压的作法叫零点迁移。把抵消作用在差压变送器正压室那个固定的差压叫正迁移；抵消作用在差压变送器负压室那个固定的差压叫负迁移。

③ 迁移的实质是什么？

无论正迁移还是负迁移只改变了仪表的零点即量程的上、下限，而不改变仪表量程的大小。

3. 法兰式差压变送器

法兰式差压变送器的作用：

为防止管线被腐、被堵的问题，常在导压管入口处加隔离膜盒的法兰式差压变送器来测液位。所以，法兰式差压变送器适合测有腐蚀性、有结晶颗粒以及黏度大、易凝固等液体的液位。

法兰式差压变送器按其结构分单法兰和双法兰两种。图 6-23 是双法兰差压变送器，作为传感元件的测量头 1（金属膜盒）经毛细管 3 与变送器 2 的测量室相通，在膜盒、毛细管和测量室所组成的封闭系统内充有硅油，作为传压介质，使被测介质与变送器隔离，以免造成堵塞。

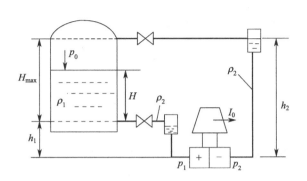

图 6-22 负迁移示意图

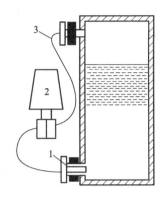

图 6-23 双法兰差压变送器测液位
1—法兰式测量头；2—变送器；3—毛细管

三、浮力式液位计

浮力式液位计分恒浮力式液位计和变浮力式液位计。

图 6-24 所示的沉筒式液位计是一种变浮力式液位计。沉筒是用不锈钢制成的空心长圆柱体，被垂直地悬挂于杠杆 2 的一端，并部分沉浸于被测介质中，杠杆 2 的另一端与扭力管 3、芯轴 4 的一端垂直地固定在一起。液位变化时，沉筒所受的浮力随之变化，作用在扭力管上的扭力矩变化并带动芯轴转动，芯轴转角的变化通过机械传动放大并带动指针就可显示液位。

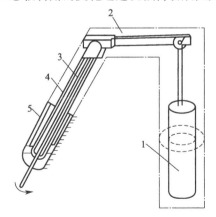

图 6-24 沉筒式液位计原理图
1—沉筒；2—杠杆；3—扭力管；4—芯轴；5—外壳

沉筒式液位计的测量原理：
它是利用沉浸在液体中的沉筒所受的浮力随液位变化而变化的原理来测液位的；它能测的最高液位即为沉筒本身的长度。

四、其它物位计

1. 超声波式物位计

超声波在气体、液体和固体介质中以一定速度传播时，因被吸收而衰减，但衰减程度不同，在气体中衰减最大，而在固体中衰减最小；当超声波穿越两种不同介质构成的分界面时会产生反射和折射，且当这两种介质的声阻差别较大时几乎为全反射。

> 超声波物位计的测量原理：
> 它是通过测从发射超声波至接收到回波的时间间隔来确定物位的高低。

图 6-25 是超声波测物位的原理图。在容器底部放置一个超声波探头，探头上装有超声波发射器和接收器，当发射器向液面发射短促的超声波时，在液面处产生反射，反射的回波被接收器接收。若超声波探头至液面的高度为 H，超声波在液体里传播的速度为 v，从发射超声波至接收到回波时间间隔为 t，则有如下关系

$$H = \frac{1}{2}vt$$

上式，只要 v 已知，测出 t，就可得到被测的物位高度 H。

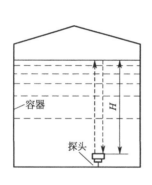

图 6-25　超声波测物位原理图

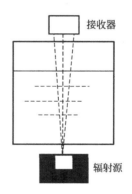

图 6-26　核辐射物位计测量原理图

2. 核辐射式物位计

> 核辐射式物位计的测量原理：
> 是利用放射源产生的核辐射线（通常为 γ 射线）穿过一定厚度的被测介质时，射线的投射强度将随介质厚度的增加而呈指数规律衰减的原理来测量物位的。

核辐射式物位计穿过介质后的射线强度的变化规律为

$$I = I_0 e^{\mu H}$$

式中，I_0 为进入物料之前的射线强度；μ 为物料的吸收系数；H 为物料的厚度；I 为穿过介质后的射线强度。

图 6-26 是核辐射式物位计测量原理图，在辐射源射出的射线强度 I_0 和介质的吸收系数

μ 已知情况下,只要通过射线接收器检测出透过介质以后的射线强度 I,就可以检测出物位的厚度 H。

核辐射式物位计的特点:
① 核辐射式物位计属于非接触式物位测量仪表,适用于高温、高压、强腐蚀、剧毒等条件苛刻的场合。
② 核射线能够直接穿透钢板等介质,可用于高温熔融金属的液位测量,使用时几乎不受温度、压力、电磁场的影响。
③ 由于射线对人体有害,因此在使用时除对射线的剂量加以控制,还需加强安全防护措施。

第五节　温度的检测及仪表

温度是表征物体冷热程度的物理量。温度的测量与控制是工业生产中最普遍、最重要的工艺变量,是化学反应过程正常进行与安全运行不可缺少的重要环节。

生产中常用的温度检测仪表,根据测温方式不同分为接触式与非接触式两大类见表 6-4。

表 6-4　温度检测仪表的分类

形式	分类	特　点	检测仪表种类
接触式	热膨胀	结构简单,使用方便,价格低,精度低,只能就地显示	玻璃温度计、双金属温度计
	热电阻	测量精度高,使用方便,可远传,用于中、低温的测量	铂电阻、铜电阻、热敏电阻温度计
	热电势	测量精度高,测温范围广,可远传,用于中、高温的测量	热电偶温度计
非接触式	热辐射	不破坏被测温度现场,可远距离测量,测温范围广	辐射、光学及红外线温度计

一、热电偶温度计

1. 热电偶测温原理

热电偶是由两种不同材料的导体 A 和 B 焊接而成的,如图 6-27 所示。焊接端插入被测介质中感受被测介质的温度,称为热电偶的工作端(热端);另一端与导线连接,称为自由端(冷端)。导体 A、B 称为热电极。

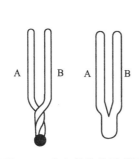

图 6-27　热电偶结构示意图

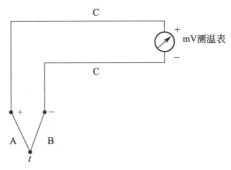

图 6-28　热电偶测温原理图

热电偶温度计由热电偶、连接导线、测温仪表三部分组成，如图 6-28 所示。热电偶是将温度的变化转变成热电势的变化；连接导线是连接热电偶和测温仪表；测温仪表有毫伏计或电位差计，是用来显示温度。

热电偶测温时，将工作端插入被测的设备中，冷端置于设备的外面。因两端温度不同，热电偶回路中会产生热电势，这种物理现象称为热电效应。

热电偶温度计的测温原理：
是基于热电效应的原理来测温的，即将温度的变化转变成热电势的变化来测温的。

热电偶回路总的热电势 $E_{AB}(t,t_0)$ 为

$$E_{AB}(t,t_0)=E_{AB}(t,0)-E_{AB}(t_0,0)$$

式中，$E_{AB}(t,0)$、$E_{AB}(t_0,0)$ 分别为工作端温度 t 和冷端温度 t_0 对应的接触电势即热电势。

注意，下标 A 表示正极、B 表示负极，如下标次序改为 BA 则热电势前应加负号，即

$$E_{AB}(t,0)=-E_{BA}(t,0)$$

热电偶回路热电势的大小与热电极的材料及工作端温度 t 和冷端温度 t_0 有关。当热电极材料一定，冷端温度 t_0 也恒定时，热电势就仅与工作端的温度有关，只要测出热电势的大小，就能得出被测介质的温度。

热电偶回路的结论：
① 如果组成热电偶的两种导体材料相同，则无论两端温度如何，热电偶回路总的热电势为零。
② 如果热电偶两端温度相同，尽管两种导体材料不同，热电偶回路总的热电势为零。
③ 在热电偶回路中引入第三种金属导线，只要与第三种导线相连的两端温度相同，则热电偶回路中总的热电势不变。

2. 常用的热电偶

理论上任意两种不同的导体都可以组成热电偶，用来测量温度，但实际并非如此。为保证热电偶在工业现场应用可靠，测量时具有足够精度，对它们必须严格选择，工业上对热电极材料要求应满足：热电性质稳定；物理化学性质稳定；热电势随温度的变化率要大；热电势与温度尽可能呈线性关系；具有足够的机械强度；复制性和互换性要好等。目前，在国际上被公认的常用热电偶有铂铑$_{30}$-铂铑$_6$、铂铑$_{10}$-铂、镍铬-镍硅、镍铬-铜镍等，表 6-5 列出了常用的热电偶及其主要性能。

常用的热电偶的热电势与温度对应关系，可从本章附录二热电偶的分度表中查得。其它热电偶分度表可在有关资料中查到。

3. 热电偶的结构

热电偶一般由热电极、绝缘子、保护套管和接线盒等部分组成，图 6-29 所示为普通型热电偶。绝缘子（绝缘管）用于防止两根热电极短路；保护套管是套在热电极、绝缘子的外

面,以保护热电极免受化学腐蚀和机械损伤;接线盒是供热电极和补偿导线接线用的。除普通型热电偶外,还有铠装热电偶等。

表 6-5 常用的热电偶及其主要性能

热电偶名称	型号	分度号		主 要 性 能	测温范围/℃	
		新	旧		长期使用	短期使用
铂铑$_{30}$-铂铑$_6$	WRR	B	LL-2	稳定性好;测量精度高;测温高;适用测氧化性和中性介质温度;热电势小;价格贵;用作标准热电偶	0~1600	1800
铂铑$_{10}$-铂	WRP	S	LB-3	与铂铑$_{30}$-铂铑$_6$比,稳定性较好,抗氧化性较好;测温较高;测量精度较高;热电势较小;价格较贵;也作标准热电偶	0~1300	1600
镍铬-镍硅	WRN	K	EU-2	热电势较大;线性较好;适用测氧化性和中性介质温度;价格较便宜;工厂普遍使用	0~1000	1200
镍铬-铜镍	WRE	E	—	热电势大;灵敏度高;价格便宜;适用测氧化性和弱还原性介质温度;中低温稳定性好	−200~750	850
铁-铜镍	WRF	J	—	热电势很大;灵敏度很高;价格低;适用测氧化性和还原性介质温度	−40~600	750
铜-铜镍	WRC	T	CK	价格很低;低温灵敏度高,稳定性好;适用测氧化性和还原性介质温度	−200~350	400

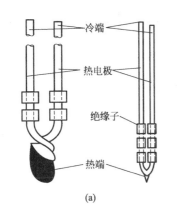
(a)

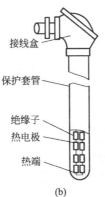
(b)

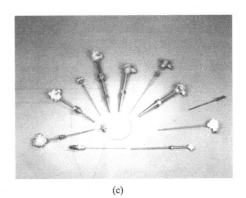
(c)

图 6-29 热电偶的结构图

4. 热电偶的冷端温度补偿

(1)补偿导线法。由热电偶测温原理可知,热电势的大小与热电极的材料及工作端温度 t 和冷端温度 t_0 有关,当热电极材料一定时,只有冷端 t_0 恒定,热电势才是被测温度 t 的单值函数。在实际应用时,热电偶的工作端(热端)与冷端离得很近,影响冷端温度,又受环境温度波动的影响,冷端温度很难保持恒定,为使热电偶冷端温度恒定,就要用补偿导线。

如图 6-30 所示,补偿导线是由两根 0~100℃范围内热电性质与热电偶相同或相近,价格又很便宜的金属导线组成;

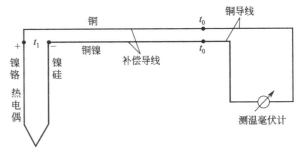

图 6-30 补偿导线接线图

其作用是将热电偶的冷端延伸到温度恒定的地方。

使用补偿导线时要注意:
① 不同的热电偶所用的补偿导线不同,即补偿导线与热电偶要配套使用。常用的补偿导线见表6-6。
② 热电偶的正、负极分别与补偿导线的正、负极相接。
③ 热电偶与补偿导线连接端所处的温度不应超过100℃,且新移的冷端温度要恒定。

表6-6 热电偶常用的补偿导线

补偿导线型号	配用热电偶		补偿导线			
	名称	分度号	正 极		负 极	
			材料	绝缘层颜色	材料	绝缘层颜色
SC	铂铑$_{10}$-铂	S	铜	红	铜镍	绿
KC	镍铬-镍硅	K	铜	红	铜镍	蓝
EX	镍铬-铜镍	E	镍铬	红	铜镍	棕
TX	铜-铜镍	T	铜	红	铜镍	白

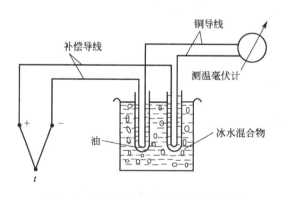

图6-31 冰浴法使冷端温度保持0℃图

(2) 冷端温度全补偿。采用补偿导线仅把热电偶的冷端延伸到温度恒定的地方,不能保证冷端温度是0℃,而工业上常用的各种热电偶的温度—热电势分度表是在冷端温度为0℃情况下得到的,为此,还得使冷端温度为0℃,即实现全补偿。

① 冰浴法。将热电偶的冷端延伸到冰水混合物中,实现冷端温度为0℃,如图6-31所示。这种方法多用在实验室中。

② 冷端温度修正法。由热电偶回路总的热电势 $E_{AB}(t,t_0)=E_{AB}(t,0)-E_{AB}(t_0,0)$,可知 $E_{AB}(t,0)=E_{AB}(t,t_0)+E_{AB}(t_0,0)$。

由于被测温度对应的热电势为热电偶回路总的热电势与冷端温度对应的热电势之和,冷端温度虽不是0℃,但只要冷端温度保持恒定,求出被测温度对应的热电势,查附录二就可求出被测温度。

例6-4 用一只分度号为K的镍铬-镍硅热电偶测温,在冷端温度 $t_0=25℃$ 时,测得热电势为 22.9mV，求被测介质的实际温度 t。

解： 由本章附录二的附表二查出 $E_{AB}(25,0)=1.000\text{mV}$

$$E_{AB}(t,t_0)=E_{AB}(t,0)-E_{AB}(t_0,0)$$

$$E_{AB}(t,0)=E_{AB}(t,t_0)+E_{AB}(t_0,0)=22.9+1.000=23.900\text{mV}$$

再查附表二得到被测介质的实际温度 $t=576.4℃$

③ 校正仪表零点法。仪表没测温之前，将仪表指针调整到冷端温度所对应的数值上。这种方法由于室温经常变化，所以只能在测温要求不高的场合下应用。

④ 补偿电桥法。一般配热电偶使用的测温仪表里有一个不平衡电桥，这个电桥能产生不平衡电压，补偿电桥法就是利用不平衡电桥产生的不平衡电压来自动补偿热电偶冷端温度变化引起的热电势变化。

应当指出，由于补偿电桥是在20℃时平衡的，所以采用补偿电桥时需把仪表的机械零位调到20℃处。如果补偿电桥是在0℃时平衡的，则仪表的机械零位应调在0℃处。

二、热电阻温度计

热电偶温度计的测温范围是 $-100\sim1600℃$，用于测 $t>500℃$ 以上较高的温度；而热电阻温度计的测温范围是 $-200\sim500℃$，用于测 $t<500℃$ 以下中、低温。原因是在中、低温区热电偶输出的热电势（mV）信号很小，仪表测量困难；另外在较低温度时，冷端温度变化所引起的测量误差会显得很突出，又不易全补偿。所以，中、低温区用热电阻温度计测温较好。

图 6-32 热电阻温度计的组成

1. 测温原理

热电阻温度计是由热电阻、连接导线（采用三线制接法）以及测温仪表组成，如图6-32所示。

> 热电阻温度计的测温原理：
> 是基于导体或半导体的电阻值随着温度的变化而变化的原理（电阻温度效应）来测温的，它在测温时是将温度的变化转变成热电阻阻值的变化。

金属导体电阻值和温度关系式为：

$$R_t=R_{t_0}[1+\alpha(t-t_0)]$$

$$\Delta R_t=R_t-R_{t_0}=\alpha R_{t_0}(t-t_0)=\alpha R_{t_0}\Delta t$$

式中：R_t 为温度 t 时的电阻值；R_{t_0} 为温度 t_0（通常为0℃）时的电阻值；α 是导体电阻的温度系数。

可见，在测温时，只要测出电阻值的变化，就可测出被测的温度。

热电偶温度计与热电阻温度计的测温原理是不同的：热电偶温度计是通过测温元件热电偶将温度的变化转变为热电势的变化；而热电阻温度计是通过测温元件热电阻将温度的变化转变为电阻值的变化。

2. 工业上常用的热电阻

虽然大多数金属导体的电阻值随着温度的变化而变化，但并不都能作为测温用的热电阻。作为热电阻的金属材料一般要求：电阻温度系数大；电阻率大；热容量小；在测温范围内物理、化学性能稳定，复制性好；电阻与温度成单值函数关系（最好呈线性关系）。

目前，工业上常用的热电阻有铂和铜两种，其性能比较见表6-7所示。

表6-7 工业上常用的热电阻

名称	型号	分度号	0℃电阻值/Ω	测温范围/℃	主 要 特 点
铂电阻	WZP	Pt50	50	−200～650	测量精度高；适用测中性和氧化性介质的温度；稳定性好，具有一定的复制性；温度越高电阻变化率越小；价格较贵
		Pt100	100	−200～650	
铜电阻	WZC	Cu50	50	−50～150	测温范围内电阻与温度呈线性关系；电阻温度系数 α 大，热电灵敏度高；测无腐蚀介质温度，超过150℃时易氧化；电阻率小，热惯性大；价格较便宜
		Cu100	100	−50～150	

常用热电阻的电阻值与温度对应关系可从热电阻的分度表中查得。见本章附录三所示。

3. 热电阻的结构

热电阻的结构有普通、铠装和薄膜三种，普通型热电阻的结构与热电偶相似，是由电阻体、绝缘子、保护套管和接线盒等部分组成，如图6-33所示。

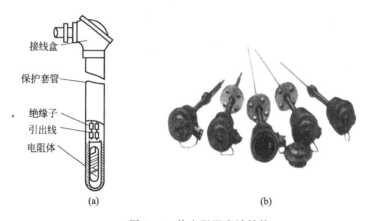

图6-33 热电阻温度计结构

三、温度变送器

温度变送器是自动检测和控制系统中经常使用的一种仪表，它与测温元件热电偶、热电阻配合，把温度转换成统一信号输出，作为显示、记录和控制仪表的输入信号。

温度变送器种类很多，常用的有DDZ-Ⅲ型一体化及智能式等温度变送器。

DDZ-Ⅲ型温度变送器是工业生产过程中广泛使用的一种模拟式温度变送器。它与热电偶、热电阻配合使用，将温度或温差信号转换成4～20mA、1～5V DC的统一标准信号输出。DDZ-Ⅲ型温度变送器有热电偶温度变送器、热电阻温度变送器和直流毫伏变送器三种类型，在过程控制领域中，使用最多的是热电偶温度变送器和热电阻温度变送器。

一体化温度变送器，是指将变送器模块安装在测温元件接线盒或专用接线盒内的一种温度变送器。其测温元件和变送器模块形成一个整体，也可以直接安装在被测工艺管道上，输出为统一的标准信号。由于一体化温度变送器直接安装在现场，一般情况下变送器模块内部集成电路制成的工作温度为−20～80℃，超过这一范围，电子器件的性能会发生变化，变送器将不能正常工作，因此在使用时应特别注意变送器模块所处的环境温度。这种变送器具有体积小，质量轻、现场安装方便等优点，在工业生产上得到了广泛的应用。

智能式温度变送器有的采用 HART 协议通信方式，也有的采用现场总线通信方式。前者技术比较成熟，产品的种类也比较多；后者的产品近几年才问世，国内尚处于研究开发阶段。

四、常用的温度显示仪表

1. 自平衡式显示仪表

自平衡式显示仪表除了配热电偶使用的电位差计及配热电阻使用的自动平衡电桥外，还有 ER180 系列显示仪表等。ER180 系列显示仪表是一种工业用的伺服指示自动平衡式显示仪表，它以集成电路为放大元件，采用伺服电动机驱动机构，有效记录宽度为 180mm。仪表的输入信号可以是直流毫伏电压、毫安电流、热电势、热电阻或统一标准信号，它不仅可与热电偶、热电阻配合，还可以与多种变送器配合，来显示、记录工艺变量，还具有控制和报警功能。

2. 数字式显示仪表

数字式显示仪表可接压力、流量、物位、温度等模拟信号，经模/数（A/D）转变成数字信号，再由数字电路处理后直接以十进制数码显示测量结果。它具有速度快、精度高、抗干扰能力强、体积小、读数直观、便于与工业控制机联用等优点，因此应用广泛。

数字式显示仪表一般有模/数转换、非线性补偿和标度变换三个基本部分。如 XMZ 型数字式显示仪表，可与热电偶及热电阻配用。其测量范围为 $-200\sim1999℃$，精度为 $\pm0.5\%$ ±1 个字，分辨力为 $1℃$。

3. 无纸记录仪

无纸记录仪是以 CPU 为核心采用液晶显示的记录仪。它将记录信号转化为数字信号，送到存储器保存，在大屏幕液晶显示屏上显示出来。记录信号由 CPU 进行转化、保存，可以将记录曲线或数据送往打印机打印或送往微型计算机保存和进一步处理。

该记录仪输入信号种类较多，可与热电偶、热电阻、辐射感温器或其它变送器配合，对压力、流量、物位、温度等工艺变量进行记录和显示，还可进行组态、编程及报警。

思维与技能训练

项目 2 XMZ-101 型数字式测温仪表的校验

一、能力目标

1. 进一步掌握显示仪表的结构、使用。
2. 理解热电偶温度计的测温原理、测温系统的构成。
3. 掌握显示仪表的校验方法。

二、实训设备及器件

1. UJ-33a 型标准电位差计一台。
2. XMZ-101 型数字式显示仪表（或配热电偶用的其它显示仪表）一块。
3. 万用表一块、螺丝刀一把、验电笔一支。

三、实训内容及步骤

1. 观察标准电位差计及被校数字式显示仪表的分度号、型号、精度等级和测量范围，并填入表 6-8 中。

表 6-8 仪表观察记录

项　　目	分度号	型号	测量范围	精度等级	出厂编号	制造厂家
电位差计						
显示仪表						

2. 将标准电位差计与被校的数字式显示仪表接成测温系统如图 6-34 所示。

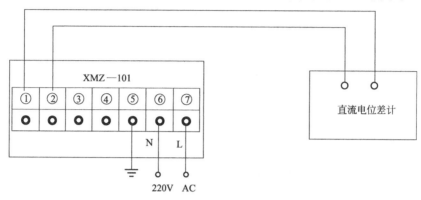

图 6-34 配热电偶用测温仪表校验接线图

3. 将显示仪表量程的 0%、25%、50%、75%、100% 五点校验点所对应的热电势查表值填入表 6-9 中。

4. 将标准电位差计分别输入校验点所对应的热电势，进行正、反行程校验数字式显示仪表，并将校验结果填入表 6-9 中。

表 6-9 仪表校验记录

被校表示值		0%	25%	50%	75%	100%
电位差计热电势(查表值)						
正行程	被校表读数					
	测量误差					
反行程	被校表读数					
	测量误差					
正、反行程之间测量误差						

四、数据处理及分析

1. 根据表 6-9 中的校验数据，计算最大的绝对误差、最大的相对百分误差及变差。

2. 将最大的绝对误差（或最大的相对百分误差）及变差与显示仪表允许的误差相比较，判断仪表是否合格，若仪表不合格，确定仪表的精度等级。

3. 对不合格仪表，进行实验线路及数据分析，找出原因。

项目 3 XMZ-102 型数字式测温仪表的校验

一、能力目标

1. 进一步掌握显示仪表的结构、使用。

2. 理解热电阻温度计的测温原理、测温系统的构成。

3. 掌握显示仪表的校验方法。

二、实训设备及器件

1. ZX-25a 型标准电阻箱一台。
2. XMZ-102 型数字式显示仪表（或配热电阻用的其它显示仪表）一块。
3. 万用表一块、螺丝刀一把、验电笔一支。

三、实训内容及步骤

1. 观察标准电阻箱及被校显示仪表的名称、型号、精度等级和测量范围，并填入表 6-10 中。

2. 将标准电阻箱与被校的数字式显示仪表接成测温系统如图 6-35 所示。

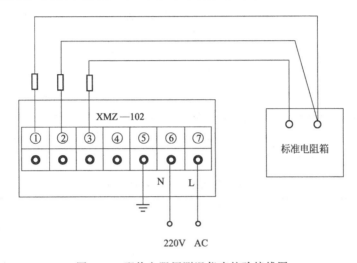

图 6-35　配热电阻用测温仪表校验接线图

3. 将显示仪表量程的 0％、25％、50％、75％、100％五点校验点所对应的电阻值查表值填入表 6-10 中。

表 6-10　仪表观察记录

项目	名称	型号	测量范围	精度等级	出厂编号	制造厂家
电阻箱						
显示仪表						

4. 将标准电阻箱分别输入校验点所对应的电阻值，进行正、反行程校验数字式显示仪表，并将校验结果填入表 6-11 中。

表 6-11　仪表校验记录

被校表示值		0％	25％	50％	75％	100％
电阻箱(查表值)						
正行程	被校表读数					
	测量误差					
反行程	被校表读数					
	测量误差					
正、反行程之间测量误差						

四、数据处理及分析

1. 根据表 6-11 中的校验数据，计算最大的绝对误差、最大的相对百分误差及变差。
2. 将最大的绝对误差（或最大的相对百分误差）及变差与显示仪表允许的误差相比较，判断仪表是否合格，若仪表不合格，确定仪表的精度等级。
3. 对不合格仪表，进行实验线路及数据分析，找出原因。

知识检验

1. 过程检测的作用是什么？过程仪表检测的变量有哪些？
2. 什么是测量误差？测量误差的表示方法有哪两种？各有什么意义？
3. 什么是相对百分误差？它有什么意义？
4. 一台电子自动电位差计精度等级为 0.5 级，测量范围为 0～500℃，经校验发现最大的绝对误差是 ±4℃，问该表合格否？应定为几级表？
5. 某反应器工况压力为 15MPa，要求测量误差不超过 ±0.5MPa，现用一只 2.5 级、0～25MPa 的压力表进行测量，问能否满足测量误差的要求？应选用什么级别的仪表？
6. 仪表工对一只 2.5 级、0～250kPa 的弹簧管压力表进行校验，结果见表 6-12，问该表合格否？应定为几级表？

表 6-12　弹簧管压力表进行校验表（单位：kPa）

	标准表读数	0	75	125	175	250
正行程	被校表读数	0	70	120	180	245
	测量误差					
反行程	被校表读数	0	75	130	175	245
	测量误差					
正、反行程之间测量误差						

7. 什么是压力？表压力、绝对压力、负压力（真空度）之间有何关系？
8. 测压仪表有哪几类？各基于什么原理工作？
9. 常用的弹性测压元件有哪些？
10. 弹簧管压力表的测压原理是什么？试述其组成及动作过程？
11. 电接点信号压力表与弹簧管压力表有何异同点？
12. 霍尔片式压力传感器是如何利用霍尔效应实现压力测量的？
13. 说明应变片式与压阻式压力传感器的测压原理？
14. 电容式压力传感器的工作原理是什么？有什么特点？
15. DDZ-Ⅲ型力矩平衡式压力变送器的作用和原理？
16. 某合成氨厂合成塔压力控制指标为 14MPa，要求误差不超过 ±0.4MPa，工艺要求就地指示压力，试选压力表的型号、测量范围及精度等级。
17. 某空压机缓冲器，其工作压力范围为 1.1～1.6MPa，工艺要求就地观察罐内的压力，并要求测量结果的误差不得大于罐内压力的 ±5%，试选择一台合适的压力表（型号、测量范围及精度等级），并说明理由。
18. 压力表安装应注意什么问题？
19. 流量测量有何意义？

20. 差压式流量计是由哪几部分组成的？工作原理如何？

21. 什么叫标准节流装置？常用的标准节流装置有哪些？

22. 某差压式流量计利用 DDZ-Ⅲ 型差压变送器测流量，流量刻度上限为 300m³/h，差压上限为 1500Pa，当被测流量为 150m³/h 时，求（1）不加开方器时，差压 ΔP 为多少？差压变送器的输出电流 I_0 为多少？（2）差压变送器后加开方器时，ΔP 和 I_0 又为多少？

23. 转子流量计与差压式流量计在工作原理上有何异同点？

24. 试述转子流量计的特点及使用中应注意的问题？

25. 椭圆齿轮流量计的工作原理是什么？为什么椭圆齿轮旋每转一周能排出 4 个半月牙形容积的液体？

26. 椭圆齿轮流量计有何特点？使用中应注意什么问题？

27. 质量式流量仪表有哪两类？

28. 物位测量有何意义？

29. 差压式液位计的测量原理是什么？在测密闭容器和开口容器的液位时，负压室的引压管线如何接？为什么？

30. 用差压变送器测液位时，为何会有迁移的问题？

31. 什么是零点迁移？什么是正迁移？什么是负迁移？迁移的实质是什么？

32. 法兰式差压变送器有何作用？

33. 用 DDZ-Ⅲ 型差压变送器测液位（见图 6-22 所示）。已知被测介质密度 $\rho_1 = 850$kg/m³，隔离液密度 $\rho_2 = 950$kg/m³，$H_{max} = 3$m，$h_1 = 2$m，$h_2 = 5$m，问（1）是否需要迁移？是正迁移？还是负迁移？迁移量是多少？（2）零点迁移后？差压的上、下限各为多少？（3）当 $H = 1.5$m 时，差压变送器的输出电流 I_0 为多少？

34. 图 6-36 是一台用 DDZ-Ⅲ 型法兰式差压变送器测容器的液位。已知被测液位 0～3m，被测介质的密度 $\rho = 900$kg/m³，毛细管柱介质密度 $\rho_0 = 950$kg/m³，$h_A = 1$m，$h_B = 4$m。问：

① 是否需要迁移？是什么迁移？迁移量是多少？

② 零点迁移后？差压变送器的上、下限各为多少？

③ 当 $H = 1.5$m 时，差压变送器的输出电流 $I_0 = $？

④ 当法兰式差压变送器的位置升降时，对测量结果有何影响？

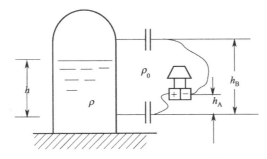

图 6-36 法兰式差压变送器测液位

35. 试述超声波式物位计的测量原理。

36. 试述核辐射式物位计的测量原理及特点。

37. 试述热电偶温度计的组成及测温原理。

38. 常用的热电偶有哪几种？写出它们的分度号、型号及测温范围。

39. 什么是补偿导线？补偿导线有什么作用？使用补偿导线时要注意什么？

40. 用热电偶测温时为什么要进行冷端温度补偿？冷端温度补偿的方法有哪几种？

41. 用分度号为 K 的热电偶测某设备温度，测得的热电势为 20mV，冷端温度为 25℃，求设备的温度？如果改用分度号为 E 的热电偶来测温，在相同的条件下，测得的温度又为多少？

42. 现用一支镍铬-镍硅热电偶测某反应器温度，其冷端温度为 30℃，显示仪表的机械零位在 0℃时，这时指示值为 400℃，则认为反应器温度为 430℃对不对？为什么？正确值为多少？

43. 常用的热电阻有哪两种？写出它们的分度号、型号及测温范围。

44. 试比较热电偶温度计与热电阻温度计的异同点。

45. 用分度号为 Pt100 的铂热电阻测温时，若错配用了分度号为 Cu100 的显示仪表，使仪表指示 130℃，问被测的实际温度为多少？

46. DDZ-Ⅲ型温度变送器有何作用？

47. 什么是一体化温度变送器？它有何优点？

附录一　常用压力表的规格及型号

名　称	型　号	结　构	测量范围/MPa	精度等级
弹簧管压力表	Y-60	径向	−0.1~0, 0~0.1, 0~0.16, 0~0.25, 0~0.4, 0~0.6, 0~1.0, 0~1.6, 0~2.5, 0~4, 0~6	2.5
	Y-60T	径向带后边		
	Y-60Z	轴向无边		
	Y-60ZQ	轴向带前边		
	Y-100	径向	−0.1~0, −0.1~0.06, −0.1~0.15, −0.1~0.3, −0.1~0.5, −0.1~0.9, −0.1~1.5, −0.1~2.4, 0~0.1, 0~0.16, 0~0.25, 0~0.4, 0~0.6, 0~1.0, 0~1.6, 0~2.5, 0~4, 0~6	1.5
	Y-100T	径向带后边		
	Y-100TQ	径向带前边		
	Y-150	径向		
	Y-150T	径向带后边		
	Y-150TQ	径向带前边		
	Y-100	径向	0~10, 0~16, 0~25, 0~40, 0~60	1.5
	Y-100T	径向带后边		
	Y-100TQ	径向带前边		
	Y-150	径向		
	Y-150T	径向带后边		
	Y-150TQ	径向带前边		
电接点压力表	YX-150	径向	−0.1~0.1, −0.1~0.15, −0.1~0.3, −0.1~0.5, −0.1~0.9, −0.1~1.5, −0.1~2.4, 0~0.1, 0~0.16, 0~0.25, 0~0.4, 0~0.6, 0~1.0, 0~1.6, 0~2.5, 0~4, 0~6	1.5
	YX-150TQ	径向带前边		
	YX-150A	径向	0~10, 0~16, 0~25, 0~40, 0~60	
	YX-150TQ	径向带前边		
	YX-150	径向	−0.1~0	
活塞式压力计	YS-2.5	台式	−0.1~0.25	0.02 0.05
	YS-6	台式	0.04~0.6	
	YS-60	台式	0.1~6	
	YS-600	台式	1~60	
氨用压力表	YA-100	径向	0~0.16, 0~0.25, 0~0.4, 0~0.6, 0~1.0, 0~1.6, 0~2.5, 0~4, 0~6, 0~10, 0~16, 0~25, 0~40, 0~60, 0~100, 0~160	1.5 2.5
	YA-150	径向		

附录二 标准化热电偶热电势-温度对照表

附表一 铂铑-铂热电偶分度表

分度号 S（冷端温度为 0℃） μV

温度/℃	0	1	2	3	4	5	6	7	8	9
0	0	5	11	16	22	27	33	38	44	50
10	55	61	67	72	78	84	90	95	101	107
20	113	119	125	131	137	142	148	154	161	167
30	173	179	185	191	197	203	210	216	222	228
40	235	241	247	254	260	266	273	279	286	292
50	299	305	312	318	325	331	338	345	351	358
60	365	371	378	385	391	398	405	412	419	425
70	432	439	446	453	460	467	474	481	488	495
80	502	509	516	523	530	537	544	551	558	566
90	573	580	587	594	602	609	616	623	631	638
100	645	653	660	667	675	682	690	697	704	712
110	719	727	734	742	749	757	764	772	780	787
120	795	802	810	818	825	833	841	848	856	864
130	872	879	887	895	903	910	918	926	934	942
140	950	957	965	973	981	989	997	1005	1013	1021
150	1029	1037	1045	1053	1061	1069	1077	1085	1093	1101
160	1109	1117	1125	1133	1141	1149	1158	1166	1174	1182
170	1190	1198	1207	1215	1223	1231	1240	1248	1256	1264
180	1273	1281	1289	1297	1306	1314	1322	1331	1339	1347
190	1356	1364	1373	1381	1389	1398	1406	1415	1423	1432
200	1440	1448	1457	1465	1474	1482	1491	1499	1508	1516
210	1525	1534	1542	1551	1559	1568	1576	1585	1594	1602
220	1611	1620	1628	1637	1645	1654	1663	1671	1680	1689
230	1698	1706	1715	1724	1732	1741	1750	1759	1767	1776
240	1785	1794	1802	1811	1820	1829	1838	1846	1855	1864
250	1873	1882	1891	1899	1908	1917	1926	1935	1944	1953
260	1962	1971	1979	1988	1997	2006	2015	2024	2033	2042
270	2051	2060	2069	2078	2087	2096	2105	2114	2123	2132
280	2141	2150	2159	2168	2177	2186	2195	2204	2213	2222
290	2232	2241	2250	2259	2268	2277	2286	2295	2304	2314
300	2323	2332	2341	2350	2359	2368	2378	2387	2396	2405
310	2414	2424	2433	2442	2451	2460	2470	2479	2488	2497
320	2506	2516	2525	2534	2543	2553	2562	2571	2581	2590
330	2599	2608	2618	2627	2636	2646	2655	2664	2674	2683
340	2692	2702	2711	2720	2730	2739	2748	2758	2767	2776
350	2786	2795	2805	2814	2823	2833	2842	2852	2861	2870
360	2880	2889	2899	2908	2917	2927	2936	2946	2955	2965
370	2974	2984	2993	3003	3012	3022	3031	3041	3050	3059
380	3069	3078	3088	3097	3107	3117	3126	3136	3145	3155
390	3164	3174	3183	3193	3202	3212	3221	3231	3241	3250

续表

温度/℃	0	1	2	3	4	5	6	7	8	9
400	3260	3269	3279	3288	3298	3308	3317	3327	3336	3346
410	3356	3365	3375	3384	3394	3404	3413	3423	3433	3442
420	3452	3462	3471	3481	3491	3500	3510	3520	3529	3539
430	3549	3558	3568	3578	3587	3597	3607	3616	3626	3636
440	3645	3655	3665	3675	3684	3694	3704	3714	3723	3733
450	3743	3752	3762	3772	3782	3791	3801	3811	3821	3831
460	3840	3850	3860	3870	3879	3889	3899	3909	3919	3928
470	3938	3948	3958	3968	3977	3987	3997	4007	4017	4027
480	4036	4046	4056	4066	4076	4086	4095	4105	4115	4125
490	4135	4145	4155	4164	4174	4184	4194	4204	4214	4224
500	4234	4243	4253	4263	4273	4283	4293	4303	4313	4323
510	4333	4343	4352	4362	4372	4382	4392	4402	4412	4422
520	4432	4442	4452	4462	4472	4482	4492	4502	4512	4522
530	4532	4542	4552	4562	4572	4582	4592	4602	4612	4622
540	4632	4642	4652	4662	4672	4682	4692	4702	4712	4722
550	4732	4742	4752	4762	4772	4782	4792	4802	4812	4882
560	4832	4842	4852	4862	4873	4883	4893	4903	4913	4923
570	4933	4943	4953	4963	4973	4984	4994	5004	5014	5024
580	5034	5044	5054	5065	5075	5085	5095	5105	5115	5125
590	5136	5146	5156	5166	5176	5186	5197	5207	5217	5227
600	5237	5247	5258	5268	5278	5288	5298	5309	5319	5329
610	5339	5350	5360	5370	5380	5391	5401	5411	5421	5431
620	5442	5452	5462	5473	5483	5493	5503	5514	5524	5534
630	5544	5555	5565	5575	5586	5596	5606	5617	5627	3637
640	5648	5658	5668	5679	5689	5700	5710	5720	5731	5741
650	5751	5762	5772	5782	5793	5803	5814	5824	5834	5845
660	5855	5866	5876	5887	5897	5907	5918	5928	5939	5949
670	5960	5970	5980	5991	6001	6012	6022	6038	6043	6054
680	6064	6075	6085	6096	6106	6117	6127	6138	6148	6195
690	6169	6180	6190	6201	6211	6222	6232	6243	6253	6264
700	6274	6285	6295	6306	6316	6327	6338	6348	6359	6369
710	6380	6390	6401	6412	6422	6433	6443	6454	6465	6475
720	6486	6496	6507	6518	6528	6539	6549	6560	6571	6581
730	6592	6603	6613	6624	6635	6645	6656	6667	6677	6688
740	6699	6709	6720	6731	6741	6752	6763	6773	6784	6795
750	6805	6816	6827	6838	6848	6859	6870	6880	6891	6902
760	6913	6923	6934	6945	6956	6966	6977	6988	6999	7009
770	7020	7031	7042	7053	7063	7074	7085	7096	7107	7117
780	7128	7139	7150	7161	7171	7182	7193	7204	7215	7225
790	7236	7247	7258	7269	7280	7291	7301	7312	7323	7334
800	7345	7356	7367	7377	7388	7399	7410	7421	7432	7443
810	7454	7465	7476	7486	7497	7508	7519	7530	7541	7552
820	7563	7574	7585	7596	7607	7618	7629	7640	7651	7661
830	7672	7683	7694	7705	7716	7727	7738	7749	7760	7771
840	7782	7793	7804	7815	7826	7837	7848	7859	7870	7881

续表

温度/℃	0	1	2	3	4	5	6	7	8	9
850	7892	7904	7915	7926	7937	7948	7959	7970	7981	7992
860	8003	8014	8025	8036	8047	8058	8069	8081	8092	8103
870	8114	8125	8136	8147	8158	8169	8180	8192	8203	8214
880	8225	8236	8247	8258	8270	8281	8292	8303	8314	8325
890	8336	8348	8359	8370	8381	8392	8404	8415	8426	8437
900	8448	8460	8471	8482	8493	8504	8516	8527	8538	8549
910	8560	8572	8583	8594	8605	8617	8628	8639	8650	8662
920	8673	8684	8695	8707	8718	8729	8741	8752	8763	8774
930	8786	8797	8808	8820	8831	8842	8854	8865	8876	8888
940	8899	8910	8922	8933	8944	8956	8967	8978	8990	9001
950	9012	9024	9035	9047	9058	9069	9081	9092	9103	9115
960	9126	9138	9149	9160	9172	9183	9195	9206	9217	9229
970	9240	9252	9263	9275	9286	9298	9309	9320	9332	9343
980	9355	9366	9378	9389	9401	9412	9424	9435	8447	9458
990	9470	9481	9493	9504	9516	9527	9539	9550	9562	9573

附表二 镍铬-镍硅热电偶分度表

分度号 K（冷端温度为 0℃） μV

温度/℃	0	1	2	3	4	5	6	7	8	9
0	0	39	79	119	158	198	238	277	317	357
10	397	437	477	517	557	597	637	677	718	758
20	798	838	879	919	960	1000	1041	1081	1122	1162
30	1203	1244	1285	1325	1366	1407	1448	1489	1529	1570
40	1611	1652	1693	1734	1776	1817	1858	1899	1940	1981
50	2022	2064	2105	2146	2188	2229	2270	2312	2353	2394
60	2436	2477	2519	2560	2601	2643	2684	2726	2767	2809
70	2850	2892	2933	2975	3016	3058	3100	3141	3183	3224
80	3266	3307	3349	3390	3432	3473	3515	3556	3598	3639
90	3681	3722	3764	3805	3847	3888	3930	3971	4012	4054
100	4095	4137	4178	4219	4261	4302	4343	4384	4426	4467
110	4508	4549	4590	4632	4673	4714	4755	4796	4837	4878
120	4919	4960	5001	5042	5083	5124	5164	5205	5246	5287
130	5327	5363	5409	5450	5490	5531	5571	5612	5652	5693
140	5733	5774	5814	5855	5895	5936	5976	6016	6057	6097
150	6137	6177	6218	6258	6298	6338	6378	6419	6459	6499
160	6539	6579	6619	6659	6699	6739	6779	6819	6859	6899
170	6939	6979	7019	7059	7099	7139	7179	7219	7259	7299
180	7338	7378	7418	7458	7498	7538	7578	7618	7658	7697
190	7737	7777	7817	7857	7897	7937	7977	8017	8057	8097
200	8137	8177	8216	8256	8296	8336	8376	8416	8456	8497
210	8537	8577	8617	8657	8697	8737	8777	8817	8857	8898
220	8938	8978	9018	9058	9099	9139	9179	9220	9260	9300
230	9341	9381	9421	9462	9502	9543	9583	9624	9664	9705
240	9745	9786	9826	9867	9907	9948	9989	10029	10070	10111

续表

温度/℃	0	1	2	3	4	5	6	7	8	9
250	10151	10192	10233	10274	10315	10355	10396	10437	10478	10519
260	10560	10600	10641	10682	10723	10764	10805	10846	10887	10928
270	10969	11010	11051	11093	11134	11175	11216	11257	11298	11339
280	11381	11422	11463	11504	11546	11587	11628	11669	11711	11752
290	11793	11835	11876	11918	11959	12000	12042	12083	12125	12166
300	12207	12249	12290	12332	12373	12415	12456	12498	12539	12581
310	12623	12664	12706	12747	12789	12831	12872	12914	12955	12997
320	13039	13080	13122	13164	13205	13247	13289	13331	13372	13414
330	13456	13497	13539	13581	13623	13665	13706	13748	13790	13832
340	13874	13915	13957	13999	14041	14083	14125	14167	14208	14250
350	14292	14334	14376	14418	14460	14502	14544	14586	14628	14670
360	14712	14754	14796	14838	14880	14922	14964	15006	15048	15090
370	15132	15174	15216	15258	15300	15342	15384	15426	15468	15510
380	15552	15594	15636	15679	15721	15763	15805	15847	15889	15931
390	15974	16016	16058	16100	16142	16184	16227	14269	16311	16353
400	16395	16438	16480	16522	16564	16607	16649	16691	16733	16776
410	16818	16860	16902	16945	16987	17029	17072	17114	17156	17199
420	17241	17283	17326	17368	17410	17453	17495	17537	17580	17622
430	17664	17707	17749	17792	17834	17876	17919	17961	18004	18046
440	18088	18131	18173	18216	18258	18301	18343	18385	18428	18470
450	18513	18555	18598	18640	18683	18725	18768	18810	18853	18895
460	18938	18980	19023	19065	19108	19150	19193	19235	19278	19320
470	19363	19405	19448	19490	19533	19576	19618	19661	19703	19746
480	19788	19831	19873	19916	19959	20001	20044	20086	20129	20172
490	20214	20257	20299	20342	20385	20427	20470	20512	20555	20598
500	20640	20683	20725	20768	20811	20853	20896	20938	20981	21024
510	21066	21109	21152	21194	21237	21280	21322	21365	21407	21450
520	21493	21535	21578	21621	21663	21706	21749	21791	21834	21876
530	21919	21962	22004	22047	22090	23132	22175	22218	22260	22303
540	22346	22388	22431	22473	22516	22559	22601	22644	22687	22729
550	22772	22815	22857	22900	22942	22985	23028	23070	23113	23156
560	23198	23241	23284	23326	23269	23411	23454	23497	23539	23582
570	23624	23667	23710	23752	23795	23837	23880	23923	23965	24008
580	24050	24093	24136	24178	24221	24263	24306	24348	24391	24434
590	24476	24519	24561	24604	24646	24689	24731	24774	24817	248597
600	24902	24944	24987	25029	25072	25114	25157	25199	25242	25284
610	25327	25369	25412	25454	25497	25539	25582	25624	25666	25709
620	25751	25794	25836	25879	25921	25964	26006	26048	26091	26133
630	26176	26218	26260	26303	26345	26387	26430	26472	26515	26557
640	26599	26642	26684	26726	26769	26811	26853	26896	26938	26980
650	27022	27065	27107	27149	27192	27234	27276	27318	27361	27403
660	27445	27487	27529	27572	27614	27656	27698	27740	27783	27825
670	27867	27909	27951	27993	28035	28078	28120	28162	28204	28246
680	28288	28330	28372	28414	28456	28498	28540	28583	28625	28667
690	28709	28751	28793	28835	28877	28919	28961	29002	29044	29086

续表

温度/℃	0	1	2	3	4	5	6	7	8	9
700	29128	29170	29212	29254	29296	29338	29380	29422	29464	29505
710	29547	29589	29631	29673	29715	29756	29798	29840	29882	29924
720	29965	30007	30049	30091	30132	30174	30216	30257	30299	30341
730	30383	30424	30466	30508	30549	30591	30632	30674	30716	30757
740	30799	30840	30882	30924	30965	31007	31048	31090	31131	31173
750	31214	31256	31297	31339	31380	31422	31463	31504	31546	31587
760	31629	31670	31712	31753	31794	31836	31877	31918	31960	32001
770	32042	32084	32125	32166	32207	32249	32290	32331	32372	32414
780	32455	32496	32537	32578	32619	32661	32702	32743	32784	32825
790	32866	32907	32948	32990	33031	33072	33113	33154	33195	33236
800	33277	33318	33359	33400	33441	33482	33523	33564	33604	33645
810	33686	33727	33768	33809	33850	33891	33931	33972	34013	34054
820	34095	34136	34176	34217	34258	34299	34339	34380	34421	34461
830	34502	34543	34583	34624	34665	34705	34746	34787	34827	34868
840	34909	34949	34990	35030	35071	35111	35152	35192	35233	35273
850	35314	35354	35395	35436	35476	35516	35557	35597	35637	35678
860	35718	35758	35799	35839	35880	35920	35960	36000	36041	36081
870	36121	36162	36202	36242	36282	36323	36363	36403	36443	36483
880	36524	36564	35604	36644	36684	36724	36764	36804	36844	36885
890	36925	36965	37005	37045	37085	37125	37165	37205	37245	37285
900	37325	37365	37405	37445	37484	37524	37564	37604	37644	37684
910	37724	37764	37803	37843	37883	37923	37963	38002	38042	38082
920	38122	38162	38201	38241	38281	38320	38360	38400	38439	38479
930	38519	38558	38598	38638	38677	38717	38756	38796	38836	38875
940	38915	38954	38994	39033	39073	39112	39152	39191	39231	39270
950	39310	39349	39388	39428	39487	39507	39546	39585	39625	39664
960	39703	39743	39782	39821	39861	39900	39939	39979	40018	40057
970	40096	40136	40175	40214	40253	40292	40332	40371	40410	40449
980	40488	40527	40566	40605	40645	40684	40723	40762	40801	40840
990	40879	40918	40957	40996	41035	41074	41113	41152	41191	41230

附表三　镍铬-铜镍热电偶分度表

分度号 E（冷端温度为 0℃）　　　　　　　　　　　　　　　　　　　　　　　　　　μV

温度/℃	0	10	20	30	40	50	60	70	80	90
0	0	591	1192	1801	2419	3047	3683	4329	4983	5646
100	6317	6996	7683	8377	9078	9787	10501	11222	11949	12681
200	13419	14161	14909	15661	16417	17178	17942	18710	19481	20256
300	21033	21814	22597	23383	24171	24961	25754	26549	27345	28143
400	28943	29744	30546	31350	32155	32960	33767	34574	35382	36190
500	36999	37808	38617	39426	40236	41045	41853	42662	43470	44278
600	45085	45891	46697	47502	48306	49109	49911	50713	51513	52312
700	53110	53907	54703	55498	56291	57083	57873	58663	59451	60237
800	61022	61806	62588	63368	64147	64924	65700	66473	67245	68015
900	68783	69549	70313	71075	71835	72593	73350	74104	74857	75608
1000	76358									

附录三 热电阻分度表

附表一 铂热电阻分度表

分度号：Pt100（起始值电阻 $R_0 = 100\Omega$） $\qquad\Omega$

温度/℃	0	1	2	3	4	5	6	7	8	9
0	100.00	100.39	100.78	101.17	101.56	101.95	102.34	102.73	103.13	103.51
10	103.90	104.29	104.68	105.07	105.46	105.85	106.24	106.63	107.02	107.40
20	107.79	108.18	108.57	108.96	109.35	109.73	110.12	110.51	110.90	111.28
30	111.67	112.06	112.45	112.83	113.22	113.61	113.99	114.38	114.77	115.15
40	115.54	115.93	116.31	116.70	117.08	117.47	117.85	118.24	118.62	119.01
50	119.40	119.78	120.16	120.55	120.93	121.32	121.70	122.09	122.47	122.86
60	123.24	123.62	124.01	124.39	124.77	125.16	125.54	125.92	126.31	126.69
70	127.07	127.45	127.84	128.22	128.60	128.98	129.37	129.75	130.13	130.51
80	130.89	131.27	131.66	132.04	132.42	132.80	133.18	133.56	133.94	134.32
90	134.70	135.08	135.46	135.84	136.22	136.60	136.98	137.36	137.74	138.12
100	138.50	138.88	139.26	139.64	140.02	140.39	140.77	141.15	141.53	141.91
110	142.29	142.66	143.04	143.42	140.80	144.17	144.55	144.93	145.31	145.68
120	146.06	146.44	146.81	147.19	147.57	147.94	148.32	148.70	149.07	149.45
130	149.82	150.20	150.57	150.95	151.33	151.70	152.08	152.45	152.83	153.20
140	153.58	153.95	154.32	154.70	155.07	155.45	155.82	156.19	156.57	156.94
150	157.31	157.69	158.06	158.43	158.81	159.18	159.55	159.93	160.30	160.67
160	161.04	161.42	161.79	162.16	162.53	162.90	163.27	163.65	164.02	164.39
170	164.76	165.13	165.50	165.87	166.24	166.61	166.98	167.35	167.72	168.09
180	168.46	168.83	169.20	169.57	169.94	170.31	170.68	171.05	171.42	171.79
190	172.16	172.53	172.90	173.26	173.63	174.00	174.37	174.74	175.10	175.47
200	175.84	176.21	176.57	176.94	177.31	177.68	178.04	178.41	178.78	179.14
210	179.51	179.88	180.24	180.61	180.97	181.34	181.71	182.07	182.44	182.80
220	183.17	183.53	183.90	184.26	184.63	184.99	185.36	185.72	186.09	186.45
230	186.82	187.18	187.54	187.91	188.27	188.63	189.00	189.36	189.72	190.09
240	190.45	190.81	191.18	191.54	191.90	192.26	192.63	192.99	193.35	193.71
250	194.07	194.44	194.80	195.16	195.52	195.88	196.24	196.60	196.96	197.33
260	197.69	198.05	198.41	198.77	199.13	199.49	199.85	200.21	200.57	200.93
270	201.29	201.65	202.01	202.36	202.72	203.08	203.44	203.80	204.16	204.52
280	204.88	205.23	205.59	205.95	206.31	206.67	207.02	207.38	207.74	208.10
290	208.45	208.81	209.17	209.52	209.88	210.24	210.59	210.95	211.31	211.66
300	212.02	212.37	212.73	213.09	213.44	213.80	214.15	214.51	214.86	215.22
310	215.57	215.93	216.28	216.64	216.99	217.35	217.70	218.05	218.41	218.76
320	219.12	219.47	219.82	220.18	220.53	220.88	221.24	221.59	221.94	222.29
330	222.65	223.00	223.35	223.70	224.06	224.41	224.76	225.11	225.46	225.81
340	226.17	226.52	226.87	227.22	227.57	227.92	228.27	228.62	228.97	229.32
350	229.67	230.02	230.37	230.72	231.07	231.42	231.77	232.12	232.47	232.82
360	233.17	233.52	233.87	234.22	234.56	234.91	235.26	235.61	235.96	236.31
370	236.65	237.00	237.35	237.70	238.04	238.39	238.74	239.09	239.43	239.78
380	240.13	240.47	240.82	241.17	241.51	241.86	242.20	242.55	242.90	243.24
390	243.59	243.93	244.28	244.62	244.97	245.31	245.66	246.00	246.35	246.69

续表

温度/℃	0	1	2	3	4	5	6	7	8	9
400	247.04	247.38	247.73	248.07	248.41	248.76	249.10	249.45	249.79	250.13
410	250.48	250.82	251.16	251.50	251.85	252.19	252.53	252.88	253.22	253.56
420	253.90	254.24	254.59	254.93	255.27	255.61	255.95	256.29	256.64	256.98
430	257.32	257.66	258.00	258.34	258.68	259.02	259.36	259.70	260.04	260.38
440	260.72	261.06	261.40	261.74	262.08	262.42	262.76	263.10	263.43	263.77
450	264.11	264.45	264.79	265.13	265.47	265.80	266.14	266.48	266.82	267.15
460	267.49	267.83	268.17	268.50	268.84	269.18	269.51	269.85	270.19	270.52
470	270.86	271.20	271.53	271.87	272.20	272.54	272.88	273.21	273.55	273.88
480	274.22	274.55	274.89	275.22	275.56	275.89	276.23	276.56	276.89	277.23
490	277.56	277.90	278.23	278.56	278.90	279.23	279.56	279.90	280.23	280.56
500	280.90	281.23	281.56	281.89	282.23	282.56	282.89	283.22	283.55	283.89
510	284.22	284.55	284.88	285.21	285.54	285.87	286.21	286.54	286.87	287.20
520	287.53	287.86	288.19	288.52	288.85	289.18	289.51	289.84	290.17	290.50
530	290.83	291.16	291.49	291.81	292.14	292.47	292.80	293.13	293.46	293.79
540	294.11	294.44	294.77	295.10	295.43	295.75	296.08	296.41	296.74	297.06
550	297.39	297.72	298.04	298.37	298.70	299.02	299.35	299.68	300.00	300.33
560	300.65	300.98	301.31	301.63	301.96	302.28	302.61	302.93	303.26	303.58
570	303.91	304.23	304.56	304.88	305.20	305.53	305.85	306.18	306.50	306.82
580	307.15	307.47	307.79	308.12	308.44	308.76	309.09	309.41	309.73	310.05
590	310.38	310.70	311.02	311.34	311.67	311.99	312.31	312.63	312.95	313.27
600	313.59	313.92	314.24	314.56	314.88	315.20	315.52	315.84	316.16	316.48
610	316.80	317.12	317.44	317.76	318.08	318.40	318.72	319.04	319.36	319.68
620	319.99	320.31	320.63	320.95	321.27	321.59	321.91	322.22	322.54	322.86
630	323.18	323.49	323.81	324.13	324.45	324.76	325.08	325.40	325.72	326.03
640	326.35	326.66	326.98	327.30	327.61	327.93	328.25	328.56	328.88	329.19
650	329.51	329.82	330.14	330.45	330.77	331.08	331.40	331.71	332.03	332.34

附表二 铜热电阻（Cu100）分度表

分度号：Cu100（起始值电阻 $R_0 = 100\Omega$） Ω

温度/℃	0	1	2	3	4	5	6	7	8	9
−50	78.49	—	—	—	—	—	—	—	—	—
−40	82.80	82.36	81.94	81.50	81.08	80.64	80.20	79.78	79.34	78.92
−30	87.10	86.68	86.24	85.82	85.38	84.96	84.54	84.10	83.66	83.22
−20	91.40	90.98	90.54	90.12	89.68	89.26	88.82	88.40	87.96	87.54
−10	95.70	95.28	94.84	94.42	93.98	93.56	93.12	92.70	92.26	91.84
−0	100.00	99.56	99.14	98.70	98.28	97.84	97.42	97.00	96.56	96.14
0	100.00	100.42	100.86	101.28	101.72	102.14	102.56	103.00	103.43	103.86
10	104.28	104.72	105.14	105.56	106.00	106.42	106.86	107.28	107.72	108.14
20	108.56	109.00	109.42	109.84	110.28	110.70	111.14	111.56	112.00	112.42
30	112.84	113.28	113.70	114.14	114.56	114.98	115.42	115.84	116.28	116.70
40	117.12	117.56	117.98	118.40	118.84	119.26	119.70	120.12	120.54	120.98
50	121.40	121.84	122.26	122.68	123.12	123.54	123.96	124.40	124.82	125.26
60	125.68	126.10	126.54	126.96	127.40	127.82	128.24	128.68	129.10	129.52
70	129.96	130.38	130.82	131.24	131.66	132.10	132.52	132.96	133.38	133.80
80	134.24	134.66	135.08	135.52	135.94	136.38	136.80	137.24	137.66	138.08
90	138.52	138.94	139.30	139.80	140.22	140.66	141.08	141.52	141.94	142.36
100	142.80	143.22	143.66	144.08	144.50	144.94	145.36	145.80	146.22	146.66
110	147.08	147.50	147.94	148.36	148.80	149.22	149.66	150.08	150.52	150.94
120	151.36	151.80	152.22	152.66	153.08	153.52	153.94	154.38	154.80	155.24
130	155.66	156.10	156.52	156.96	157.38	157.82	158.24	158.68	159.10	159.54
140	159.96	160.40	160.82	161.28	161.68	162.12	162.54	162.98	163.40	163.84
150	164.27	—	—	—	—	—	—	—	—	—

附表三 铜热电阻（Cu50）分度表

分度号：Cu50（起始值电阻 $R_0 = 50\Omega$） Ω

温度/℃	0	1	2	3	4	5	6	7	8	9
−50	39.29	—	—	—	—	—	—	—	—	—
−40	41.40	41.18	40.97	40.75	40.54	40.32	40.10	39.89	39.67	39.46
−30	43.55	43.34	43.12	42.91	42.69	42.48	42.27	42.05	41.83	41.61
−20	45.70	45.49	45.27	45.06	44.84	44.63	44.41	44.20	43.98	43.77
−10	47.85	47.64	47.42	47.21	46.99	46.78	46.56	46.35	46.13	45.92
−0	50.00	49.78	49.57	49.35	49.14	48.92	48.71	48.50	48.28	48.07
0	50.00	50.21	50.43	50.64	50.86	51.07	51.28	51.50	51.71	51.93
10	52.14	52.36	52.57	52.78	53.00	53.21	53.43	53.64	53.86	54.07
20	54.28	54.50	54.71	54.92	55.14	55.35	55.57	55.78	56.00	56.21
30	56.42	56.64	56.85	57.07	57.28	57.49	57.71	57.92	58.14	58.35
40	58.56	58.78	58.99	59.20	59.42	59.63	59.85	60.06	60.27	60.49
50	60.70	60.92	61.13	61.34	61.56	61.77	61.98	62.20	62.41	62.63
60	62.84	63.05	63.27	63.48	63.70	63.91	64.12	64.34	64.55	64.76
70	64.98	65.19	65.41	65.62	65.83	66.05	66.26	66.48	66.69	66.90
80	67.12	67.33	67.54	67.76	67.97	68.19	68.40	68.62	68.83	69.04
90	69.26	69.47	69.68	69.90	70.11	70.33	70.54	70.76	70.97	71.18
100	71.40	71.61	71.83	72.04	72.25	72.47	72.68	72.90	73.11	73.33
110	73.54	73.75	73.97	74.18	74.40	74.61	74.83	75.04	75.26	75.47
120	75.68	75.90	76.11	76.33	76.54	76.76	76.97	77.19	77.40	77.62
130	77.83	78.05	78.26	78.48	78.69	78.91	79.12	79.34	79.55	79.77
140	79.98	80.20	80.41	80.63	80.84	81.06	81.27	81.49	81.70	81.92
150	82.13	—	—	—	—	—	—	—	—	—

第七章 过程控制仪表

化工生产过程控制,就是将压力、流量、物位、温度及物质成分等被控变量维持在一定数值上或一定范围内,来满足工艺生产要求。第六章介绍的过程检测仪表是用来对这些工艺变量进行检测,要实现这些变量的控制,还必须有控制器(调节器)和执行器(控制阀)。控制器的作用是把过程检测仪表送来的测量值与设定值相比较得出偏差,将偏差按一定规律进行数学运算后,发出控制信号送给执行器;执行器的作用是接收控制器送来的控制信号后,改变被控介质的流量,从而将被控变量维持在所要求的数值上或一定的范围内。

过程控制仪表按结构形式分为基地式仪表、单元组合仪表、组装式仪表等;按信号类型分为模拟式仪表和数字式仪表;其中单元组合仪表按使用的能源不同又分为气动单元组合仪表和电动单元组合仪表。

气动单元组合仪表(QDZ表示)采用0.14MPa压缩空气为能源,各单元之间以0.02~0.1MPa统一标准的气信号相联系;结构简单、价格便宜、性能稳定、工作可靠、具有安全防火防爆等特点。适用于石油、化工等易燃易爆的场合。

电动单元组合仪表(DDZ表示)有Ⅰ、Ⅱ、Ⅲ型之分,分别以电子管、晶体管、线性集成电路为放大元件。其中DDZ-Ⅰ型已经淘汰;DDZ-Ⅱ型采用220V交流电为能源,各单元之间以0~10mA DC统一标准的电信号相联系;DDZ-Ⅲ型采用24V直流电为能源,现场以4~20mA DC统一标准信号相联系,控制室以1~5V DC和4~20mA DC统一标准信号相联系,DDZ-Ⅲ型仪表采用安全火花防爆系统,性能比DDZ-Ⅱ型好,使用更加广泛。

过程控制仪表包括控制器、执行器、手操器及可编程控制器等各种新型控制仪表及装置,本章着重介绍常用的控制规律、控制器及执行器。

第一节 常用的控制规律

控制器的控制规律,就是控制器输出信号(控制信号P)变化与输入信号(偏差e)之间随时间的变化规律。

控制器基本的控制规律有四种:双位控制规律、比例(P)控制规律、积分(I)控制规律和微分(D)控制规律。常用的控制规律是这几种基本控制规律能单独使用的双位控制、比例控制以及将它们组合的比例积分(PI)、比例微分(PD)和比例积分微分(PID)控制。

不同的控制规律适用于不同的工艺控制对象,必须根据控制规律的特点与适用的条件,结合具体的对象特性及工艺控制要求做出正确的选择。

一、双位控制

双位控制是最简单的控制规律。当测量值大于设定值时,控制器的输出为最大(或最小);而当测量值小于设定值时,控制器的输出为最小(或最大),即控制器的输出只有两个值(最大或最小),相应的执行器也只有两个极限位置(全开或全关),双位控制又称开关控制。

双位控制结构简单、成本低、容易实现,应用于控制质量要求不高,被控对象是单容的,容量大且纯滞后较小的场合。如管式加热炉、恒温箱、空调、电冰箱中的温度控制,以及为气动仪表提供气源的压缩空气罐中的压力控制等。

二、比例控制

上述的双位控制，控制器的输出要么最大，要么最小；相应的执行器也只有全开或全关两个极限位置，被控变量始终处于等幅振荡过渡过程，系统不可能建立平衡状态，这对于被控变量要求达到稳定场合的控制是不适用的。如果能使执行器的开度（由控制器输出变化量决定）与被控变量的偏差（控制器输入信号）成比例变化，系统就能建立平衡状态，这就是比例控制规律。

1. 比例控制规律的概念是：控制器输出的变化量 ΔP 与输入的偏差信号 e 成比例关系。
2. 比例控制规律的数学表达式为：

$$\Delta P = K_P e$$

式中，K_P 为控制器的比例放大倍数（或比例增益）。

在研究控制器的特性时，控制器输入的偏差信号常用阶跃信号来表示。阶跃信号就是在某一时刻突然加到系统上的一个阶梯式的扰动，阶跃扰动对被控变量影响很大，并一直持续下去，如果过程控制系统能有效地克服阶跃扰动的影响，则其它扰动的影响就都能克服。

比例控制器在阶跃信号作用下的输出变化特性曲线如图 7-1 所示。当比例放大倍数 $K_P > 1$ 时，比例作用是放大的；当 $K_P < 1$ 时，比例作用是缩小的；当 $K_P = 1$ 时，比例作用即不放大，也不缩小。

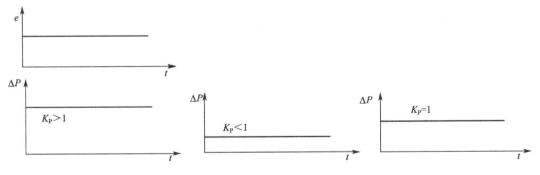

图 7-1　比例控制阶跃响应

在比例控制规律的数学表达式里，用比例放大倍数 K_P 表示比例作用的强弱。而在工程上常用比例度 δ 来表示比例作用的强弱。比例度 δ 定义为控制器输入的相对变化量与输出的相对变化量之比的百分数，即

$$\delta = \frac{e/(y_{max} - y_{min})}{\Delta P/(P_{max} - P_{min})} \times 100\%$$

式中，$y_{max} - y_{min}$ 用来控制器输入变化范围，即测量仪表量程；$P_{max} - P_{min}$ 用来控制器输出变化范围。

对一个具体的控制器，$(y_{max} - y_{min})$、$(P_{max} - P_{min})$ 均可知，所以 $(P_{max} - P_{min})/$

($y_{max} - y_{min}$)为常数,设此常数为 K,则上式又可表示为

$$\delta = \frac{e}{\Delta P} \times \frac{P_{max} - P_{min}}{y_{max} - y_{min}} \times 100\% = K \times \frac{1}{K_P} \times 100\%$$

可见,比例度 δ 与比例放大倍数 K_P 成反比。δ 越大,K_P 越小,在同样偏差作用时,被控变量变化量就越小,比例控制作用越弱,系统越稳定,但控制作用缓慢;反之 δ 越小,K_P 越大,比例作用越强,被控变量变化量就越大,克服偏差有力,但系统波动大,不稳定。这说明比例度太大、太小都不好,要根据具体情况而定,δ 的取值在百分之几到百分之几百之间,大小可通过控制器上的比例度旋钮来调整。

比例控制规律的特点是:
① 当有偏差信号输入时,比例控制立刻输出与偏差成比例的控制信号,因此比例控制动作快,控制作用及时,这是比例控制的优点;
② 由于比例度不可能为零,控制器输出变化量就不可能为零,余差也不会为零,所以比例控制的缺点是不能消除余差,也叫"有差控制"。

三、积分控制

比例控制规律的优点是控制作用及时、动作快,是最基本的控制规律;缺点是不能消除余差,这在要求实现无差控制的场合,就不能单独使用,需要增加能消除余差的控制规律,即积分控制。

1. 积分控制规律的概念是:
控制器输出变化量与输入偏差信号对时间的积分成正比。
2. 积分控制规律的数学表达式为

$$\Delta P = K_1 \int e dt = \frac{1}{T_1} \int e dt$$

式中,K_1 为积分速度;ΔP 为控制器输出变化量;T_1 为积分时间,且 $T_1 = \frac{1}{K_1}$。

积分时间的单位为"分",其大小可通过控制器上的积分旋钮来调整。实际中常用积分时间表示积分作用的强弱。

图 7-2 是积分控制在不同积分时间时阶跃输出变化特性曲线。由图可见,积分时间反映了积分作用的强弱。T_1 越小,K_1 越大,积分曲线上升得越快,积分作用越强;反之,T_1 越大,K_1 越小,积分曲线上升得越慢,积分作用越弱,T_1 当太大时就失去积分控制作用。同比例度一样 T_1 大小也要根据具体情况而定。

当偏差是常数为 A 的阶跃信号时,积分控制输出变化的动态特性曲线如图 7-3 所示,此时积分控制输出变为

$$\Delta P = \frac{1}{T_1} A(t - t_0)$$

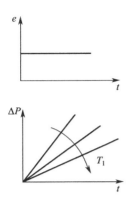
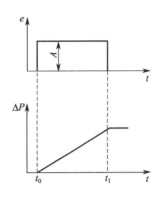

图 7-2 积分控制在不同 T_1 下阶跃响应　　　图 7-3 积分控制动态特性

积分控制的特点是：

① 当有偏差作用时，控制器输出随时间的积累再逐渐增加（或减小），当偏差消失时，控制器输出才达到最大（或最小），也就是说控制器输出的变化总是落后于输入的变化，因此积分控制动作缓慢，控制作用不及时。

② 积分控制只要偏差存在，控制器输出就不停地变化，只有偏差为零时，控制器输出才不变，所以积分控制累积的结果可以消除余差。

四、比例积分控制

积分控制虽然能消除余差，但它存在着控制作用不及时的缺点，一般不能单独使用，而是和比例控制组合在一起，构成比例积分控制规律。

比例积分控制规律的特点是：

由于有比例控制规律，所以控制作用及时；又由于有积分控制规律，所以控制累积的结果是能消除余差。

比例积分控制规律的数学表达式为：

$$\Delta P = K_P \left(e + \frac{1}{T_1} \int e \, dt \right)$$

当偏差是常数为 A 的阶跃信号时，比例积分控制规律表达式变为：

$$\Delta P = K_P A + \frac{K_P}{T_1} A t$$

图 7-4 是比例积分控制输出特性曲线，垂直上升部分 $K_P A$ 是比例输出，沿斜线上升部分 $(K_P/T_1)At$ 是积分输出。当 $t=T_1$ 时，积分作用下的输出与比例输出相等，即 $K_P A = (K_P/T_1)At$，利用这个关系式可测出积分时间。

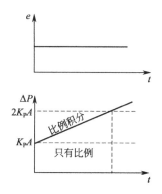

图 7-4　比例积分控制阶跃响应

　　积分时间的测定方法是：给控制器输入一个幅值为 A 的阶跃信号后，立即记下输出的阶跃变化值 $K_P A$，同时启动秒表，当输出上升至 $K_P A$ 的两倍时停表，所需的时间就是积分时间。

五、微分控制

比例积分控制规律，既控制作用及时，又能消除余差，但对于有滞后的对象是无能为力的。为此，引出了微分控制规律。

　　微分控制规律的概念、特点及数学表达式：
　　① 微分控制规律是控制器输出变化量与偏差变化的速度成正比。
　　② 它的特点是能起到"超前"的控制作用。
　　③ 微分控制规律的数学表达式为：

$$\Delta P = T_D \frac{de}{dt}$$

式中，T_D 为微分时间，表示微分作用的强弱，单位为"分"，其大小可通过控制器上的微分旋钮来调整；$\frac{de}{dt}$ 为偏差的变化速度。

上式表示的是理想的微分控制特性，曲线见图 7-5 所示。若在 $t=t_0$ 时输入一个阶跃信号，控制器的输出立刻为无穷大，其余时间输出为零。微分控制只要偏差有变化趋势，哪怕很小，也马上控制，所以有"超前"的控制作用。但其输出不能反映偏差的大小，不论偏差多大，只要不变，微分控制就没有响应，因此不能实现无差控制，也不能单独使用，常与比例或比例积分组合构成比例微分或比例积分微分控制规律。

图 7-6 是比例微分控制阶跃响应，其数学表达式为

$$\Delta P = K_P \left(e + T_D \frac{de}{dt} \right)$$

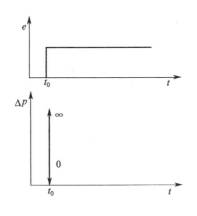

图 7-5 理想的微分控制
阶跃响应曲线

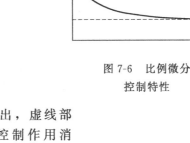

图 7-6 比例微分
控制特性

图中曲线下降部分是实际微分作用输出，虚线部分是比例作用输出。由图可见，在微分控制作用消失以后，由于有比例控制继续起作用，所以比例微分控制规律比单纯的比例作用更快，特别是容量滞后大的对象，更能起到"超前"快速的控制作用。

图 7-7 是比例积分微分控制阶跃响应，其数学表达式为

$$\Delta P = K_P \left(e + \frac{1}{T_I} \int e\, dt + T_D \frac{de}{dt} \right)$$

当有阶跃作用时，输出为比例、积分和微分三作用组合，既能快速进行控制，又能消除余差，控制质量最佳。

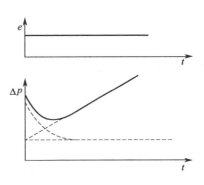

图 7-7 比例积分微分控制特性

第二节 控 制 器

本节主要介绍 DDZ-Ⅲ控制器、可编程数字控制器。

> 控制器的作用是：把过程检测仪表送来的测量值与设定值相比较得出偏差，将偏差进行比例、积分和微分等运算后，发出控制信号送给执行器，以实现被控变量的自动控制。

一、DDZ-Ⅲ型控制器

DDZ-Ⅲ型控制器有全刻度指示和偏差指示两个基型品种。为满足各种复杂控制系统的要求，还有各种特殊控制器，如断续控制器、自整定控制器、前馈控制器、非线性控制器等。特殊控制器是在基型控制器功能基础上的扩大。它们是在基型控制器中附加各种单元而构成的变型控制器。下面以全刻度指示的基型控制器为例，来说明 DDZ-Ⅲ型控制器的组成及工作原理。

1. 控制器的组成及工作原理

① DDZ-Ⅲ型控制器的组成：DDZ-Ⅲ型控制器主要由输入电路、设定电路、PID运算电路、自动与手动（包括硬手动和软手动两种）切换电路、输出电路及指示电路等组成。

② DDZ-Ⅲ型控制器的工作原理：控制器接收变送器送来的 4~20mA 或 1~5V DC 测量信号，在输入电路中与设定信号进行比较得出偏差信号后，再在 PD 及 PI 电路进行 PID 运算，最后由输出电路转换为 4~20mA DC 电流输出。

DDZ-Ⅲ型控制器的方块图如图 7-8 所示。设定值由"内设定"或"外设定"两种方式取得，用切换开关 K_6 进行选择。当控制器工作于"内设定"方式时，设定电压由控制器内部的高精度稳压电源取得。当控制器需要计算机或另外的控制器供给设定信号时，开关 K_6 切换到"外设定"位置上，由外来的 4~20mA DC 电流流过 250Ω 精密电阻产生 1~5V 的设定电压。

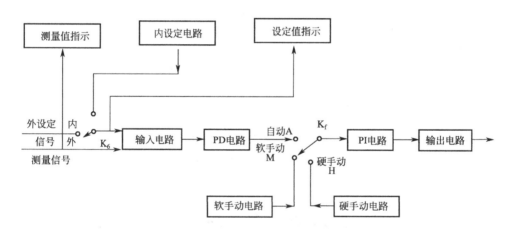

图 7-8　DDZ-Ⅲ型控制器组成方块图

2. 控制器面板图的设置及各部件的作用

图 7-9 是一种全刻度指示控制器（DTL-3110 型）的面板图，它的正面表盘上装有两个指示表头。其中一个双针指示表头 2 有两个指针，红针为测量信号指针（指示测量值）；黑针为设定信号指针（指示设定值），两个针指示值之差即为偏差。当仪表处于"内设定"时，设定信号由拨动内设定的设定轮 3 给出；当使用"外设定"时，仪表右上方的外设定指示灯 7 亮，提醒操作人员以免误用内设定。输出指示器 4 可以显示控制器输出信号的大小，输出指示表下面有表示阀门安全开度的输出记录指示 9，X 表示关闭，S 表示打开。11 为输入检测插孔，当控制器发生故障时，把控制器从壳体中卸下，将便携式操作器的输出插头插入控制器下部的输出 12 内，可以代替控制器进行手动操作。

控制器面板右侧设有自动-软手动-硬手动切换开关 1，以实现无平衡无扰动切换。在控制系统投运过程中，一般总是先手动遥控，待工况正常后再切向自动。当系统运行中出现异常时，需从自动切向手动，所以控制器一般都兼有手动和自动两方面功能的切换。但在切换瞬间，应当保持控制器输出不变，这样才能使执行器的位置在切换过程中不至于突变，对生产过程不引起附加的扰动，称为无扰动切换。

DTL-3110型控制器的手动工作状态有硬手动和软手动两种情况。在软手动时按下软手动操作板键6，控制器的输出就随时间按一定的速度增加或减小，若手离开操作板键，则当时的信号值就被保持，这种"保持"状态用来处理紧急事故。当切换开关处于硬手动状态时，控制器输出的大小完全决定于硬手动操作杆5在输出指示器上的位置。通常都是用软手动操作板键进行手动操作，只有当需要给出恒定不变的操作信号或在紧急时要一下就控制到安全开度等情况下，才用硬手动操作。

该调节器在进行手动-自动切换时，自动与软手动之间的切换是双向无平衡无扰动的，由硬手动切换为软手动或由硬手动直接切换为自动也是无平衡无扰动的。但是由自动或软手动切换为硬手动时，必须预先平衡方可达到无扰动切换，也就是说在切换到硬手动之前，必须先调整硬手动操作杆，使操作杆与输出对齐，然后才能切换到硬手动。

在控制器中还设有正、反作用切换开关，位于控制器的右侧面，把控制器从壳体中拉出即可看到。正作用即当控制器输入的偏差信号增大（或减小）时，控制器输出信号随之增大（或减小）；反作用则当控制器输入的偏差信号增大（或减小）时，控制器输出信号随之减小（或增大）。控制器正、反作用的选择是根据工艺要求而定。

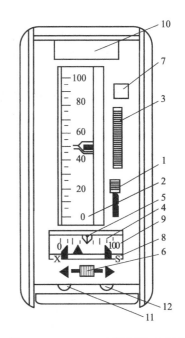

图7-9 DTL-3110型控制器正面图
1—自动-软手动-硬手动切换开关；2—双针垂直指示器；3—内设定设定轮；4—输出指示器；5—硬手动操作杆；6—软手动操作板键；7—外设定指示灯；8—阀位指示器；9—输出记录指示；10—位号牌；11—输入检测插孔；12—手动输出插孔

二、可编程数字控制器

可编程数字控制器是一种新型的数字控制仪表。通常一台可编程数字控制器可以控制一个乃至几个回路，但近年从国外引进的产品，如KMM控制器、SLPC控制器、PMK控制器等均是控制一个回路的控制器，因此习惯上称它们为单回路控制器。

可编程数字控制器的控制规律可以根据需要由用户自己编程，而且可以擦去改写，故称为可编程数字控制器。

1. 可编程数字控制器的特点

① 功能丰富。首先它具有丰富的运算和控制功能，数字控制器有许多运算模块和控制模块，用户可根据系统需要将这些模块进行组态，实现各种运算和复杂控制；其次具有良好的通信功能，控制器具有标准通信接口，可以与局部显示、操作站连接，实现小规模系统的集中监视和操作，还可通过数据总线与上位计算机连接，形成中、大规模的集散控制系统。

② 通用性强。可编程数字控制器采用盘装方式和标准尺寸（国际IEC标准），输入输出信号采用统一标准信号1~5V DC和4~20mA DC，与模拟式仪表可以兼容。可编程数字控制器的显示和操作方式也沿袭模拟式仪表的人-机联系方式，易于被人们所接受，便于推广

使用。

③ 可靠性好。硬件方面一台数字控制器可替代数台模拟式仪表，所用元件高度集成化，故障率低；软件方面数字控制器具有一定自诊断功能、联机保护功能，因此控制器安全可靠，维护方便。

2. 可编程数字控制器的组成及工作原理

图 7-10 是可编程数字控制器的方块图。它主要由以下部分组成。

① 中央处理器（CPU）。是可编程数字控制器的核心部件，主要由运算器、控制器和时钟发生器组成，是控制器执行运算和控制功能的主要部件。

② 只读存储器（系统 ROM）。是控制器的系统程序，即控制器功能模块的基本程序，由制造厂编制后固化在系统 ROM 中。它主要包括输入、输出处理程序，自诊断程序，运算式处理程序等。

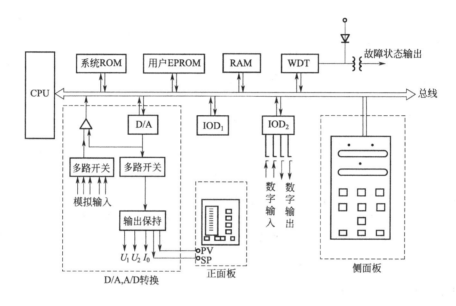

图 7-10 可编程数字控制器组成方块图

③ 可擦可编存储器（用户 EPROM）。将各种模块按一定需要组合起来的程序，是由用户自己编制的，存放于用户 EPROM 中，它是解决某一个控制问题的指令表。当用户的要求改变时，其上的程序可擦去重新编写。

④ 随机存取存储器（RAM）。这个存储器可随机存储控制器与外部有关的参数及信息（如输入信号、通信数据、显示数据、输出信号、运算中间数据等），并随时修改和存储控制器在运行过程中的可变参数（如 PID 参数等）。

⑤ 模/数和数/模转换（A/D 和 D/A）及输入输出接口 IOD。当输入信号为模拟量时，需经过 A/D 转换为数字量。图中的类型是通过软件和 D/A 转换器来实现 A/D 转换的。当多路转换开关将 5 点模拟信号输入中的一点接通时，CPU 便按一定规律输出数字量到 D/A 转换器，转化为模拟量后与输入的模拟量相比较，待比较器的输出改变极性时，即把当时的数字量锁存，作为输入量的转换结果。

D/A 转换则是通过硬件来完成的。在 CPU 的顺序控制下，可将 5 点存放在 RAM 中的数字信号转换为模拟量作为输出。

输入输出接口有 IOD_1 和 IOD_2 两种。IOD_1 是正面板操作开关量的输入输出接口；

IOD$_2$ 是外部数字量输入和控制器数字量输出的接口。

在正面板上有测量值（PV）、设定值（SP）和输出值模拟量的显示，另外还有若干开关量的按钮和指示灯。

⑥ 数据设定器。在侧面板上设有两个 5 位数字显示窗口，用来显示输入、输出和运算结果等，并有许多按钮，可设定控制及运算所必需的参数。

⑦ 监视定时器（WDT）。WDT 用来执行自诊断功能。当出现异常情况时，WDT 会做出临时处理，如保存当前值，切入手动或报警等。

⑧ 总线和通信接口板。总线与一般的微型计算机相似，有地址总线、数据总线和控制总线。通信接口板（图未画）是用来把控制器挂到操作站或上位计算机上，成为分布式控制系统（DCS）的组成部分。

可编程控制器的工作过程是：现场变送器输出的模拟信号进入控制器后，经输入滤波、多路切换开关及 A/D 转换之后，转换为相应的数字量，存储于 RAM 的输入寄存器中；对于数字信号的输入，则只需经输入滤波和整形，便可通过 IOD$_2$ 直接进入 RAM 的输入寄存器；CPU 按照用户 EPROM 的程序（指令表）从系统 ROM 中依次读出有关的输入处理子程序和运算子程序，同时从 RAM 和用户 EPROM 中读出各种数据，实现各种输入处理和运算，如果运算的结果没有溢出，就作为存储单元的输出，并把该单元的数据刷新，若运算的结果溢出，则存储单元仍保存上周期的数据，并进行报警。输出寄存器的数据经 D/A 转换和输出保持电路之后，再经电压-电流转换为 4～20mA 的直流信号输出，送往现场执行机构，从而实现系统的闭环控制。

控制器运行过程中，用户可根据需要随时通过侧面板上的键盘，对 RAM 中的数据进行修改；另外改变用户 EPROM 中的程序，就可以实现各种不同的控制方案。

3. KMM 可编程控制器面板图的设置及各部件的作用

KMM 可编程控制器是 DK 系列中的一个重要品种，是为把集散控制系统的控制回路，彻底分散为单一回路而开发的。它功能强大，可以接受 5 个模拟输入信号（1～5V DC），4 个数字输入信号，输出 3 个 1～5V DC 模拟量信号（其中 1 个可经 IV 转换成 4～20mA DC 输出），输出 3 个数字信号。

KMM 可编程控制器面板见图 7-11 所示，各部件的作用说明如下：

① 上、下限报警灯。用于被控变量的上限、下限报警，越限时灯亮。

② 仪表异常指示灯。灯亮表示控制器发生故障，CPU 停止工作，此时控制器转到"后备手操"运行方式。异常时各指针指示值均无效。

③ 通信指示灯（绿色）。通信状态时灯亮，表示控制器正在与上位系统通信。

④ 联锁状态指示灯（红色）及复位按钮。此灯亮表示控制器进入联锁状态。联锁状态有三种：一控制器处于初始化方式；二有外部联锁信号输入（灯闪亮）；三控制器自诊断功能检查出异常。控制器进入联锁状态，只能手动操作，当按复位按钮 R，灯灭可进入其它操作。

⑤ 串级运行方式按钮和指示灯。按 C 键，键上的橙色指示灯亮，控制器进入串级运行方式。如果指示灯闪烁，则表示已进入"跟踪状态"。在"跟踪状态"时，控制器本身的 PID 运算停止，它追随外部来的信号输出。

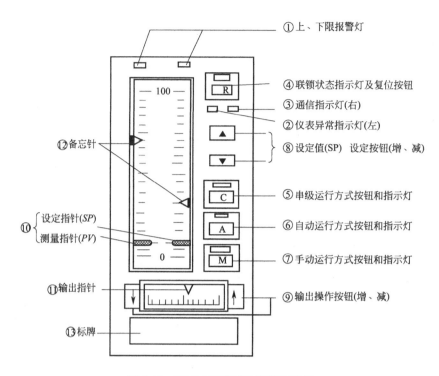

图 7-11 KMM 可编程控制器面板图

⑥ 自动运行方式按钮和指示灯。按 A 键，键上面的绿色指示灯亮，控制器进入自动运行状态。

⑦ 手动运行方式按钮和指示灯。按 M 键，键上面的红色指示灯亮，控制器进入手动运行方式。此时控制器的输出值由面板上的 ↑ 键和 ↓ 键调节，按 ↑ 键输出增加；按 ↓ 键输出减少。增加和减少的数值由面板下部的表头指示出。

⑧ 设定值（SP）调整按钮。用于调整本机的内设定值。当控制器是定值控制时，按 ▲ 键增加设定值；▼ 键减少设定值，大小由设定指针指示，在手动时不能对设定值进行设定。

⑨ 手动输出操作按键。作用及操作方法见⑦。

⑩ 设定指针（SP）和测量指针（PV）。立式大表头为设定值（SP）和测量值（PV）的双针指示，绿针指示设定值，红针指示测量值。

⑪ 输出指针（MV）。在面板下部的卧式小表头上，0～100% 范围内指示出控制器的输出值，对应 4～20mA DC。

⑫ 备忘指针。是两支黑色指针，它们分别给出正常时的测量值和设定值。

⑬ 位号标牌。用于书写仪表的表号、位号或特征号。

另外，在 KMM 机芯的右侧面，还有许多功能开关及操作部件。例如，用于人-机对话的数据设定器（可自由装卸，以便多台控制器使用）；用来设定正面面板上 PV、SP 指示表的具体内容，PID 控制的正、反作用切换，显示切换，允许数据输入，赋初值六个辅助开关；还有当控制器的自诊断功能检测出严重故障时，用来代替控制器工作的备用手操器等。

第三节 执 行 器

一、概述

> 执行器的作用是：接收控制器送来的控制信号，改变被控介质的流量（操纵变量），从而将被控变量维持在所要求的数值上或一定范围内。实质上控制器的作用是通过执行器来完成的，所以执行器也称为自动控制系统的"手脚"。

执行器按使用能源的不同，分为电动、气动和液动执行器三种。

电动执行器分角行程执行器（DKJ）和直行程执行器（DKZ）两种，它们都是以 220V 的交流电为能源，以单相电动机为动力，接收控制器送来的 0~10mA DC（或 4~20mA DC 电流），分别转换成与输入相对应的角位移或直线位移，然后去操纵控制机构，完成控制任务。电动执行器的优点是反应迅速，便于集中控制；但因其结构复杂，防火防爆性能不好，所以使用受到一定的限制。

液动执行器主要是利用液压推动执行机构，它推力大，适用负荷较大的场合，但由于其辅助设备大并笨重，生产中很少使用。

> 气动执行器的特点是：以压缩空气为能源，不仅具有控制性能好、结构简单、动作可靠、维修方便、防火防爆等优点，而且通过电/气转换器或电/气阀门定位器，还可方便与电动控制器或计算机控制联用，因此工厂大多数都使用气动执行器。

二、气动执行器的结构与分类

气动执行器是由气动执行机构和控制机构两部分组成。

1. 气动执行机构

气动执行机构主要有薄膜式和活塞式两种，常用的是薄膜式的。薄膜式的执行机构主要由上、下膜盖、膜片、平衡弹簧和推杆等部件组成。图 7-12 和图 7-13 分别是气动薄膜控制阀的外形和结构示意图。见图的上半部分，当来自控制器或经电/气转换器输出的 0.02~0.1MPa 的气信号，进入上、下膜盖与中间膜片组成的薄膜气室时，在弹簧膜片上产生一个向下（或向上）的推力，带动推杆向下（或向上）位移，当平衡弹簧产生的反作用力与推力平衡时，推杆的位移就是气动薄膜控制阀的行程。

> 气动执行机构的作用：气动执行机构是气动执行器的推动装置，它接收控制器或经电/气转换器输出的 0.02~0.1MPa 的气信号，按一定规律转换成推力，推动控制阀动作。

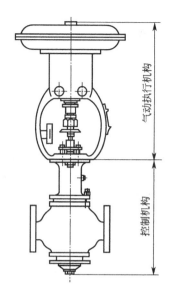

图 7-12 气动薄膜控制阀的外形示意图

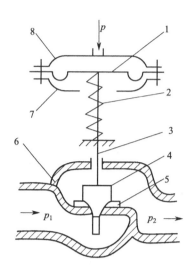

图 7-13 气动薄膜控制阀的结构原理
1—膜片；2—平衡弹簧；3—推杆；4—阀芯；5—阀座；
6—阀体；7—下膜盖；8—上膜盖

2. 控制机构

控制机构即控制阀，主要是由阀体、阀芯和阀座等组成，见图 7-12 和图 7-13 的下半部分所示。

> 控制机构的作用：接收气动执行机构的推动信号，改变阀芯与阀座之间流体流通面积的大小，从而达到控制流体流量的目的。

控制阀的结构形式很多，见图 7-14 所示。依阀体与阀芯的形式不同，主要分以下几种。

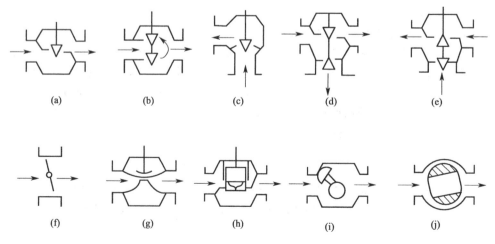

图 7-14 控制阀阀体的类型

① 直通单座控制阀。阀体内只有一个阀芯和阀座，如图 7-14(a) 所示。其特点是结构简单、价格便宜、泄漏量（控制阀全关时的流量）小，但因阀座前后压力差的作用，使阀芯所受的不平衡力大。这种阀适用于压差小，对泄漏量要求较高的场合。

② 直通双座控制阀。阀体内有两个阀芯和阀座，如图 7-14(b) 所示。由于流体作用在上、下阀芯上的推力方向相反，可以相互抵消一些，因此不平衡力小。但上、下两个阀芯不易保证同时关闭，因此泄漏量大。这种阀适用于压差大，对泄漏量要求不高的场合。

③ 角形控制阀。角形阀流体进出口成直角，流向一般是底进侧出，如图 7-14(c) 所示，但在高压差场合，为减少流体对阀芯的损伤，也可侧进底出。这种阀的流路简单，阻力小，适用于现场管道要求直角连接，介质为高黏度、高压差及含有悬浮物和固体颗粒状的场合。

④ 三通阀。它有三个出入口与管道相连。分为分流（一种介质分成二路）和合流（两种介质混合成一路）两种，如图 7-14(d)、(e) 所示。适用于配比控制和旁路控制。

⑤ 蝶形阀。又名翻板阀，如图 7-14(f) 所示。它是通过杠杆带动挡板轴使挡板偏转，改变流通面积，达到改变流量的目的。它结构简单、重量轻、价格便宜、流阻小，但泄漏量大。适用于大口径、大流量、低压差的场合，也可用于少量纤维或悬浮颗粒状介质的流量控制。

⑥ 隔膜阀。它采用耐腐蚀衬里的阀体和隔膜，如图 7-14(g) 所示。该阀结构简单，几乎无泄漏量，适用于强酸、强碱、强腐蚀性介质的流量控制，也可用于高黏度及悬浮颗粒状介质的流量控制。

⑦ 笼式阀。又称套筒阀，外形与直通阀相似，如图 7-14(h) 所示。在阀体内有一个圆柱形套筒（或笼子），其内有阀芯。套筒壁上开有一个或多个不同形状的孔，利用套筒作导向，阀芯在套筒内上下移动，由于这种移动改变了笼子节流孔面积，就形成各种特性并实现流量控制。笼式阀可调比大、振动小、不平衡力小、套筒互换性好。更换不同的套筒即可得到不同的流量特性，是一种性能优良的阀。可适用于直通阀、双座阀所应用的全部场合，特别适用于降低噪声及差压较大的场合，但要求流体洁净，不含固体颗粒。

⑧ 凸轮挠曲阀。又称偏心旋转阀，结构如图 7-14(i) 所示。其阀芯呈扇形珠面状，与挠曲臂及轴套一起铸成，固定在转轴上。该阀的挠曲臂在压力作用下产生挠曲变形，使阀芯球面与阀座密封圈紧密接触，密封性好，同时，它重量轻、体积小、安装方便。适用于既要求调节，又要求密封的场合。

⑨ 球阀。阀芯是带圆孔的球形体，如图 7-14(j) 所示，还有带 V 形缺口的球形体。一般用于两位式控制场合。

三、控制阀的气开、气关形式

1. 执行机构的正、反作用

正作用是执行器的输入信号从执行机构的上膜盖引入，当输入信号增加时，阀杆下移；反作用是执行器的输入信号从执行机构的下膜盖引入，当输入信号增加时，阀杆上移。二者可通过更换个别部件相互改装。

2. 阀芯的正、反装（阀芯为双导向的）

阀芯正装是当阀芯下移时，阀门开度减小；阀芯反装是当阀芯下移时，阀门开度增大。

3. 控制阀的开、关形式

气开阀是输入信号增加时，阀门开度增大（或输入信号减小时，阀门开度减小）；气关阀是输入信号增加时，阀门开度减小（或输入信号减小时，阀门开度增大）。图 7-15 是执行机构正、反作用与阀芯正、反装的四种组合方式。其中图 7-15(a)、(d) 是气关阀；图 7-15(b)、(c) 是气开阀。

如何改变控制阀的开、关形式？
改变执行机构的正、反作用及阀芯正、反装的组合方式可改变控制阀的开、关形式。

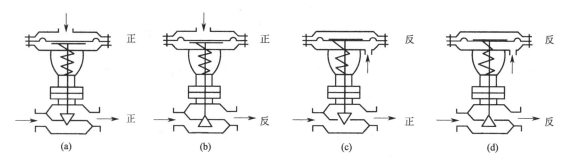

图 7-15　执行机构正、反作用与阀芯正、反装的四种组合

4. 控制阀开、关形式的选择

控制阀开、关形式的选择：
① 首先从工艺生产安全要求出发，考虑原则是：当工艺生产出事故，供气中断时，为保证设备和操作人员的安全，若阀打开时危害小，则选气关阀；反之则选气开阀。例如加热炉的燃料气或燃料油控制，当工艺生产出事故，供气中断时，为防加热炉烧坏阀应关闭，一般选气开阀；若管道或设备是易结晶物料，当工艺生产出事故，供气中断时，为防物料在管道或设备结晶而造成堵塞，则应选气关阀。
② 当控制阀的开、关对设备和操作人员没何危害时，则从节约原材料角度选阀的开、关形式，这种情况下选出的控制阀为气开阀。

四、控制阀的流量特性

控制阀的流量特性是被控介质流过阀门的相对流量与阀门的相对开度（位移）之间的关系，即

$$\frac{Q}{Q_{\max}}=f\left(\frac{l}{L}\right)$$

式中，$Q/Q_{\max}$ 是相对流量，即控制阀某一开度时流量与全开时流量之比；l/L 是相对开度，即控制阀某一开度时行程与全开时行程之比。

控制阀的流量特性主要有快开、直线、抛物线和等百分比型等，其阀芯形状和流量特性曲线如图 7-16 和图 7-17 所示。在图中当 $l=0$ 时，控制阀所能控制的流量叫最小流量，它并不等于泄漏量，一般它是 $Q_{\max}$ 的 2%～4%。把控制阀所能控制的最大流量 $Q_{\max}$ 与最小流量

Q_{min} 之比叫可调比，用 R 表示，国产控制阀理想的可调比为 30。

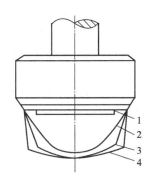 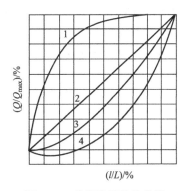

图 7-16　不同流量特性阀芯形状　　　　　图 7-17　理想流量特性曲线
1—快开；2—直线；3—抛物线；4—等百分比型　　1—快开；2—直线；3—抛物线；4—等百分比型

1. 快开型

这种流量特性的阀芯端面很平，在小开度时，流量也很大，随着行程的增大，流量很快达到最大，所以称为快开。多用于双位控制，程序控制。

2. 直线型

直线流量特性是指相对流量与相对开度成直线关系，即阀芯单位行程变化时，引起的流量变化为常数。直线型控制阀阀芯较瘦，不易磨损，负荷稳定时阀芯寿命长。

当阀位分别在 10%、50%、80% 的位置时，如果行程再变化 10%，所引起的流量变化均为 10%，但所引起的相对流量变化值却分别为 100%、25%、12.5%。可见在流量小（小开度）时流量的相对变化值大；在流量大（大开度）时流量的相对变化值小。也就是小开度时控制作用强；而大开度时控制作用弱，不利于负荷变化大的对象控制。

3. 等百分比（对数）型

等百分比流量特性是指单位行程变化所引起的相对流量变化与该点的相对流量成正比，即控制阀的放大倍数随相对流量的增大（开度增大）而增大。特点是在小开度时流量小，控制平稳缓和；在大开度时流量大，控制灵敏有效，有利于控制系统工作。

4. 抛物线型

抛物线型介于直线和等百分比之间，它的相对流量与相对开度之间呈抛物线关系。

五、控制阀的选择与安装

1. 控制阀的选择

控制阀的选择应考虑以下几个方面：

① 结构形式的选择。首先考虑工艺条件，如介质的温度、压力、流量等；其次是考虑介质的性质，如黏度、腐蚀性、毒性、状态、洁净程度以及系统要求（可调比、噪声、泄漏量）等。例如当阀前后压差小、要求泄漏量小时，可用直通单座阀；当阀前后压差大、且允许有较大泄漏量时，可用直通双座阀；强腐蚀性介质要用隔膜阀；要求低噪声时用笼式阀等。一般情况下优先选直通单座阀、直通双座阀。

② 流量特性的选择。控制阀制造厂提供的流量特性都是理想特性，常用的有快开、直线、抛物线和等百分比型。其中抛物线型介于直线和等百分比之间，加工原因用等百分比代替；快开用于双位控制、程序控制；直线和等百分比型要根据被控对象特性来定，

正确选择控制阀流量特性的目的是使广义对象（包括控制阀、被控对象及测量变送器）特性（指的是静特性）为线性。因测量变送器的特性为线性，所以当被控对象特性为线性时，控制阀的流量特性也应为线性的；被控对象特性为快开时，控制阀的流量特性应为等百分比的；被控对象特性为等百分比时，控制阀的流量特性应为快开，但一般都选等百分比型的。

③ 气开、气关形式的选择。见前面控制阀开、关形式的选择。

④ 控制阀口径的选择。根据计算确定。

2. 控制阀的安装

① 应垂直安装在水平管道上，特殊情况也可水平或倾斜安装，除小口径阀外，都必须在阀前后加支撑。

② 应安装在靠近地面或楼板的地方，上、下留有足够空间，以便操作和维护及检修。

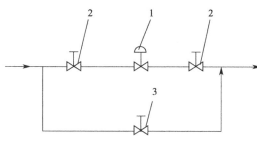

图 7-18　控制阀在管道中的安装
1—控制阀；2—切断阀；3—旁路阀

③ 应安装在环境温度为 -30～60℃ 的地方，并远离振动及腐蚀性的地方。

④ 控制阀的公称通径与管道公称通径不同时，两者之间应加一段异径管。

⑤ 在安装时要保证流体流向与阀上箭头方向一致。

⑥ 安装时应设置旁路阀（选球阀），以便在控制阀出现故障时，可通过旁路阀继续维持生产；在控制阀的上、下游还要加装切断阀（用闸阀），以便在修理时拆下控制阀，如图 7-18 所示。

六、电/气转换器及电/气阀门定位器

电/气转换器及电/气阀门定位器都是气动执行器的辅助装置。由于气动执行器具有一系列的优点，因此配合控制器来完成控制任务的大多数执行器都使用气动执行器，为使气动执行器能接收电动控制器的输出信号，就必须用电/气转换器及电/气阀门定位器实现电与气信号之间的转换。

电/气转换器及电/气阀门定位器的作用：
① 电/气转换器的作用是将 4～20mA DC 电流转换成 0.02～0.1MPa 的气信号输出。
② 电/气阀门定位器除了能起到电/气转换器的作用（将 4～20mA DC 电流转换成 0.02～0.1MPa 的气信号）外，还具有机械反馈环节，使阀门位置按照控制器送来的信号准确对位。

知识检验

1. 什么是控制器的控制规律？常用的控制器的控制规律有哪几种？
2. 什么是比例控制规律？比例控制规律的表达式如何？有什么特点？

3. 一台 DDZ-Ⅲ型温度比例控制器，测量的全量程为 0～1000℃，当指示值变化 100℃ 时，控制器的比例度为 80%，求相应的控制器输出变化量是多少？

4. 已知一个比例控制器测量范围为 100～200℃，输出范围为 20～100kPa。当仪表指示值从 140℃升至 160℃时，相应的输出从 30kPa 变至 70kPa，求此时的比例度为多少？当指示值变化多少时？控制器输出作全范围变化？

5. 什么是积分控制规律？积分控制规律的表达式如何？有什么特点？

6. 比例积分控制规律表达式如何？有什么特点？

7. 如何测积分时间？

8. 某台 DDZ-Ⅲ型比例积分控制器，比例度为 100%，积分时间为 2min，稳态时输出为 5mA，当输入阶跃增加 0.2mA 时，问 5min 后控制器输出为多少？

9. 试述比例度 δ、积分时间 T_I、微分时间 T_D 对控制作用的影响？

10. PID 三作用控制规律，如何实现 P、PI、PD 控制规律？

11. DDZ-Ⅲ型控制器由哪几部分组成？有什么作用？

12. 什么叫控制器的无扰动切换？

13. DDZ-Ⅲ型控制器的软手动和硬手动有什么区别？各用在什么条件？

14. 什么叫可编程数字控制器？可编程数字控制器有什么特点？

15. 简述可编程数字控制器的组成及工作过程？

16. KMM 可编程控制器面板图的设置与 DDZ-Ⅲ型控制器有何不同？

17. 气动执行器由哪两部分组成？各起什么作用？

18. 控制阀的结构有哪些类型？各适用什么场合？

19. 控制阀的流量特性有哪几种？画出它们的阀芯形状及流量特性曲线？

20. 什么叫控制阀的气开式、气关式？如何选择？

21. 控制阀的安装应注意哪些问题？

22. 电/气转换器及电/气阀门定位器各有何作用？

第八章 过程控制系统

过程控制系统分为生产过程的自动检测系统、自动控制系统、自动报警与联锁保护系统和自动操纵系统四大类,本章着重讨论自动控制系统。

第一节 过程控制系统的概述

一、人工控制与自动控制

1. 人工控制

图 8-1 是储槽液位的人工控制图。人用眼睛观察玻璃液位计中液位的高低,并通过神经系统告诉大脑;大脑根据眼睛看到的液位高度,与液位要保持的值相比较,然后发出控制信号;人手根据大脑发出的命令,改变阀门出水流量 $Q_{出}$ 的大小,从而实现液位的人工控制。

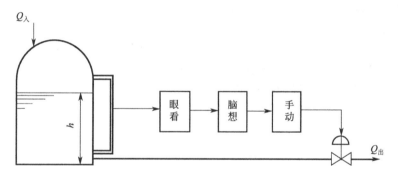

图 8-1 储槽液位的人工控制

> 人工控制:由人工完成,人的眼、脑、手三个器官,分别担负了检测、运算和执行任务,来完成测量、求偏差、再控制以及纠正偏差的全过程。

2. 自动控制

由于人工控制受到生理上的限制,满足不了大型现代化生产的需要,为了提高控制精度和减轻劳动强度,出现了自动控制,如图 8-2 所示。

> 自动控制:由自动化装置(测量元件与变送器、控制器、执行器)来代替人的眼、脑、手三个器官,实现检测、运算和执行功能,自动地完成控制过程。

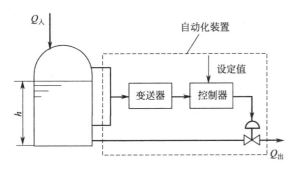 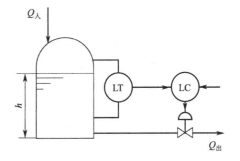

图 8-2 储槽液位的自动控制

过程控制系统的有关术语:
① 被控对象。工艺生产中要控制的机器或生产过程。
② 被控变量。被控对象中,通过控制能保持在希望值上的工艺变量。一般为过程仪表测量的工艺变量,如压力、流量、物位、温度、物质成分等。
③ 设定值。被控变量的希望值(理想值),由工艺要求来定。
④ 偏差。在过程控制系统即方块图中规定,偏差是被控变量的设定值与其测量值之差;在仪表制造厂(或控制器输入信号)中规定,偏差是测量值与设定值之差。
⑤ 操纵变量。用来控制被控变量使其保持在设定值上的被控对象的物料量或能量。即控制阀输出的被控介质的流量。
⑥ 扰动。除操纵变量外,作用于被控对象及引起被控变量偏离设定值的各种因素。

过程控制系统的分类(按设定值是否变化):
① 定值控制系统。设定值是不变的,工艺生产中要求被控变量保持在设定值上。在没特别说明的情况下,过程控制系统大多指的是定值控制系统。
② 随动控制系统。又称跟踪控制系统。设定值的变化是无规律的,是未知时间的函数,控制系统的任务是使被控变量准确且快速地跟随设定值的变化而变化。如对空导弹系统、电视台的无限接收系统,都是随动控制系统。
③ 程序控制系统。设定值的变化是有规律的,是已知时间的函数,这类控制系统多用在间歇反应过程,如啤酒发酵罐温度控制就是程序控制。

二、自动控制系统的组成及方块图

自动控制系统的组成:一个自动控制系统是由被控对象和自动化装置(测量元件与变送器、控制器、执行器)两部分组成的。或者说是由测量元件与变送器、控制器、执行器及被控对象四个环节组成的。

自动控制系统的方块图如图 8-3 所示。方块图中每个方块代表一个环节，比较机构是控制器的一个组成部分，不是一个单独作用的环节。方块之间用一条带有箭头的直线表示它们相互间的关系，箭头的方向表示信号的传递方向，并不代表物料或能量的流向。图中系统的输出信号返回到输入端对控制作用有直接影响，是闭环（反馈）控制系统；若输出信号不返回到输入端对控制作用没有直接影响，就是开环控制系统。如果反馈信号使原来输入信号减弱（偏差趋于零），称负反馈；反馈信号使原来输入信号加强，称正反馈。值得说明的是过程控制系统应具有被控变量负反馈的闭环控制系统，才能使被控变量保持在设定值上。

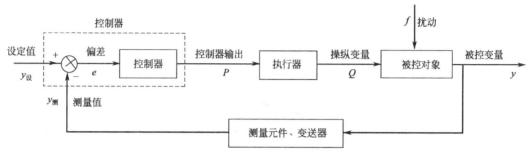

图 8-3　过程控制系统方块图

三、过程控制系统的过渡过程

1. 自动控制系统的静态

自动控制系统的输入信号是设定值和扰动，输出信号是被控变量。在输入信号不变时，被控变量是不变的，系统也就处于一种相对的平衡状态，把被控变量不随时间变化的平衡状态称为自动控制系统的静态。注意系统在静态时，并不是静止不动，只是各环节的输入、输出信号不变化，但物料或能量仍然有进有出。

2. 自动控制系统的动态

当自动控制系统的输入信号（一般指扰动）变化时，被控变量就变化，系统的平衡状态也就被破坏，这时要通过控制使系统建立新的平衡状态，从输入变化到系统又恢复平衡状态，被控变量是随着时间变化的，把被控变量随着时间变化的不平衡状态称为自动控制系统的动态。

3. 自动控制系统的过渡过程

自动控制系统的控制目的就是使被控变量保持在设定值上，也就是要克服扰动的影响，把平衡状态被破坏的系统经过控制再建立新的平衡状态。

自动控制系统的过渡过程：自动控制系统由一个平衡状态过渡到另一个平衡状态的过程，称为自动控制系统的过渡过程。注意理想的过渡过程为衰减振荡过渡过程。

在阶跃作用下，控制系统有如图 8-4 所示的几种过渡过程形式。

图 8-4(c)、(d) 都是衰减的，为稳定的过渡过程。被控变量经过一段时间后，逐渐趋向原来的或新的平衡状态，这是所希望的。对于图 8-4(d) 非周期衰减过程，由于过渡过程变化较慢，被控变量在控制过程中长时间地偏离设定值，不能很快恢复平衡状态，所以一般不采用。而图 8-4(c) 衰减振荡过渡过程，被控变量在设定值上下附近波动，且幅值逐渐减小，最后能稳定在某一数值上，所以图 8-4(c) 为理想的过渡过程形式。

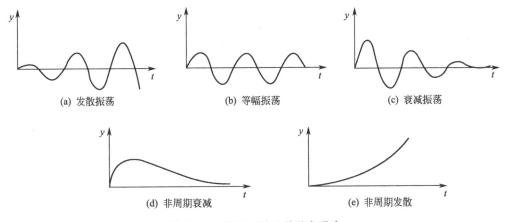

图 8-4　过渡过程的几种基本形式

四、控制系统过渡过程的品质指标

下面以图 8-5 所示的衰减振荡过渡过程为例来分析控制系统的品质指标。

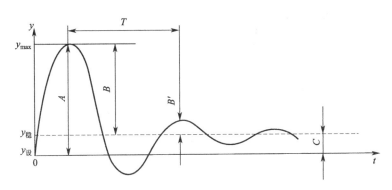

图 8-5　过渡过程的品质指标示意图

① 最大偏差 A。最大偏差 A 是指被控变量偏离设定值的最大数值，且 $A=y_{max}-y_{设}$。它是衡量控制系统稳定性的一个动态指标，表示被控变量偏离设定值的最大程度，它越小越好。

② 超调量 B。超调量 B 也是表示被控变量偏离设定值程度的一个指标，但 $B=y_{max}-y_{稳}$。由图 8-5 可知，如果系统新的稳态值等于设定值，那么最大偏差 A 就等于超调量 B，当然超调量也越小越好。

③ 衰减比 n。衰减比 n 是过渡过程曲线同方向前后两个相邻的峰值之比，且 $n=B:B'$。它也是衡量系统稳定性的一个动态指标。衰减比 n 越小，过渡过程曲线衰减程度越小（$n=1$ 时，为等幅振荡；$n<1$ 时，为发散振荡），系统不稳定；衰减比 n 越大，过渡过程曲线衰减程度越大（$n \to \infty$ 时，过渡过程将变成单调衰减），过渡过程时间会变长，所以衰减比 n 太大太小都不好，一般认为衰减比在（4∶1）～（10∶1）之间为宜。

④ 余差 C。余差 C 是被控变量新的稳态值与设定值之差，且 $C=y_{稳}-y_{设}$。它是衡量系统稳定性的一个静态指标，是系统处于稳态时的残余偏差，当然也越小越好。当 $C=0$ 时称为无差控制；否则就叫有差控制。

⑤ 振荡周期 T。振荡周期 T 是过渡过程曲线相邻的两个波峰之间的时间。它是衡量系统控制速度的品质指标。

⑥ 过渡时间 t。严格地说过渡过程要绝对达到新的稳态值需无限长的时间，一般规定从

扰动开始作用到被控变量进入新的稳态值的±5%（或±2%）范围内所需的时间就是过渡时间，用 t 表示，它是衡量系统快速性的品质指标。

例 8-1 某换热器的温度控制系统在单位阶跃作用下的过渡过程曲线如图 8-6 所示。试分别求出最大偏差、衰减比、余差、振荡周期和过渡时间。

解 由图 8-6 可求得

1. 最大偏差　　$A = y_{\max} - y_设 = 230 - 200 = 30℃$
2. 衰减比　　第一波峰　$B = y_{\max} - y_稳 = 230 - 205 = 25℃$
　　　　　　　第二波峰　$B' = y'_{\max} - y_稳 = 210 - 205 = 5℃$
　　　　　　　故衰减比为　$n = B : B' = 25 : 5 = 5 : 1$
3. 余差　　　$C = y_稳 - y_设 = 205 - 200 = 5℃$
4. 振荡周期　它是过渡过程曲线相邻的两个波峰之间的时间，所以 $T = 20 - 5 = 15\text{min}$
5. 过渡时间　假如被控变量进入设定值的±2%范围内时，认为过渡过程结束，那么限制范围为 $205 ± 200 × 2\% = (205 ± 4)℃$，即当被控变量进入 201℃～209℃ 范围内时，过渡过程结束，见图 8-6 所示的阴影区域，所以过渡时间为 22min。

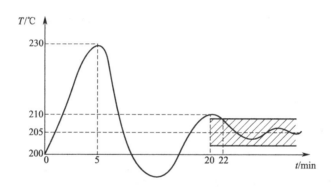

图 8-6　温度控制系统过渡过程曲线

第二节　对　象　特　性

所谓对象特性就是指对象在输入信号作用下，其输出信号即被控变量随时间变化的特性。由本章第一节自动控制系统的方块图（见图 8-7）可知，对象的输入信号有操纵变量和扰动，因此对象特性有两部分，把操纵变量即控制作用至被控变量的信号联系称控制通道；而把扰动作用至被控变量的信号联系称扰动通道。

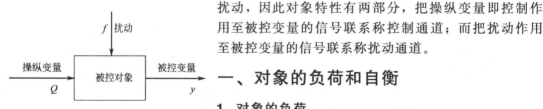

图 8-7　对象输入与输出信号图

一、对象的负荷和自衡

1. 对象的负荷

当生产处于稳定状态时，单位时间内流入或流出对象的物料或能量称为对象的负荷，也叫生产能力。对象的负荷大小、快慢和次数的变化是系统的扰动作用，对象的负荷稳定有利于控制。

2. 对象的自衡

对象的负荷改变后，无需外加控制作用，被控变量能够自行趋于一个新的稳定值，这种性质称为对象的自衡性。

二、描述对象特性的三个参数

一个有自衡性的对象，在输入作用下其输出最终变化了多少，变化的速度如何，以及它是如何变化的，可以用放大系数 K、时间常数 T、滞后时间 τ 加以描述。

1. 放大系数 K

放大系数是指对象的输出信号（被控变量 y）的变化量与引起该变化的输入信号（操纵变量 Q 或扰动 f）变化量的比值。放大系数描述的是对象静态特性。其中控制通道的放大系数 $K_0 = \Delta y / \Delta Q$；扰动通道的放大系数 $K_f = \Delta y / \Delta f$。

放大系数对控制过程的影响：

① 控制通道的放大系数 K_0 越大，控制作用对被控变量变化量影响越大，控制作用越强，有利于克服扰动的影响，所以希望 K_0 要大点，但 K_0 不能太大，否则控制系统稳定性差。

② 扰动通道的放大系数 K_f 越大，扰动对被控变量变化量影响越大，被控变量偏离设定值程度越大，不利于系统的自动控制，所以希望 K_f 越小越好。

2. 时间常数 T

时间常数是指在阶跃输入作用下，对象的输出保持初始速度变化，达到稳态值所需的时间。即在阶跃响应曲线的起点（切点）作切线，使切线与稳态值相交，切点与交点之间的时间间隔即为时间常数 T，如图 8-8 所示。时间常数描述的是对象动态特性，其大小与对象的容量有关。

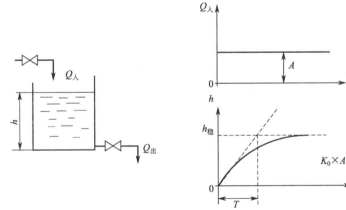

图 8-8 对象时间常数示意图

时间常数对控制过程的影响：

① 控制通道的时间常数 T_0 大，操纵变量对被控变量的校正作用缓慢，控制作用不及时，过渡时间长，所以希望 T_0 要尽量小点，但 T_0 不能太小，否则系统不稳定。

② 扰动通道的时间常数 T_f 大，相当扰动作用被延缓，对扰动起到抑制作用，所以希望 T_f 越大越好。

3. 滞后时间 τ

有的对象在输入变化后，输出不是立刻随之变化，而是需要隔一段时间后才发生变化，这种对象的输出变化落后于输入变化的现象称为滞后现象。滞后时间也是反映对象的动态特性。

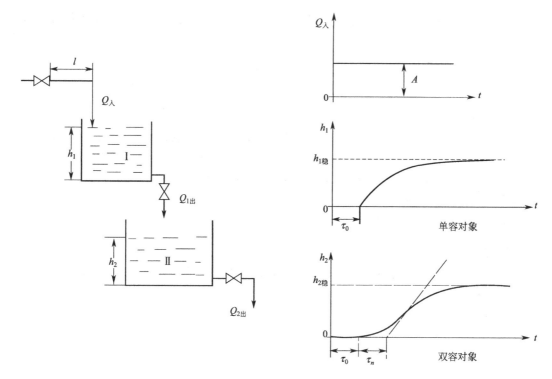

图 8-9　对象滞后时间示意图

滞后时间 τ 分为纯滞后 τ_0 和容量滞后 τ_n，纯滞后是由于对象传输物料或能量需要时间引起的；容量滞后是由于对象容量个数引起的。图 8-9 是双容量对象，若进料阀离容器 I 入口有一段距离 l，物料在管道中的流速为 v，则当进料阀开度变化时，需经 $\tau_0 = l/v$ 时间后，容器 I 的被控变量 h_1 才变化，曲线上标出的 τ_0 就是纯滞后时间；而容器 II 的被控变量 h_2 变化，曲线有拐点，由拐点作切线与时间轴的交点至被控变量开始变化的起点之间的时间就是容量滞后时间，曲线上标出的 τ_n 就是容量滞后时间。

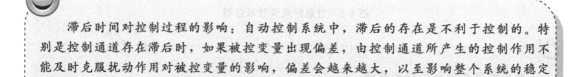

滞后时间对控制过程的影响：自动控制系统中，滞后的存在是不利于控制的。特别是控制通道存在滞后时，如果被控变量出现偏差，由控制通道所产生的控制作用不能及时克服扰动作用对被控变量的影响，偏差会越来越大，以至影响整个系统的稳定性和控制指标。所以，在设计和安装控制系统时，应当尽量减小滞后时间。

第三节　简单控制系统的设计

自动控制系统是由被控对象和自动化装置（测量变送器、控制器、执行器）两部分组成的。一个简单的控制系统是由一个测量变送器、一个控制器、一个执行器和一个被控对象所组成的闭环控制系统。简单控制系统的设计要讨论的是在了解对象特性情况下，合理地选择被控变量、操纵变量、测量变送器、执行器及控制器的控制规律和正反作用。

一、被控变量的选择

被控变量是通过控制能保持在设定值上的工艺变量，它能最好地反映工艺生产状态。它的选择是控制方案设计的重要一环，对于保证生产稳定、高产、优质、低耗和安全运行起着决定性的作用。

被控变量的选择主要应注意以下几方面：
① 被控变量一定是能反映工艺操作指标或状态的重要变量。
② 如果温度、压力、流量、液位等这些变量是工艺要求控制的指标（称直接指标），应尽量选用直接指标作为被控变量。
③ 如果直接指标无法获得或很难获得，则应选用与直接指标有单值对应关系的间接指标作为被控变量。
④ 被控变量应该是为了保持生产稳定，需要经常控制的变量。
⑤ 被控变量应该是独立可控的、易于测量且具有足够大的灵敏度。
⑥ 选择被控变量，必须考虑工艺合理性和国内仪表产品现状。

二、操纵变量的选择

被控变量之所以要控制，是因为有使被控变量偏离设定值的扰动存在。选择操纵变量就是从很多影响被控变量的对象输入量中，选择一个对被控变量影响显著且可控的输入量为操纵变量，其他未被选中的所有输入量视为扰动。

操纵变量的选择原则是：
① 操纵变量应是可控的，即工艺上允许控制的工艺变量。
② 合理地选择操纵变量：使控制通道的放大系数尽量大，时间常数适当小，滞后时间尽量小；使扰动通道的放大系数尽可能小，时间常数尽可能大。
③ 选择操纵变量还要考虑工艺合理性与生产经济性，尽可能降低物料和能量消耗。

三、测量变送器特性的考虑

如果被控变量变化了，测量变送器不能及时检测到或反应不灵敏，以及测量变送器不能把测得的被控变量值及时送给显示仪表及控制器，都会造成滞后，使总的控制质量下降。测量变送器特性和对象特性一样，也可用放大系数 K_m、时间常数 T_m 和滞后时间 τ_m 加以描述，三者对控制质量的影响与对象特性相仿。

测量变送器特性的考虑有以下几方面：

① 合理选择测量元件的安装位置，最好选在被控变量变化比较灵敏的位置，这不仅能减小测量滞后，还能缩短纯滞后。如热交换器的温度检测点要选在紧靠出口的地方，精馏塔的温度检测点要选在灵敏板上等。

② 选择时间常数小的快速测量元件，克服测量滞后的影响，减小动态误差。一般测量元件时间常数为控制通道时间常数的 1/10 为宜。

③ 正确使用微分作用，来克服测量滞后或对象滞后（指容量滞后）。但对于纯滞后微分作用是无能为力的，要求较高的控制系统只有采用复杂的控制系统来改善整个系统特性。

④ 缩短气信号传输距离，或在气信号传输管线上加气动继动器来增大输出功率，以及使用电信号传输等，来减小信号传输引起的滞后。

四、执行器的选择

在过程控制中，使用最多的是气动执行器中的气动薄膜控制阀。气动薄膜控制阀主要是结构形式、流量特性及气开与气关形式的选择，见第七章第三节执行器的选择。

五、控制器的选择

1. 控制器控制规律的选择

简单的控制系统是由测量变送器、控制器、执行器和被控对象组成的，由于常把被控对象、测量变送器、执行器称为广义对象，所以控制系统又可看成由控制器和广义对象组成的。

工业上常用的控制规律有比例（P）、比例积分（PI）及比例积分微分（PID）三种控制规律。模拟式控制器一般都有比例、积分、微分这三种控制规律，在用时只要正确选择比例度 δ、积分时间 T_I 和微分时间 T_D，就可构成所需的控制规律。将微分时间 $T_D \to 0$，构成比例积分控制规律，再将积分时间 $T_I \to \infty$，构成比例控制规律。

选用哪种控制规律要根据广义对象的特性和工艺要求来定。

控制器控制规律的选择：

① 广义对象控制通道时间常数较小，负荷变化不大，工艺上没有提出无差要求的控制系统，可选用比例控制规律，如液位控制、储罐压力控制及精馏塔塔釜液的控制等。

② 广义对象控制通道时间常数较小，负荷变化也不大，但工艺要求不允许有余差的控制系统，应选用比例积分控制规律，如压力、流量及液位要求严格的控制。

③ 广义对象控制通道时间常数较大或容量滞后较大，应引入微分控制规律，构成比例微分或比例积分微分控制规律，如温度、成分、pH 值控制等。

2. 控制器正、反作用的确定

过程控制系统只有具有被控变量负反馈的闭环控制系统，才能使偏高的被控变量，经控制作用使之降低；偏低的被控变量，经控制作用使之升高，最终目的使被控变量回到设定值上。

过程控制系统的测量变送器、控制器、执行器和被控对象都有各自的作用方向。作用方向分"正"方向和"反"方向；"正"方向是当某个环节输入增加时，其输出也增加（或输入减少时，其输出也减少）；"反"方向是当某个环节输入增加时，其输出减少（或输入减少时，其输出增加）。

① 测量变送器的作用方向。测量变送器要如实地反映被控变量的大小。即被控变量增加时，其测量值也增加；被控变量减少时，其测量值也减少，所以其作用方向都为"正"。

② 执行器（控制阀）的作用方向。由前面第七章第三节提到的气开阀与气关阀的概念可知，气开阀的作用方向为"正"；气关阀的作用方向为"反"。因此只要选择了控制阀的开、关形式，控制阀的作用方向也就确定了。

③ 被控对象的作用方向。随具体对象的不同而不同。方法是当操纵变量增加（或减少）时，被控变量也增加（或减少），则作用方向为"正"；反之为"反"。

④ 控制器的作用方向。对于一个已知的控制系统，测量变送器的作用方向都为"正"，控制阀的作用方向由开、关形式决定，被控对象的作用方向随具体的对象来确定，在这三个环节的作用方向确定后，才能来确定控制器的作用方向。

> 控制器正、反作用确定的方法是：根据控制系统要构成负反馈的闭环控制系统，控制系统的四个环节静态放大倍数之积为负值，即 $K_m K_c K_v K_o < 0$，来确定控制器的作用方向。

下面举例加以说明。本章各图中表示仪表被测变量和功能的字母的具体含义见表 8-11。

图 8-10 是加热炉出口温度的控制系统。温度测量变送器的作用方向为"正"，$K_m > 0$；当生产出事故，即供气中断时，为防加热炉烧坏，控制阀应关闭，所以选气开阀，其作用方向为"正"，$K_v > 0$；对于被控对象（加热炉），当操纵变量燃料气流量增加时，被控变量加热炉出口温度增加，作用方向为"正"，$K_o > 0$；要构成负反馈的闭环控制系统，$K_m K_c K_v K_o < 0$，所以 $K_c < 0$，即控制器的作用方向为"反"。这样才能当炉温升高时，控制器输出减小，控制阀关小，燃料气流量减小，炉温降低。

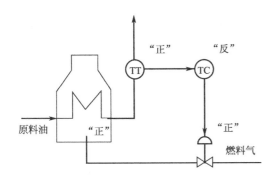

图 8-10 加热炉出口温度控制

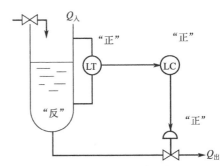

图 8-11 储槽液位控制

图 8-11 是储槽液位控制。同理，液位测量变送器作用方向为"正"，$K_m > 0$；生产出事故，即供气中断时，为防物料外流，控制阀应关闭，所以选气开阀，其作用方向为"正"，

$K_v > 0$；当控制阀开度增加时，储槽液位下降，对象储槽的作用方向为"反"，$K_o < 0$；因 $K_m K_c K_v K_o < 0$，所以 $K_c > 0$，控制器作用方向为"正"。只有这样当液位升高时，才能使控制器输出增加，控制阀的开度增大，液位下降。

控制器的作用方向可通过改变控制器上正、反作用开关的选择来实现。一台正作用的控制器，只要将测量值与设定值的输入线互换一下，就构成了反作用的控制器。

第四节 控制器参数的工程整定

当控制系统的控制方案已经确定，设备也安装完毕后，控制质量就主要取决于控制器参数的整定了。

所谓控制器参数的整定，就是按照已定的控制方案，确定控制器最合适的比例度 δ、积分时间 T_I 和微分时间 T_D，使控制系统出现 4∶1 或 10∶1 衰减振荡过渡过程。

控制器参数的整定方法很多，工程上常用的方法有：经验凑试法、衰减曲线法、临界比例度法及反应曲线法等。

一、经验凑试法

这种方法在实践中常用。具体的做法是：先将控制器参数根据表 8-1 的经验设在某一数据上，然后在闭环控制系统中加入扰动，观察过渡过程曲线形状。若曲线不理想，以比例、积分、微分对系统过渡过程影响为依据，按先比例、后积分、最后微分的顺序，将控制器参数反复凑试，直到获得满意的控制质量。

表 8-1 经验凑试法控制器参数数据表

被控变量	控制系统特点	比例度 δ/%	积分时间 T_I/min	微分时间 T_D/min
压力	对象时间常数不大，不用微分	30～70	0.4～3	—
流量	对象时间常数小，参数有波动，比例度 δ 应较大，积分时间 T_I 要小，不用微分	40～100	0.1～1	—
液位	控制质量要求不高	20～80	—	—
温度	多容对象，滞后较大，应加微分	20～60	3～10	0.5～3

经验凑试法整定步骤是：

① 先凑试比例度。首先将积分时间 T_I 置于 ∞，微分时间 T_D 置于 0，比例度 δ 按经验设置的初始条件下，使系统投入运行，整定比例度 δ。若曲线振荡频繁，应当增大比例度；若曲线超调量大，且趋于非周期过程，则减小 δ，直到系统出现 4∶1 过渡过程曲线为止。

② 引入积分作用。先将上述的比例度增加 10%～20%，而后将 T_I 由大到小进行整定。若曲线波动大，则应增大积分时间；若曲线偏离设定值后长时间回不来，则需减小积分时间，直到得到满意的过渡过程曲线。

③ 若需引入微分作用。将 T_D 按经验值或按 (1/3～1/4) T_I 设置，并由小到大加入。若曲线超调量大而衰减慢，则需增大 T_D；若曲线振荡厉害，则应减小 T_D。观察曲线，再适当控制 δ 和 T_I，反复调试直到得到满意的过渡过程曲线。

二、衰减曲线法

衰减曲线法系统是在闭环中进行，不需测试系统的动态特性，简单方便，应用也很广。衰减曲线法有 4∶1 衰减曲线法和 10∶1 衰减曲线法。

1. 4∶1 衰减曲线法

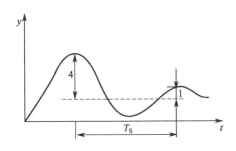

图 8-12　4∶1 衰减曲线图

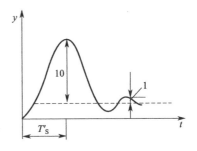

图 8-13　10∶1 衰减曲线图

4∶1 衰减曲线法整定步骤是：

① 先将 T_I 置于 ∞，微分时间 T_D 置于 0，δ 置于较大数值，使系统投入闭环运行。

② 当系统稳定时，在纯比例作用下，用改变设定值的办法加入阶跃干扰，并从大到小逐渐地改变比例度，观察曲线的衰减比，直到曲线出现图 8-12 所示的 4∶1 衰减振荡过渡过程时，记下此时的衰减比例度 δ_s 和衰减周期 T_s。

③ 按表 8-2 所示的 4∶1 衰减曲线法控制器参数计算公式，确定控制器的参数。

④ 按先比例、后积分、最后微分的操作次序，将求得的参数设置在控制器上，并观察曲线，若不理想，可适当调整。

表 8-2　4∶1 衰减曲线法控制器参数计算表

控制器参数 控制规律	比例度 δ/%	积分时间 T_I/min	微分时间 T_D/min
P	δ_s		
PI	$1.2\delta_s$	$0.5T_s$	
PID	$0.8\delta_s$	$0.3T_s$	$0.1T_s$

2. 10∶1 衰减曲线法

表 8-3　10∶1 衰减曲线法控制器参数计算表

控制器参数 控制规律	比例度 δ/%	积分时间 T_I/min	微分时间 T_D/min
P	δ_s'		
PI	$1.2\delta_s'$	$2T_s'$	
PID	$0.8\delta_s'$	$1.2T_s'$	$0.4T_s'$

若认为 4∶1 衰减太慢，可采用 10∶1 衰减曲线法，曲线见图 8-13 所示，方法同上。控制器的参数计算见表 8-3 所示，表中 δ_s' 和 T_s' 分别是 10∶1 的衰减比例度和衰减周期。

三、临界比例度法

临界比例度法与衰减曲线法类似,系统也是在闭环中进行,但系统需出现等幅振荡过渡过程。

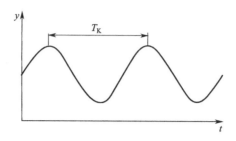

图 8-14　等幅振荡曲线图

临界比例度法整定步骤是:
① 先将 T_I 置于 ∞,微分时间 T_D 置于 0,δ 置于较大数值,使系统投入闭环运行。
② 当系统稳定时,在纯比例作用下,用改变设定值的办法加入阶跃干扰,并从大到小改变比例度,直到曲线出现图 8-14 所示的等幅振荡过渡过程时,记下临界比例度 δ_K 和临界振荡周期 T_K。
③ 按表 8-4 的临界比例度法控制器参数计算公式,确定控制器的参数。

表 8-4　临界比例度法控制器参数计算表

控制规律	比例度 δ/%	积分时间 T_I/min	微分时间 T_D/min
P	$2\delta_K$		
PI	$2.2\delta_K$	$0.85T_K$	
PID	$1.7\delta_K$	$0.5T_K$	$0.125T_K$

第五节　简单控制系统的投运及故障分析

无论装置是新建、改建,还是检修之后,对每个控制系统在开车前,必须做好如下投运工作。

一、控制系统的投运

1. 准备工作

① 熟悉工艺过程。了解工艺机理、各工艺变量之间的关系、主要设备的功能、控制指标和要求等。
② 熟悉控制方案。对所有的检测元件和控制阀的安装位置及管线走向等要做到心中有数,并掌握过程控制工具的操作方法。
③ 对测量元件、变送器、控制器、显示仪表、执行器和其他有关装置,以及气源、电源、管线等进行全面检查,保证处于正常状态。

④ 确定好控制器的正、反作用方向，将测量值与设定值开关选在正确位置；正确确定控制阀的开、关形式；将控制器的比例度 δ、积分时间 T_I 和微分时间 T_D 置于整定值上。

2. 手动投运

① 温度、压力检测系统开表方便，流量、液位检测系统要注意引压阀和三阀组的操作，详见第六章第三节差压式流量计的投运。

② 关闭控制阀的上、下游阀，手调旁路阀，让流体从旁路通过，使生产过程投入运行。

③ 用控制器自身的手操电路进行遥控（或者用手动定值器），使控制阀达到某一开度，待生产过程逐渐稳定后，再慢慢开启上游阀，然后慢慢开启下游阀，最后关闭旁路阀，完成手动投运。

3. 切换到自动状态

在手动控制状态下，一边观察仪表指示的被控变量值，一边改变手操器的输出信号（相当于人工控制器）进行操作。待工况稳定后，即被控变量等于或接近设定值时，就可以进行手动到自动的切换了。

如果控制质量不理想，微调 δ、T_I 和 T_D 参数，使系统质量提高，进入稳定运行状态。

4. 控制系统的停车

停车步骤与开车相反，控制器先切换到手动状态，控制阀进入事故时要求的开或关位置，即可停车。

二、控制系统的故障分析

自动控制系统在线运行时，不能满足质量指标要求，或记录曲线偏离设定值要求，这说明控制系统存在故障，需及时处理。处理的关键是：判断是工艺问题还是仪表本身的问题。

1. 记录曲线的比较

① 记录曲线突变。工艺变量的变化一般是比较缓慢的、有规律的。如曲线突然变化到"最大"或"最小"两个极限位置上，则很可能是仪表的故障。

② 记录曲线突然大幅度变化。各个工艺变量之间往往是互相联系的，一个变量的大幅度变化一般总会引起其它变量的明显变化，如果其它变量无明显变化，则这个指示大幅度变化的仪表可能有故障。

③ 记录曲线不变或呈直线。目前的仪表大多数很灵敏，工艺变量有一点变化都能有所反映。如果较长时间内记录曲线一直不动或原来的曲线突然变成直线，就要考虑仪表有故障。

表 8-5 常见故障的判断及处理

故障	原因	处理方法
过程控制质量变坏	对象特性变化,设备结垢	调整 PID 参数
检测信号不准或仪表失灵	测量元件损坏,管道堵塞,信号断线	分段排查更换元件
控制阀控制不灵敏	阀芯堵或腐蚀	更换
压缩机喘振	控制阀全开或全关	不允许全开或全关
反应釜在工艺设定温度下产品质量不合格	测量温度信号超调量太大	调整 PID 参数
DCS 现场控制站 FCS 工作不正常	FCS 接地不当	接地电阻小于 4Ω
在现场操作站上运行软件时，找不到网卡	工控机上网卡地址不对,中断设置有问题	重新设置
DCS 执行器操作界面显示"红色通信故障"	通信连线有问题或断线	按运行状态设置"正常通信"
DCS 执行器操作界面显示"红色模块故障"	模块配置和插件不正确	重插模块,检查跳线及配置
显示画面各检测点显示参数无规则乱跳	输入、输出模拟信号屏蔽故障	信号线、动力线分开;变送器屏蔽线可靠接地

注：DCS—集中分散型控制；FCS—分布式网络控制。

2. 控制室仪表（二次仪表）与现场一次仪表相比较

对控制室仪表的指示值有怀疑时，可以到现场看一次仪表的指示值，两者的指示值应当相等或相近，如果差别很大，则仪表有故障。

3. 仪表同仪表之间相比较

4. 常见故障的判断及处理（见表 8-5）

思维与技能训练

项目 4　简单控制系统的投运及参数整定

一、能力目标

1. 熟悉简单控制系统的组成。
2. 掌握简单控制系统的投运方法。
3. 掌握简单控制系统参数整定方法。

二、实训设备及器件

各院校可根据本校实训室的实际情况，选择一套简单控制系统进行操作，也可利用仿真进行实验操作。

三、实训内容及步骤

1. 准备工作

① 熟悉工艺过程，了解主要设备的名称、型号、功能及制造厂，并填入表 8-6 中。

表 8-6　仪表观察记录

名　　称	型　　号	制造厂家	功　　能

② 对测量元件、变送器、控制器、显示仪表、控制阀和其他有关装置，以及气源、电源、管线等进行全面检查，保证处于正常状态。

③ 确定好控制器的正、反作用方向，将测量值与设定值开关选在正确位置；正确确定控制阀的开、关形式。

2. 手动投运

① 通气、送电。

② 将测量变送器投入工作。

③ 使控制阀的上、下游阀关闭，手调旁路阀，让流体从旁路通过，使生产过程投入运行。

④ 用控制器自身的手操电路进行遥控（或者用手动定值器），使控制阀达到某一开度，待生产过程逐渐稳定后，再慢慢开启上游阀，然后慢慢开启下游阀，最后关闭旁路阀，完成手动投运。

3. 切换到自动状态

在手动控制状态下，一边观察仪表指示的被控变量值，一边改变手操器或定值器的输出信号进行操作。待工况稳定后，即被控变量等于或接近设定值时，就可以进行手动到自动的切换了。

4. 控制器参数整定

① 控制器处于自动，$T_I \to \infty$、$T_D \to 0$、$\delta \to 80\%$，用改变设定值的方法给系统加入干扰，记录被控变量变化的过渡过程曲线。

② 系统稳定后，由大到小改变 δ（每次 20%），每改变一次，都施加干扰，记录变化曲线，直到曲线出现 4：1 衰减振荡，记下此时的比例度 δ_s、衰减周期 T_s。

③ 按 $\delta = 0.8\delta_s$、$T_I = 0.3T_s$、$T_D = 0.1T_s$，设置控制器参数，观察过渡过程曲线是否满足 4：1 衰减比，否则可适当调整 T_I、T_D，直到满足 4：1 衰减为止。

四、数据处理及分析

1. 根据 δ_s、T_s，按经验公式计算 δ、T_I、T_D 的整定值。
2. 记录控制器出现 4：1 衰减振荡时，实际的 δ、T_I、T_D。
3. 画出实验记录曲线。

第六节 复杂控制系统

根据控制系统的结构及所能实现的任务，控制系统可分为简单控制系统和复杂控制系统两大类。凡是多变量，两个以上变送器、两个以上控制器或两个以上控制阀组成的多回路控制系统；或在结构上虽然是单回路，但系统所实现的任务较特殊的控制系统，都称之为复杂控制系统。

简单控制系统需要的自动化工具少，设备投资少，维修、投运、整定简单，是最基本而且应用最广的一种控制形式，工程上 80% 都用简单控制系统。但是在对象滞后大、被控变量互相关联需适当兼顾或者控制指标很严时，就要用到复杂控制系统。常用的复杂控制系统有串级、均匀、比值、分程、前馈、选择、冲量等控制系统。

一、串级控制系统

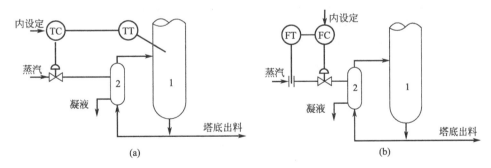

图 8-15 （a）精馏塔塔釜温度简单控制；（b）精馏塔塔釜蒸汽流量简单控制
1—精馏塔塔釜；2—塔底再沸器

1. 串级控制系统的基本概念

以精馏塔为例来说明串级控制系统的构成。精馏塔塔釜温度是保证塔底产品分离纯度的重要依据，一般要求其稳定在某一数值上，为此组成了以塔釜温度为被控变量，以对塔釜温度影响最大的蒸汽流量为操纵变量的简单温度控制系统，如图 8-15(a) 所示。

由于控制器的输出只控制阀门的开度，在蒸汽流量波动很频繁时，阀前后压差作用使进入精馏塔蒸汽流量变化，这就很难保证塔釜温度恒定，因此又有了图 8-15(b) 对蒸汽流量这个主要扰动进行控制的简单流量控制系统。

图 8-15(b) 只能克服蒸汽流量的波动,对影响塔釜温度恒定的其它扰动无能为力,如果把图 8-15(a) 和 (b) 组合成图 8-16 所示的以精馏塔塔釜温度为主变量与蒸汽流量为副变量的串级控制系统,就即能克服主干扰蒸汽流量的波动,又能克服其它所有的扰动,使精馏塔塔釜温度恒定。

串级控制系统的概念:
串级控制系统是由两个串联的控制器通过两个测量变送器构成两个控制回路,第一个控制器的输出为第二个控制器的设定,第二个控制器的输出去控制控制阀工作,控制的目的是稳定主要被控变量。

串级控制系统的名词术语:
① 主被控变量。生产过程中工艺要求控制的主要被控变量,如图 8-16 中的精馏塔塔釜温度。
② 副被控变量。影响主被控变量,为稳定主被控变量而引入的辅助被控变量,如图 8-16 中的蒸汽流量。
③ 主对象。生产过程中所要控制的,由主被控变量表征其主要特征的生产设备(生产过程),其输入量为副被控变量,输出量为主被控变量,如图 8-16 中精馏塔。
④ 副对象。由副被控变量表征其主要特征的生产设备(生产过程),其输入量为操纵变量,输出量为副被控变量,如图 8-16 中塔底再沸器。
⑤ 主控制器。按主被控变量的测量值与设定值(内设定)的偏差进行工作的控制器,其输出作为副控制器的外设定值。
⑥ 副控制器。按副被控变量的测量值与主控制器输出值的偏差进行工作的控制器,其输出直接控制控制阀的工作。
⑦ 主回路。由主测量变送器、主和副控制器、控制阀及主、副对象组成的闭合回路。
⑧ 副回路。由副测量变送器、副控制器、控制阀和副对象组成的闭合回路。

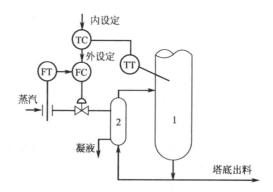

图 8-16 精馏塔塔釜温度与蒸汽流量串级控制

串级控制系统方块图如图 8-17 所示。

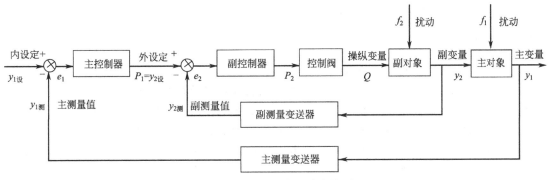

图 8-17 串级控制系统方块图

2. 串级控制系统的特点

串级控制系统的特点：
① 能迅速克服进入副回路的扰动，抗干扰能力强，控制质量高。
② 由于副回路的存在，使控制通道滞后减小，控制过程加快，因而改善了对象的动态特性。
③ 主回路是定值控制系统，副回路是随动控制系统，主控制器能按对象操作条件及负荷情况随时校正副控制器的设定值，使副变量随时跟踪操作条件及负荷的变化，因此串级控制系统对操作条件及负荷的变化具有一定的自适应能力。

3. 串级控制系统的工作过程分析

（1）扰动进入副回路。当扰动进入副回路时，副变量的测量值偏离主控制器输出值，副控制器输出立刻变化，改变控制阀的开度，克服扰动的影响。如果扰动幅度不大，经副回路及时控制，一般不影响主被控变量；如果扰动幅度较大，影响到了主被控变量，有主回路进一步控制，从而使主被控变量调回到设定值上。

（2）扰动进入主回路。当扰动进入主回路时，主变量的测量值偏离设定值，使主控制器输出变化，由于主控制器输出是副控制器的外设定，副控制器会依副变量与外设定偏差的大小发出更强的控制作用，从而使主被控变量很快回到设定值上。

（3）扰动同时进入主、副回路。如果扰动使主、副控制器按同一方向变化，即同时要求阀门开度增加或减小，这使控制作用加强；如果扰动使主、副变量变化方向相反，主、副控制器控制阀门开度方向也相反，控制阀开度只要作较小变动就可满足要求。

4. 串级控制系统的应用

（1）副变量的选择。

副变量的选择原则是：
① 必须包括主要扰动，且尽可能包含较多的扰动。
② 使控制通道的非线性部分包括在副回路内。
③ 副回路时间常数要小、反应要快，一般主、副回路时间常数之比 3～10 为宜。

(2) 主、副控制器控制规律的选择

主、副控制器控制规律的选择原则是：

① 串级控制系统主回路能够克服所有影响主被控变量的扰动，控制过程结束主被控变量不应有余差，即实现无差控制，所以主控制器选 PI 或 PID 控制规律。

② 副回路主要用来克服进入副回路的扰动，副被控变量要服从主被控变量恒定的需要，其值应随主控制器输出在一定范围内变化，即副回路是随动控制系统，故一般副控制器选比例度小的 P 控制规律。

(3) 主、副控制器作用方向的选择

主、副控制器作用方向的选择原则是：

① 副控制器作用方向的选择与简单控制系统相同，即副回路应构成负反馈的闭环控制系统，由回路内四个环节静态放大倍数之积为负值，来确定副控制器的作用方向。

② 主控制器作用方向是在副控制器作用方向确定后来决定，方法是将副回路等效成一个放大倍数为正的环节，这样主回路是由主测量变送器、主控制器、副回路、主对象四个环节组成的，根据主回路也应构成负反馈的闭环控制系统，四个环节静态放大倍数之积为负值，就能确定出主控制器的作用方向。

下面以图 8-16 为例来说明主、副控制器作用方向的选择。

① 副回路。流量测量变送器作用方向为"正"，$K_{2m}>0$；当生产出事故，即供气中断时，为防塔底再沸器温度过高，控制阀应关闭，选气开阀，作用方向为"正"，$K_v>0$；对于副对象（管道），当操纵变量蒸汽流量增加时，副被控变量蒸汽流量增加，作用方向为"正"，$K_{2o}>0$；要构成负反馈的闭环控制系统，$K_{2m}K_{2c}K_vK_{2o}<0$，所以 $K_{2c}<0$，即副控制器的作用方向为"反"。

② 主回路。温度测量变送器作用方向为"正"，$K_{1m}>0$；副回路等效成一个放大倍数为正的环节，$K_2>0$；对于主对象（精馏塔），当副被控变量蒸汽流量增加时，主被控变量精馏塔温度增加，作用方向为"正"，$K_{1o}>0$；要构成负反馈的闭环控制系统，$K_{1m}K_{1c}K_2K_{1o}<0$，所以 $K_{1c}<0$，主控制器的作用方向为"反"。

串级控制系统主、副控制器作用方向的选择是否正确，可这样分析：精馏塔温度升高时，主控制器输入偏差增加，反方向作用的主控制器输出减小，因此副控制器的设定值减小，使副控制器输入偏差增加，反方向作用的副控制器输出减小，控制阀开度减小，蒸汽流量减小，精馏塔温度降低，由此说明主、副控制器作用方向的选择是正确的。

二、均匀控制系统

1. 均匀控制概念

图 8-18 是前后塔物料供求关系示意图。甲塔是液位控制系统，甲塔出料为乙塔进料，甲塔液位要稳定，乙塔进料流量就要波动；乙塔是流量控制系统，乙塔进料量要稳定，甲塔液位就不能稳定，这样甲、乙两塔之间物料供求关系就出现了矛盾。

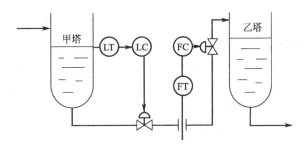

图 8-18　前后塔物料供求关系示意图

均匀控制系统的概念：

为解决前后工序物料供求矛盾，表征前后供求矛盾的两个变量要相互兼顾、相互协调，在一定范围内缓慢地变化，这就是均匀控制系统。均匀控制系统一般指液位与流量控制。

2. 均匀控制方案

（1）简单均匀控制系统。图 8-19 是一个简单均匀控制系统，它与简单液位定值控制系统是不一样的。后者是通过改变流出量使液位恒定；前者是液位与流出量在各自允许范围内缓慢地变化。

简单均匀控制系统的实现及控制器控制规律的选择：

① 简单均匀控制系统是通过控制器参数的整定来实现的。

② 简单均匀控制系统的控制器选纯比例作用，且比例度很大，这样液位与流出量才会缓慢地变化。有时为了防止液位超范围，引入较弱的积分作用，但微分一定不能用。

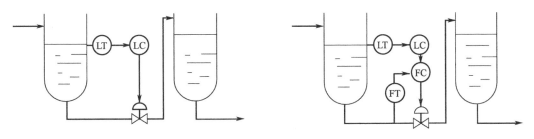

图 8-19　简单均匀控制系统　　　　　图 8-20　串级均匀控制系统

（2）串级均匀控制系统。简单均匀控制系统结构简单，实现方便，但塔内压力或排出端压力变化时，会使液位控制不及时，为此引入副回路，即构成串级均匀控制系统，如图 8-20 所示。从结构上看，它与串级控制系统完全一样，但串级均匀控制系统设计的目的是协调主、副变量的关系，使主、副变量在各自规定范围内缓慢地变化，所以本质上是均匀控制。

串级均匀控制系统主、副控制器控制规律的选择：串级均匀控制系统中，主、副变量都不提出严格控制要求，不用积分，主、副控制器都采用纯比例控制规律，而且比例度都较大，参数整定时从大到小改变比例度，希望主、副变量能"均匀"的变化，而不是过渡过程按某个衰减比变化。

三、比值控制系统

1. 比值控制系统的概念

在工业生产中，经常需要两种或两种以上物料按一定比例进行混合或参加化学反应。如合成氨反应中，氢氮比要求控制在 3∶1，否则就会使氨的产量下降；再如加热炉的燃料量与鼓风机的进氧量也要求符合一定的比值关系，否则会影响燃烧效果。

比值控制系统的概念及目的：比值控制系统就是使一种物料随另一种物料按一定比例进行变化的控制系统；比值控制系统的目的是为了实现两种或两种以上物料的比例关系。

在比值控制系统中需要保持比值关系的两种物料，处于主导地位的物料称主物料，表征主物料的变量称主动量（或主流量），用 F_1 表示；随主物料变化而变化的物料称副物料，表征副物料的变量称从动量（或副流量），用 F_2 表示。F_2 与 F_1 的比值称为比值系数，用 $k = F_2/F_1$ 表示。

2. 比值控制方案

（1）单闭环比值控制系统。在图 8-21 所示的比值控制系统中，因副流量是闭环控制，所以称单闭环比值控制系统。从结构上看单闭环比值控制系统与串级控制系统相似，但单闭环比值控制系统主流量 F_1 为开环状态，F_2 的变化不影响 F_1；而串级控制系统主、副变量形成的是两个闭环，所以二者还是有区别的。

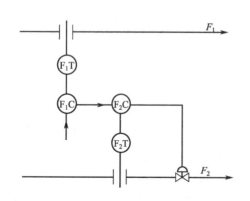

图 8-21 单闭环比值控制系统

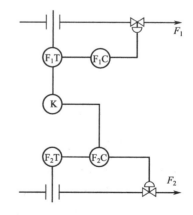

图 8-22 双闭环比值控制系统

在稳定的情况下，主、副流量满足工艺要求的比值 $F_2/F_1 = k$。当主流量 F_1 变化时，

F_1 的测量值经主流量控制器运算后的输出信号为副流量控制器的外设定值,副流量闭环系统是随动控制系统,F_2 要成比例地跟随 F_1 变化,从而保证比值系数 k 不变;当副流量 F_2 变化时,副流量闭环系统是定值控制系统能克服影响 F_2 的扰动,使流量比值系数 k 仍不变。

单闭环比值控制系统的特点及适用场合:特点是构成简单,仪表使用少,实施比较方便,比值也比较精确,在工业生产中应用很广,但由于主动量不可控,虽然两者的比值可以得到保证,可总流量不能保证恒定;适用于主物料在工艺上不允许控制的场合。

(2) 双闭环比值控制系统。为弥补单闭环比值控制系统对主流量不能控制的缺陷,在单闭环比值控制的基础上又增加了一个主流量的闭环控制,即双闭环比值控制系统,如图8-22所示。

双闭环比值控制系统是由一个定值控制的主流量控制回路和一个跟随主流量变化的副流量控制回路组成。主流量控制回路能克服主流量扰动,实现定值控制;副流量控制回路能抑制作用于副同路的扰动,从而使主、副流量均比较稳定,总物料量也比较平稳。

双闭环比值控制系统的特点及适用场合:特点是主、副流量均比较稳定,总物料量也比较平稳,但所用仪表较多,投资较高;当要求负荷变化比较平稳时,可以采用双闭环比值控制。

双闭环比值控制系统与串级控制系统的比较:双闭环比值控制系统与串级控制系统从结构上看很相似,主、副流量都构成两个闭合回路,且副流量控制系统与串级控制系统中副环一样,也是随动控制系统。可是双闭环比值控制系统的两个控制器不是直接相串,而且副流量控制回路不影响主流量控制回路,即副回路控制阀动作后不会影响主变量的大小,所以双闭环比值控制系统与串级控制系统是不同的。

(3) 变比值控制系统。在有些生产过程中,要求两种物料流最的比值随第三个工艺参数的需要而变化,为满足这种工艺要求,出现了变比值控制系统。

图8-23是变换炉的半水煤气与水蒸气的变比值控制系统示意图。在变换炉的生产过程中,半水煤气与水蒸气的流量需保持一定的比值,但其比值系数要能随一段催化剂的温度变化而变化,才能在较大负荷变化下保持良好的控制质量。在这里水蒸气与半水煤气的流量经测量变送后,送给除法器计算,得到的比值为流量控制器 FC 的测量值,而 FC 的设定值来自温度控制器 TC 的输出信号,最后通过调整蒸汽流量来使变换炉催化剂的温度恒定在工艺要规定的值上。

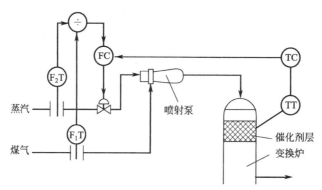

图 8-23 变换炉的半水煤气与水蒸气的变比值控制系统

四、分程控制系统

1. 概述

> 分程控制系统的概念：分程控制系统是一台控制器的输出要同时控制两台或两台以上的控制阀，使每台控制阀在控制器输出的某段信号范围内作全行程动作。

分程一般由附设在控制阀上的阀门定位器来实现。如图 8-24 所示，一台控制器同时去控制两台控制阀，每台控制阀通过阀门定位器对控制器输出信号进行转换和实现分程控制过程。图中 A、B 阀分别在控制器输出信号的 0.02~0.06MPa 及 0.06~0.1MPa 范围内作全行程动作。

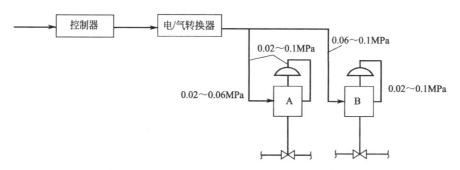

图 8-24 分程控制系统示意图

分程控制控制阀的动作有两类：一类是两个控制阀同向动作，图 8-25(a) 两个阀均为气开阀，图 8-25(b) 两个阀均为气关阀；另一类是两个控制阀异向动，即一个为气开，另一个为气关，如图 8-25(c) 和图 8-25(d) 所示。控制阀的气开、气关形式由工艺需要来决定。

2. 分程控制系统的目的

（1）用于控制两种不同介质，以满足工艺操作的特殊要求。图 8-26 所示为一间歇聚合反应器的温度分程控制，反应器中聚合物料配置完毕后，需对反应器加热升温才能启动反应的进行。反应开始后释放出大量反应热，必须及时移出反应热以维持反应的进行。为此该系统采用分程控制，用 A 和 B 两台控制阀，分别控制冷水和蒸汽两种介质，以满足冷却和加热的不同需求。

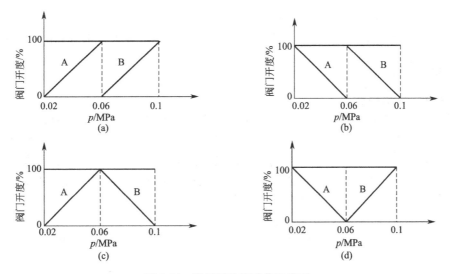

图 8-25 控制阀分程动作示意图

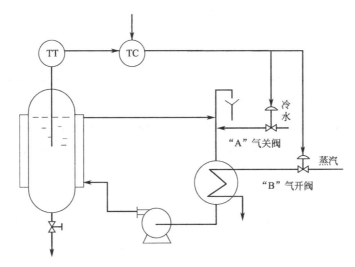

图 8-26 反应器温度分程控制系统

当生产出事故,即供气中断时,为防反应器温度过高,蒸汽阀应关闭,故为气开阀;冷水阀应打开,故为气关阀。同时控制器选反作用的。

在进行化学反应前的升温阶段,反应器温度测量值小于设定值,反作用控制器输出由大变小,此时 A 阀关闭,B 阀由全开逐渐关小,反应器被加热升温;当反应器温度达到设定值时(控制器输出为 0.06MPa),化学反应开始,A 阀将打开,B 阀关闭;随着反应的进行,有热量放出,反应器温度高于设定值,A 阀开度变大直至全开。可见 A 阀分程区间为 0.02～0.06MPa,B 阀分程区间为 0.06～0.1MPa,控制阀的分程动作见图 8-25 (d)。

(2) 扩大控制阀的可调比,改善控制系统的品质。设 A、B 两个阀均为气开阀,分程动作见图 8-25 (a) 所示,它们可控制的最大流量均为 $Q_{max}=200$,可调比 $R=30$,则可控制的最小流量

$$Q_{min}=Q_{max}/R=200/30=6.67$$

这两个控制阀在分程使用时,可调比为

$$R'=2Q_{max}/Q_{min}=400/6.67=60$$

$$R':R=60:30=2$$

可见,可调比增加了一倍。若 A 阀 Q_{max} 较小,B 阀 Q_{max} 较大,则可调比增加的更多。

五、前馈控制系统

1. 前馈控制系统及特点

反馈控制系统是根据被控变量出现的偏差大小进行控制,它的优点是对影响被控变量偏离设定值的所有扰动都能克服,控制精度高。例如图 8-27 所示的换热器出口温度的反馈控制中,所有影响换热器出口温度的扰动,无论是蒸汽压力、流量的变化,还是进料流量、温度的变化等,该系统都能克服;缺点是扰动影响到被控变量,偏差出现后,控制器才动作,即反馈控制控制作用总是落后扰动作用,控制作用不及时。

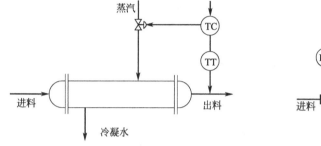

图 8-27 换热器的反馈控制

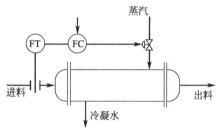

图 8-28 换热器的前馈控制

扰动出现,被控变量还未变化,控制器就根据所测得的扰动大小和方向,按一定规律实施控制作用,补偿扰动对被控变量的影响,这就是前馈控制系统,如图 8-28 所示。主要扰动进料流量一波动,流量控制器立即使蒸汽阀门开度变化来克服进料流量的波动,如果设计的好,可以基本保证换热器出口温度不受影响。

前馈控制系统的概念:所谓的前馈控制系统就是按扰动变化大小来进行控制,它控制作用及时。

前馈控制系统的特点:
① 前馈控制是按扰动变化大小来进行控制,并仅对被前馈的信号(进料流量)有校正作用,对未引入前馈控制器的扰动无校正作用。
② 前馈控制是基于不变性原理工作的,比反馈控制及时有效。
③ 前馈控制系统是属于开环控制系统;而反馈控制系统是闭环控制。
④ 反馈控制系统采用通用的 PID 控制器;前馈控制系统视对象特性而定不同规律的专用控制器。

2. 前馈控制形式

(1) 单纯前馈控制。图 8-28 所示换热器出口温度前馈控制就是单纯前馈控制。

（2）前馈-反馈控制。前面已经谈到反馈控制能克服所有的扰动，使被控变量稳定在所要求的设定值上，控制精度高，但控制作用不及时；而前馈控制虽控制作用及时，可只能克服进入前馈控制器的扰动且无法知道和保证控制效果，可见它们各有优缺点，实际中常把它们组合起来，构成图 8-29 所示的前馈-反馈控制系统。

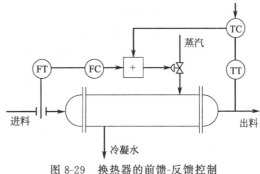

图 8-29　换热器的前馈-反馈控制

> 前馈-反馈控制系统的特点：即能克服主要的扰动，又能克服所有的扰动，且能使被控变量稳定在设定值上。

六、选择性控制系统

1. 概述

通常自动控制系统是在生产处于正常工况时工作，如遇到不正常工况，则要退出自动控制而切换为手动控制，待工况恢复后再投入自动控制状态。可是现代化的大型生产中，生产装置不仅要求控制系统能在正常工况下发挥控制作用，而且要求在非正常工况下仍能起到控制作用，使生产过程迅速恢复到正常工况。这种非正常控制系统就是安全保护措施。

安全保护措施有硬保护和软保护两种。硬保护措施就是联锁保护控制系统，当生产过程工况超出一定范围时，联锁保护控制系统采取一系列的措施，如报警、自动切换到手动、联锁动作等，使生产过程处于相对安全的状态，但这种硬保护措施经常使生产停车，造成较大的经济损失，为此出现了软保护措施，也就是选择性控制系统或取代控制系统。

> 选择性控制系统的观念：当生产过程工况超出一定范围时，不是消极地进入联锁保护状态甚至停车状态，而是自动切换到一种新控制系统中，新控制系统取代原控制系统对生产过程进行控制，当工况恢复时，又自动切换回原自动控制系统中。

选择性控制系统的实现是靠具有选择功能的自动选择器（高值选择器 HS 和低值选择器 LS）或有关切换装置（切换器、带电接点的控制器或测量仪表）来完成。

> 选择性控制系统思想是：把特殊场合下工艺过程操作所要求的控制逻辑关系叠加到正常的自动控制中。当生产过程趋向于危险区域而未达危险区域时，通过选择器把一个适用于特殊工况的备用控制器投入运行，自动取代正常工况下工作的控制器；待工艺过程在备用控制器的控制下脱离危险区域并恢复到正常工况后，备用控制器自动脱离系统，正常工况下的控制器又自动接替备用控制器重新工作。

2. 选择性控制系统实施实例

图 8-30 所示为液氨蒸发器温度控制系统，它是利用液氨蒸发为气氨吸收热量来冷却其它物料的。液氨蒸发为气氨后送到制冷压缩机进行液化，并经冷却水冷却后重复使用，为防止制冷压缩机损坏，要严禁气氨中夹带液氨。工艺操作上，以被冷却物料的出口温度为被控变量，液氨流量为操纵变量组成简单控制系统。

但液氨蒸发需要一定的蒸发空间，蒸发器内液氨液位正常时，有正常的蒸发空间，当液位上升，蒸发空间减少时，大量液氨蒸发汽化，使气氨中夹带部分液氨进入制冷压缩机，影响压缩机的安全运行，甚至损坏造成事故。若液位继续上升导致无蒸发空间时，液氨不能再汽化，从而失去制冷效果，液氨直接进入压缩机，产生严重事故。显然在非正常工况时，图 8-30 简单控制系统的控制方案存在问题。

根据选择性控制系统思想，设计图 8-31 所示液氨蒸发器选择性控制系统的控制方案。该选择性控制系统，液位正常时温度控制系统正常工作；液位偏高时液位控制系统取代温度控制系统而投入工作。

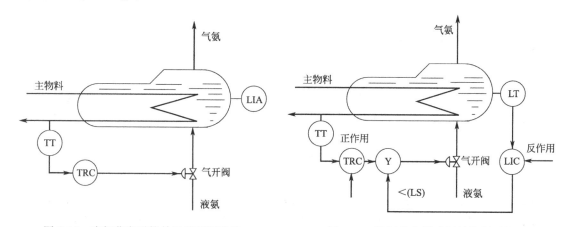

图 8-30 液氨蒸发器简单温度控制系统　　　　图 8-31 液氨蒸发器选择性控制系统

该选择性控制系统在设计及实施时，首先从安全角度确定控制阀的气开、气关形式，应为气开阀；再由温度控制系统和液位控制系统来分别确定温度控制器和液位控制器的正、反作用，可确定出温度控制器为正作用，液位控制器为反作用；最后确定选择器是高选还是低选，当液位低于设定值时，反作用液位控制器输出较大，此时选择器应选择温度控制器输出信号，当液位高于设定值时，反作用液位控制器输出较小，选择器应选择液位控制器输出信号，所以选择器应为低选器。

正常工作时，即液氨液位低于设定值，液位控制器产生负偏差，液位控制器输出信号较大，该信号大于温度控制器的输出信号，低选器选择温度控制器输出信号，来控制控制阀的开度，正常控制器（温度控制器）工作。当出现不正常工况时，即液氨液位高于设定值时，液位控制器输出比温度控制器输出小，低选器选择液位控制器输出信号，液位控制器取代温度控制器工作，关小控制阀，使液位下降，当液位回到设定值后，温度控制器又重新投入工作。

第七节　控制系统的图例符号及流程图

在学习了过程检测仪表、过程控制仪表及简单和复杂控制系统知识后，再了解控制系统的图例符号，工程技术人员就可以读懂带控制点的工艺流程图了。能读懂工艺流程图是每个工程技术人员从事本职工作所必须的。

一、控制系统的图例符号

控制系统的图例符号包括图形符号、字母代号和数字编号等。将表示某种功能的字母及数字组合成的仪表位号置于图形符号中，就表示出了一块仪表的位号、种类及功能。

1. 图形符号

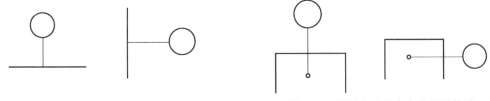

图 8-32　测量点的图形符号　　　　　图 8-33　测量点在设备中的图形符号

① 测量点（包括检测元件、取样点）是由工艺设备轮廓线或工艺管线（粗实线）引到仪表圆圈的连接线（细实线）的起点，一般无特定的图形符号，如图 8-32 所示。

当有必要标出测量点在工艺设备中的位置时，连接线应引到工艺设备轮廓线内适当的位置上，并在连接线的起点上加一个直径约 2mm 的小圆圈符号，如图 8-33 所示。

② 常用仪表连接线的图形符号见表 8-7。

表 8-7　常用仪表连接线的图形符号

序号	类别	图形符号
1	仪表与工艺设备、管道的连接线	————（细实线）
2	通用仪表信号线	————（细实线）
3	连接线交叉	 ┼ （细实线）
4	连接线相接	 ┬ ┴ （细实线）
5	电信号线	- - - - - - - -
6	气信号线	 ////////
7	导压毛细管	 ××××
8	液压信号线	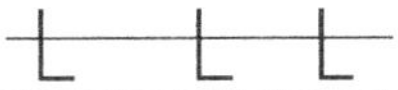 L L L
9	电磁、辐射、热、光、声波信号	 ∼∼∼

③ 仪表的图形符号用一个直径为 10mm 的细实线圆圈表示，仪表的安装位置可用加在圆圈中细实线、细虚线表示，见表 8-8。

图 8-8　仪表安装位置的图形符号

序号	安装位置	图形符号	序号	安装位置	图形符号
1	就地安装仪表	 ○	4	集中仪表盘面安装仪表	 ⊖
2	嵌在管道中的就地安装仪表	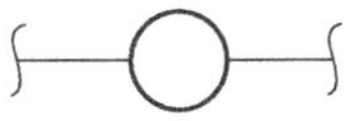 ⊢○⊣	5	集中仪表盘后安装仪表	 ⊝(虚线)
3	就地仪表盘面安装仪表	 ⊖	6	就地仪表盘后安装仪表	 ⊝(虚线)

④ 执行器的图形符号由执行机构和控制机构的图形符号组成。常用的执行机构和控制机构的图形符号分别见表 8-9 和表 8-10。

表 8-9 执行机构的图形符号

序号	形式	图形符号	序号	形式	图形符号
1	通用执行机构		5	电动执行机构	M
2	带弹簧的气动薄膜执行机构		6	电磁执行机构	S
3	活塞执行机构		7	执行机构与手轮配合	
4	带气动阀门定位器的气动薄膜执行机构		8	带能源转换的阀门定位器的气动薄膜执行机构	

表 8-10 控制机构的图形符号

序号	形式	图形符号	序号	形式	图形符号
1	球形阀、闸阀等直通阀		4	四通阀	
2	角形阀		5	蝶阀、挡板或百叶阀	
3	三通阀		6	无分类的特殊阀门	(工程图纸图例中应说明其具体形式)

2. 字母代号

(1) 表示被控变量和仪表功能的字母代号。见表 8-11。表中第一位字母表示被测变量或被控变量;处于次位字母表示被控变量的修饰,一般用小写字母表示;后继字母表示仪表的功能或附加功能。

表 8-11 字母代号含义

字母	第一位字母		后继字母	字母	第一位字母		后继字母
	被控变量	修饰词	功能		被控变量	修饰词	功能
A	分析		报警	H	手动		
B	喷嘴火焰		供选用	I	电流		指示
C	电导率		控制	J	功率		扫描
D	密度	差		K	时间或顺序		自动-手动操作器
E	电压(电动势)		检测元件	L	物位		指示灯
F	流量	比		M	水分或湿度		
G	尺寸		玻璃	N	供选用		供选用

字母	第一位字母		后继字母	字母	第一位字母		后继字母
	被控变量	修饰词	功 能		被控变量	修饰词	功 能
O	供选用		节流孔	U	多变量		多功能
P	压力或真空		试验点	V	黏度		阀或挡板
Q	数量	积分	积分或积算	W	重量或力		套管
R	放射性		记录或打印	X	未分类		未分类
S	速度或频率	安全	开关或联锁	Y	供选用		计数器或继动器
T	温度		传送	Z	位置		驱动或执行

(2) 常用字母说明。

① 表示被控变量的字母：压力 (P)、流量 (F)、物位 (L)、温度 (T)、成分 (A)。

② 表示仪表功能的字母：变送器 (T)、控制器 (C)、执行器 (K)。

③ 表示仪表附加功能的字母：R 表示仪表有记录功能，I 表示仪表有指示功能，都放在第一位字母和后继字母之间，当仪表同时有指示和记录功能时只标注"R"；S 表示开关或联锁功能，A 表示报警功能，都放在最后一位，当仪表同时有开关和报警功能时只标注"A"，若 SA 同时出现表示仪表具有联锁和报警功能。

3. 仪表位号

在检测、控制系统中，构成一个回路的每个仪表（或元件）都应有自己的位号。仪表位号由字母组合和阿拉伯数字编号组成。字母组合在字母代号中已讲过，数字编号一般由表示车间、工段或装置的区域编号及回路编号组成。例如：

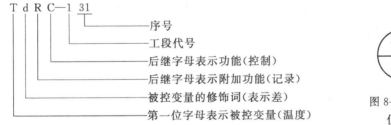

```
T d R C—1 31
            └─ 序号
          └─── 工段代号
        └───── 后继字母表示功能(控制)
      └─────── 后继字母表示附加功能(记录)
    └───────── 被控变量的修饰词(表示差)
  └─────────── 第一位字母表示被控变量(温度)
```

图 8-34 集中与就地安装仪表位号标注方法

由此可见，TdRC—131 表示第 1 工段的第 31 号温差记录控制仪。

在带控制点的工艺流程图和仪表系统图中，仪表位号也可用图 8-34 的表示方法，即字母代号填写在仪表符号的上半圆内，数字编号写在下半圆内。

二、带控制点的工艺流程图的识图

将控制系统和化工工艺过程结合起来，并用国家规定的文字符号和图形符号将控制方案完整地表示在工艺流程图上，称带控制点的工艺流程图或控制系统图。

1. 常规控制流程图的识图

控制流程图识图的基本步骤包括熟悉工艺流程图、设备和管道标注、分析控制系统及了解自动检测系统等方面。下面以图 8-35 所示的脱丙烷塔带控制点的工艺流程图为例来加以说明。

(1) 熟悉工艺流程。控制流程图是在工艺流程图的基础上设计出来的，所以要首先通过工艺流程图来熟悉工艺流程。图 8-35 中，脱丙烷塔的主要任务是切割 C_3 和 C_4 混合馏分，塔顶轻组分关键是丙烷，塔釜重组分关键是丁二烯。

第一脱乙烷塔塔釜来的釜液和第二蒸出塔的釜液混合后进入脱丙烷塔（T1808），进料中主要含有 C_3、C_4 等馏分，为气液混合状态。进料温度 32℃，塔顶温度 8.9℃，塔釜温度

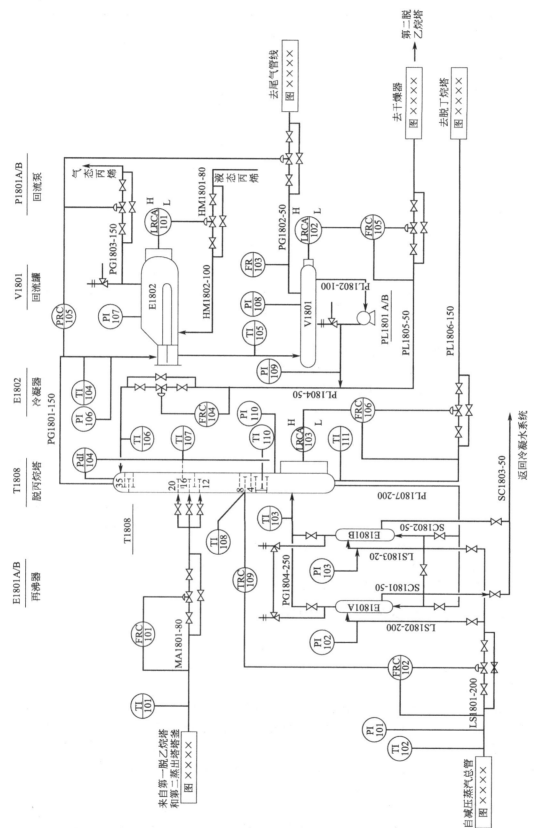

图 8-35 脱丙烷塔带控制点的工艺流程图

为 72℃。塔内操作压力 0.75MPa（绝压）。采用的回流比约为 1:13，冷凝器（E1802）由 0℃的液态丙烯蒸发制冷，再沸器（E1801A/B）加热用的 0.15MPa（绝压）减压蒸汽是由来自裂解炉的 0.6MPa（绝压）低压蒸汽与冷凝水混合制得的。

进料混合馏分经过脱丙烷塔切割分离，塔顶馏分被冷凝器冷凝后送至回流罐（V1801），回流罐中的冷凝液被泵（P1801A/B）抽出后，一部分作为塔顶回流，另一部分作为塔顶采出送至分子筛干燥器和低温加氢反应器，经过干燥和加氢后，作为第二脱乙烷塔的进料。回流罐中的少量不凝气体通过尾气管线返回裂解气压缩机或送至火炬烧掉。塔釜中釜液的一部分进入再沸器以产生上升蒸汽，另一部分作为塔底采出送至脱丁烷塔继续分离。

(2) 熟悉设备和管道标注。

① 设备标注。设备类别代号见表 8-12 所示。设备位号标注在带控制点的工艺流程图上有两处：一处在图的上方或下方，按图 8-36 所示标注，位号排列要整齐，并尽可能与设备对正；另一处在设备内或旁边，此处只标注位号，不标注名称。

表 8-12　设备类别代号

设备类别	塔	泵	压缩机、鼓风机	反应器	容器、(槽、罐)分离器	换热器、冷却器、蒸发器	其它机器
设备代号	T	P	C	R	V	E	M

② 管道标注。每段管道都要标注，横向管道在其上方标注；竖向管道在其左侧标注。管道标注内容包括管道号、管径和管道等级三部分，如图 8-37 所示。

管道号包括物料代号、主项代号和管段序号。常用物料代号见表 8-13 所示。主项代号用两位数字表示，各主项应独立编写。管段序号应按生产流向依次编写，一般用两位数字表示。辅助管段可另行独立编写。管径为管道的公称直径，一般以 mm 为单位。管道等级是根据介质的温度、压力及腐蚀等情况，由工艺设计确定。

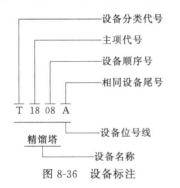

图 8-36　设备标注

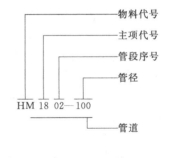

图 8-37　管道标注

表 8-13　工艺流程图上的物料代号

物料代号	物料名称	物料代号	物料名称	物料代号	物料名称	物料代号	物料名称
A	空气	F	火炬排放气	LO	润滑油	R	冷冻剂
AM	氨	FG	燃料气	LS	低压蒸汽	RO	原料油
BD	排污	FO	燃料油	MS	中压蒸汽	RW	原水
BF	锅炉给水	FS	熔盐	NG	天然气	SC	蒸汽冷凝水
BR	盐水	GO	填料油	N	氮	SL	泥浆
CS	化学污水	H	氢	O	氧	SO	密封油
CW	循环冷却上水	HM	载热体	PA	工艺空气	SW	软水
DM	脱盐水	HS	高压蒸汽	PG	工艺气体	TS	拌热蒸汽
DR	排液、排水	HW	循环冷却回水	PL	工艺液体	VE	真空排放气
DW	饮用水	LA	仪表空气	PW	工艺水	VT	放空气

(3) 分析自动控制系统。要想了解控制系统的情况，应该借助于控制流程图和自动控制方案来说明。这里仅就控制流程图进行说明。

图中共有七套控制系统。其中主要回路是以提馏段温度为主变量的主回路 TRC-109 和以蒸汽流量为副变量的副回路 FRC-102 组成的串级控制系统。其余六个控制系统作为主回路的辅助回路，如下所示。

① FRC-101。进料流量均匀控制系统，用于控制脱丙烷塔的进料流量。

② LRCA-102、FRC-105。回流罐液位与塔顶采出流量的串级均匀控制系统，用于对回流罐液位和塔顶采出流量进行均匀控制。FRC-105 为副回路，LRCA-102 为主回路，并具有液位的上、下限报警功能。

③ LRCA-103、FRC-106。塔釜液位与塔底采出流量的串级均匀控制系统，用于对塔釜液位和塔底采出流量进行均匀控制。

以上三套均匀控制系统，不仅能使塔釜液位和回流罐液位保持在一定范围内波动，而且也能保持塔的进料量、塔顶馏出液和塔釜馏出液流量平稳、缓慢地变化。基本满足各塔对物料平衡控制要求。

④ PRC-105。脱丙烷塔压力控制系统。它以塔顶气相出料管中的压力为被控变量，冷凝器出口的气态丙烯流量为操纵变量构成单回路控制系统，以维持塔压稳定。

PRC-105 除了控制气态丙烯控制阀外，还可控制回流罐顶部不凝气体控制阀，这就构成了塔顶压力的分程控制系统。当塔顶馏出液中不凝气体过多，气态丙烯控制阀接近全开，塔压仍不能降下来时，压力控制器就使回流罐上方的不凝气体控制阀逐渐打开，将部分不凝气体排出，从而使塔压恢复正常。

⑤ LRCA-101。冷凝器液位控制系统，它以液态丙烯流量为操纵变量，以保证冷凝器有恒定的传热面积和足够的丙烯蒸发空间。

⑥ FRC-104。回流量控制系统，目的是保持脱丙烷塔的回流量一定，以稳定塔的操作。

(4) 了解自动检测系统。

① 温度检测系统。TI-101、TI-103、TI-104、TI-105、TI-106、TI-107、TI-108 分别对进料、再沸器出口、塔顶、冷凝器出口、塔顶回流、塔中、第七段塔板等各处温度进行检测并在控制室内的仪表盘面进行指示；TI-102、TI-110、TI-111 分别对再沸器加热蒸汽、塔釜、塔底采出等处的温度进行检测并在现场指示。

② 压力检测系统。PI-101、PI-102、PI-103、PI-106、PI-107、PI-108、PI-109、PI-110 等，分别对蒸汽总管、再沸器加热蒸汽、塔顶、冷凝器、回流罐、回流泵出口、塔底等处压力进行检测及现场指示。PdI-104 对塔顶塔底压差进行检测并在控制室的仪表盘面进行指示。

③ 流量检测系统。FR-103 对回流罐上方不凝气体排出量进行检测记录。

另外在本装置中，由于被控的温度、压力、流量、液位等变量都十分重要，所以在设置控制系统的同时，也设置了这些被控变量的记录功能。

2. 计算机控制流程图的识图

在现代过程控制中，计算机控制系统的应用十分广泛。现仍以脱丙烷塔工艺为基础，以计算机控制中的"集中分散型控制系统（DCS 系统）"为例，学习读识相关的控制流程图。

图 8-38 是采用集中分散型控制系统（DCS）进行控制的脱丙烷塔控制流程图的一个局部。

图 8-38 中，带方框的集中盘面安装的控制点图标是计算机控制，表示正常情况下操作员可以监控；非盘面集中安装图标则中间没有横线的标识是计算机系统的检测、变换环节，表示正常情况下操作员不能监控。

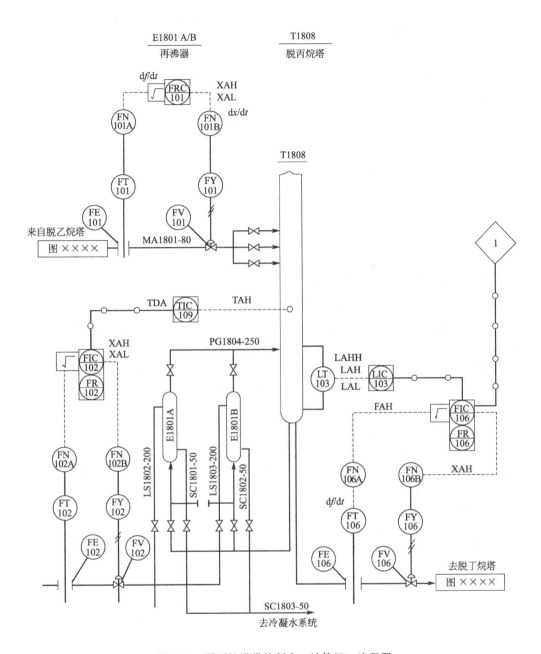

图 8-38 脱丙烷塔带控制点（计算机）流程图

FN—安全栅；df/dt—流量变化率运算函数；XAH—控制器输出高限报警；XAL—控制器输出低限报警；dx/dt—控制器输出变化率运算函数；FY—电/气阀门定位器；TAH—温度高限报警；TDA—温度设定点偏差报警；LAH—液位高限报警；LAL—液位低限报警；LAHH—液位高高限报警

知识检验

1. 自动控制系统是由哪几部分组成的？各部分的作用如何？

2. 图 8-39 所示为一反应器温度控制系统示意图。A、B 两种物料进入反应器进行反应，通过改变进入夹套冷却水的流量来使反应器内的温度不变。试画出该温度控制系统的方块图，并指出被控对象、被控变量、操纵变量及可能出现的扰动各是什么？

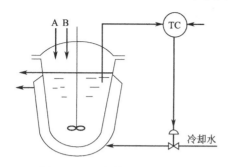

图 8-39 反应器温度控制系统

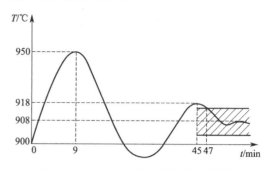

图 8-40 化学反应器过渡过程曲线图

3. 过程控制系统按设定值是否变化分为哪几类？
4. 什么是控制系统的静态、动态及过渡过程？
5. 控制系统的过渡过程有哪几种形式？理想的过渡过程是哪种？
6. 过渡过程的品质指标有哪些？对这些指标有何要求？
7. 某化学反应器工艺规定操作温度为（900±10）℃。为保证安全控制过程中温度偏离设定值最大不得超过80℃。该控制系统在最大阶跃干扰作用下的过渡过程曲线如图8-40所示。试求最大偏差、衰减比、余差、振荡周期和过渡时间，并回答该控制系统能否满足题中的工艺要求？
8. 什么是对象特性？描述对象特性有哪三个参数？
9. 什么是对象的负荷和自衡？
10. 控制通道和扰动通道的放大系数对控制过程各有何影响？如何选择？
11. 什么是时间常数？控制通道和扰动通道的时间常数大小有何要求？
12. 什么是滞后时间？滞后时间包括哪两个？控制通道和扰动通道对滞后时间的大小有何要求？
13. 被控变量的选择原则是什么？
14. 操纵变量的选择原则是什么？
15. 如何选择压力、流量、物位、温度控制系统控制器的控制规律？
16. 如何确定控制器的正、反作用方向？
17. 图8-41为蒸汽加热器温度控制系统。试回答下列各问：

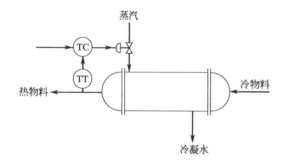

图 8-41 蒸汽加热器温度控制系统

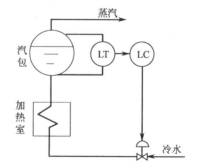

图 8-42 锅炉汽包液位控制系统

① 指出该系统的被控变量、操纵变量、被控对象各是什么？
② 该系统可能的扰动有哪些？
③ 该系统的控制通道是指什么？
④ 试画出该控制系统的方块图。

⑤ 选择控制器的控制规律。

⑥ 如果被加热物料过热易分解，试确定控制阀的开、关形式和控制器的正、反作用方向。

⑦ 当冷物料流量突然增加时，试分析系统的控制过程。

18. 图 8-42 为锅炉汽包液位控制系统，要求锅炉不能烧干。试画出该系统的方块图，确定控制阀的开、关形式和控制器的正、反作用方向，并分析当加热室温度升高导致蒸汽流量增加时，控制系统是如何克服扰动的？

19. 控制器参数整定的任务是什么？有哪几种整定方法？

20. 试述用衰减曲线法整定控制器参数的步骤及注意事项。

21. 某控制系统采用临界比例度法整定控制器参数。已知临界比例度 $\delta_K = 30\%$、临界振荡周期 $T_K = 3\min$，试确定 PI 作用和 PID 作用时控制器的参数。

22. 如何区分由于比例度过小、积分时间过小或微分时间过大所引起的振荡过程？

23. 某控制系统选用 PI 控制规律的控制器，在参数整定时采用经验凑试法，如果发现在扰动作用下被控变量记录曲线最大偏差过大，变化很慢且长时间偏离设定值，试问应怎样改变比例度与积分时间？

24. 简述控制系统投运的步骤。

25. 什么是串级控制系统？画出串级控制系统的方块图？

26. 串级控制系统有什么特点？

27. 串级控制系统主、副控制器控制规律如何选择？

28. 串级控制系统主、副控制器作用方向如何选择？

29. 什么是均匀控制系统？均匀控制系统有什么目的？

30. 均匀控制方案与一般控制系统有什么不同？均匀控制方案是如何实现的？

31. 什么是比值控制系统？比值控制系统的目的是什么？

32. 比值控制系统有哪几种？各有什么特点？各适用什么场合？

33. 什么是分程控制系统？分程控制系统是如何实现的？

34. 分程控制控制阀的动作有哪几种？画出控制阀动作关系图。

35. 什么是前馈控制系统？前馈控制系统有何特点？

36. 前馈-反馈控制系统有何优点？

37. 什么是生产过程的硬保护和软保护？

38. 什么是选择性控制系统？

39. 仪表位号编制时应注意什么问题？

40. 试说明 PI-307、TRCA-303、FT-201 所代表的意义？

第九章 集散控制系统（DCS）

集散控制系统也称之为分布式控制系统（Distributed control system）简称DCS，是以微处理器为基础的对生产进行集中监视、操作、管理和分散控制的综合性控制系统。

集散控制系统将若干台微机分散应用于过程控制，全部信息通过通信网络由上位管理计算机监控，实现最优化控制。整个装置继承了常规仪表分散控制和计算机集中控制的优点，克服了常规仪表功能单一、人-机联系差以及单台微型计算机控制系统危险性高度集中的缺点，既实现了在管理、操作和显示三方面的集中，又实现了在功能、负荷和危险性三方面的分散。它综合了计算机（Computer）、控制（Control）、通信（Communication）和CRT显示技术，简称4C技术，在现代化生产过程控制中起着重要的作用。

第一节 概 述

一、DCS的基本构成

集散控制系统的基本组成包括：现场监控站（监测站和控制站）、操作站（操作员站和工程师站）、上位计算机和通信网络等部分，如图9-1和图9-2所示。

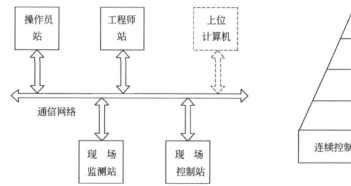
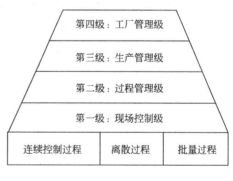

图9-1 DCS的基本构成图　　　　　　图9-2 DCS的分成结构图

① 现场监测站又叫数据采集站，直接与生产过程相连接，实现对过程变量进行数据采集。它完成数据采集和预处理，并对实时数据进一步加工，为操作站提供数据，实现对过程变量和状态的监视和打印，实现开环监视，或为控制回路运算提供辅助数据和信息。

② 现场控制站也直接与生产过程相连接，对控制变量进行检测、处理，并产生控制信号驱动现场的执行机构，实现生产过程的闭环控制。它可控制多个回路，具有极强的运算和控制功能，能够自动地完成回路控制任务，实现连续控制、顺序控制和批量控制等。

③ 操作员站简称操作站，是操作人员进行过程监视、过程控制操作的主要设备。操作站提供良好的人机交互界面，用以实现集中显示、集中操作和集中管理等功能。有的操作站

可以进行系统组态的部分或全部工作，兼具工程师站的功能。

④ 工程师站主要用于对 DCS 进行离线的组态工作和在线的系统监督、控制与维护。工程师能够借助于组态软件对系统进行离线组态，并在 DCS 在线运行时实时地监视 DCS 网络上各站的运行情况。

⑤ 上位计算机用于全系统的信息管理和优化控制，在早期的 DCS 中一般不设上位计算机。上位计算机通过网络收集系统中各单元的数据信息，根据建立的数学模型和优化控制指标进行后台计算、优化控制等功能。

⑥ 通信网络是集散控制系统的中枢，它连接 DCS 的监测站和控制站、操作站、工程师站、上位计算机等部分。各部分之间的信息传递均通过通信网络实现，完成数据、指令及其他信息的传递，从而实现整个系统协调一致地工作，进行数据和信息共享。

可见，操作站、工程师站和上位计算机构成集中管理部分；现场监测站、现场控制站构成分散控制部分；通信网络是连接集散系统各部分的纽带，是实现集中管理、分散控制的关键。

集散型控制系统经过近 30 年的发展，结构不断更新。DCS 的层次化体系结构已成为它的显著特征，使之充分体现集散系统集中管理、分散控制的思想。

> 集散控制系统若按功能可分成如下体系：现场控制级、过程管理级、生产管理级和工厂管理级四级功能层次。如图 9-2 所示。

二、DCS 的特点

集散控制系统采用以微处理器为核心的"智能技术"，凝聚了计算机的最先进技术，成为计算机应用最完善、最丰富的领域。它采用标准化、模块化和系列化设计，与传统的模拟电动仪表相比，具有连接便利、采用软连接的方法容易变更、显示方式灵活、显示内容丰富、数据存储量大等优点；与集中数字计算机控制系统相比，具有操作监视方便、控制回路分散、功能分散等优点。其特点主要表现在以下几个方面。

① 实现分散控制　DCS 将控制与显示分离，现场过程受现场控制单元控制，每个控制单元可以控制若干个回路，完成各自功能。各个控制单元又有相对独立性，一个控制单元出现故障仅仅影响所控制的回路而对其它回路无影响。各个现场控制单元本身也具有一定的智能，能够独立完成各种控制工作。

② 实现集中监视、操作和管理，具有强大的人机接口功能　分布式控制系统中 CRT 操作站与现场控制单元分离。操作人员通过 CRT 和操作键盘可以监视现场部分或全部生产装置乃至全厂的生产情况，按预定的控制策略通过系统组态组成各种不同的控制回路，并可调整回路中任一常数，对工业设备进行各种控制。CRT 屏幕显示信息丰富多彩，除了类似于常规记录仪表显示参数、记录曲线外，还可以显示各种流程图、控制画面、操作指导画面等，各种画面可以切换。

③ 采用局部网络通信技术　DCS 的数据通信网络采用工业局域网络进行通信，传输实时控制信息，进行全系统综合管理，对分散的过程控制单元和人机接口单元进行控制、操作管理。大多数分散型控制系统的通信网络采用光纤传输，通信的安全性和可靠性大大地提高，通信协议向标准化方向发展。

④ 系统扩展灵活，安装调试方便　由于 DCS 采用模块式结构和局域网络通信，因此用

户可以根据实际需要方便地扩大或缩小系统规模,组成所需要的单回路、多回路系统。在控制方案需要变更时,只需重新组态编程,与常规仪表控制系统相比省了换表、接线等工作。

⑤ 丰富的软件功能　分布式控制系统可完成从简单的单回路控制到复杂的多变量最优化控制;可实现连续反馈控制;可实现离散顺序控制;还可实现监控、显示、打印、报警、历史数据存储等日常全部操作要求。用户通过选用 DCS 提供的控制软件包、操作显示软件包和打印软件包等,达到所需的控制目的。

⑥ 采用高可靠性的技术　集散控制系统采用故障自检和自诊断技术,包括符号检测技术、动作间隔和响应时间的监视技术、微处理器及接口和通道的诊断技术、故障信息和故障判断技术等,使其可靠性进一步加强。

第二节　常见分布式控制系统简介

DCS 控制系统种类很多,如福克斯波罗有限公司的 I/A Serics,日本横河的 CENTUM、CENTUM-XL、μXL、CENTUM-CS,霍尼韦尔公司的 TDC-2000、TDC-3000、TDC-3000^X、TPS,贝利控制有限公司的 N-90、INFI-90 等,这些产品在国内已经大量使用,并取得较好的信誉。每一种 DCS 的结构一般可归结为通信系统、过程控制装置和操作管理装置三大组成部分。下面介绍两种我国常见的 DCS 产品。

一、日本横河 CENTUM-CS 系统

CENTUM-CS 是日本横河公司在 20 世纪 90 年代,使用 Windows 系统为操作平台的新一代产品。CENTUM-CS 是将生产过程控制、生产管理、设备管理、安全管理、环境管理及与企业有关的所有信息管理进行综合控制的系统。CS 是 Concentral Solutions 的缩写,此外 CS 也可认为是 Customer's Satisfaction 的缩写,即客户的满意。该系统构成如图 9-3 所示。

1. 通信系统

在 CENTUM-CS 系统中使用的通信系统有 E 网、V 网、以太网(Ethernet)和远程输入输出总线(RIO)。各个通信网之间由通信接口单元(ACG)连接。

E 网(E net)是基于以太网标准的速度为 10Mbit/s 的网络,是信息指令站(ICS)和工程师站(WS)间的连接通路。E net 传输距离为 185m,传输介质为同轴电缆。E net 可以实现以下功能:趋势数据的调用;打印机和彩色拷贝机等外设的共享;组态文件的下装。

V 网(V net)是一个基于 IEEE802.4 标准(电气与电子工程师协会的标准,通信方式为令牌总线访问方式)的双重化冗余总线,是操作站与控制站连接的实时通信网络,通信速率为 10Mbit/s。V 网的标准长度为 500m,传输介质为同轴电缆,采用光纤可扩展至 20km。一个 V 网上可连接 64 个现场控制站,最多可连接 16 个信息指令站 ICS。通过总线变换器(或光总线适配器)可延长 V 网,将现场控制站扩展到 256 个。在正常工作情况下,两根总线交替使用,保证了极高水平的冗余度。

以太网(Ethernet)是信息指令站 ICS 与工程师站 WS、上位系统连接的局域信息网(LAN),可进行大容量品种数据文件和趋势文件的传输。通信规约为 TCP/IP 协议,通信速率为 10Mbit/s。

远程输入输出总线(RIO)是一条该公司的内部现场通信总线,它是连接分散过程控制装置与现场控制单元输入输出信号的桥梁。每条 RIO 总线可连接最多 8 个节点,传输速率 2Mbit/s,采用双绞线通信电缆,总线通信方式,最大传输距离 750m,可采用中继器,每个

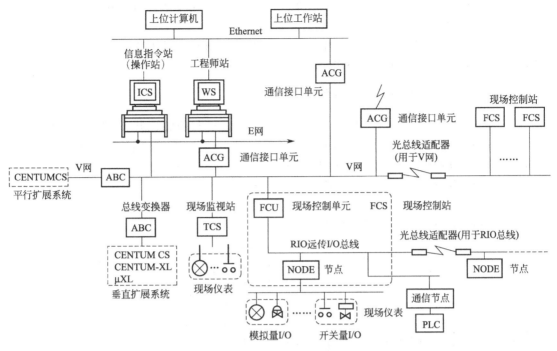

图 9-3 CENTUM-CS 系统结构图

中继器扩展 750m，最多可采用 4 个中继器，因此，最大传输距离 3.75km。也可用光缆扩展，最大传输距离 20km。现场总线是用于与现场总线仪表进行数字式双向通信的通信总线。

通信接口单元（又称网间连接器）ACG，是异种网间的网桥，用于 E net 之间的连接，或用于控制通信网与上位计算机之间的连接，是纵向的网络接口单元。

2. 分散过程控制装置

在 CS 系统中，采用现场控制站（FCS）作为分散过程控制装置，FCS 由现场控制单元（FCU）、远程输入输出总线（RIO）和连接的节点（Node）组成。

FCU 是 FCS 中进行控制运算的智能部分，也是 CS 系统实现自动控制的核心部分。FCS 完成反馈控制、顺序控制、逻辑操作、报警、计算、I/O 处理等功能，是具有仪表（Instrumentation）、电气（Electricity）控制及计算机（Computer）用户编程功能的 IEC 综合控制站。

节点（Node）由连接现场信号或子系统的输入输出单元（IOU）和用于通信的节点接口单元（NIU）组成。

3. 操作管理站

在 CS 系统中，操作管理站是指信息指令站（ICS）和工程师工作站（WS）。

信息指令站（ICS）具有监视操作、记录、软件生成、系统维护及与上位机通信等功能，是 CS 系统的人机接口装置。ICS 结构完善，每台均有独立的 32 位 CPU，2GB 硬盘。控制站为双重化，控制器的 CPU、存储器、通信、电源卡及节点通信，全部是 1:1 冗余，也就是说系统为全冗余。此外现场控制站也采用了成对备用技术，解决了容错和冗余的问题，使 CENTUM-CS 成为无停机系统。

工程师站（WS）完成对系统的组态、生成功能，并可实现对系统的远程维护。

另外，现场监视站（TCS）是系统中非控制专用数据采集装置，专门用于对多路过程信号进行有效地收集和监测。它具有算术运算、线性化处理、报警及顺序控制等功能，可精确地实现输入信号处理和报警处理。

总线变换器（ABC），也就是同种网之间的网桥，用于连接 CENTUM-CS 中 FCS 与 FCS 之间的 V net 通信，或与 CENTUM-XL 及 μXL 连接。

二、霍尼韦尔公司的 TPS 系统

TPS 是霍尼韦尔公司的以 Windows NT 为开放式平台的第四代系统。TPS 是 Total Plant Solution 的缩写，表示全厂一体化系统之意。图 9-4 是该系统的结构示意图。

图 9-4 中，高速数据公路（DH）为通信系统的部分是该公司的第一代，即 TDC-2000 系统。以就地控制网络（LCN）为通信系统的部分是第二代系统 TDC-3000。以万能控制网（UCN）为过程控制器的通信网络、以 UNIX 为开放式平台的 TDC-3000^X 是第三代系统。霍尼韦尔公司的这几代产品均可共存于同一系统。

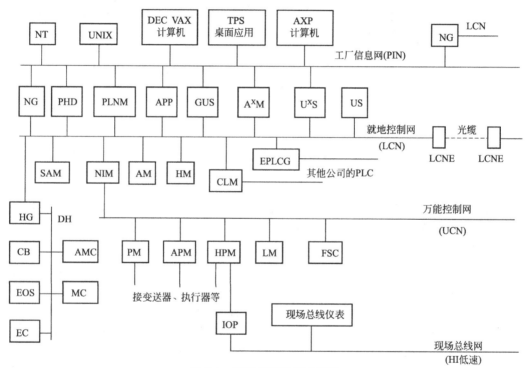

图 9-4 TPS 系统结构示意图

AM—应用模块；AMC—高级多功能控制器；APM—先进过程管理器；
A^{X}M—先进应用模块；APP—应用处理平台；CB—基本控制器；CLM—通信链接模块；DH—数据高速公路；
EC—增强型控制器；EOS—增强型操作站；FSC—故障安全控制系统；EPLCG—增强型可编程控制器连接器；
GUS—全局用户操作站；HG—高速公路连接器；HM—历史模块；HPM—高性能过程管理器；IOP—输入输出处理器；
LCN—就地控制网；LM—逻辑管理器；MC—多功能控制器；NG—网络连接器；NIM—网络接口模块；PIN—工厂信息网；
PHD—过程历史数据库；PLNM—工厂信息网模块；PM—过程管理器；SAM—扫描架应用模块；UCN—万能控制网；
US—万能操作站；U^{X}S—高级万能操作站

1. 通信系统

TPS 系统的通信网络包括工厂信息网（PIN）、就地控制网（LCN）、万能控制网（UCN）、高速数据公路（DH）和现场总线（Field Bus）。

其中 DH 是霍尼韦尔公司的专利网络，总线型结构，传输速率 250kbps。LCN 和 UCN 是符合 IEEE802.2 和 IEEE802.4 的载波带通信网络，LCN 用以支持 LCN 网络上模块之间的通信，UCN 用于过程控制和数据采集系统的通信。它们的链路存取是令牌总线存取方式，与国际开放结构和工业标准的发展方向一致，实现了资源共享，还实现了 DCS 系统与计算机、可编程序控制器、在线质量分析仪表、现场智能仪表的数据通信。

工厂信息网络（PIN）是信息管理系统的一个重要组成部分。通过 TPS 节点（GUS、PHD、APP）直接与 LCN 相连，实现信息管理系统与过程控制系统的集成。通过工厂网络模块（PLNM）和 CM50S 软件包，LCN 可以和 DEC VAX、AXP 计算机进行通信，实现优化控制等。而基于 UNIX 的信息管理应用则可通过 $A^X M$ 或 $U^X S$ 与 LCN 进行通信。

此外，系统内部的通信接口还有网络接口模块（NIM）、高速数据公路连接器（HG）、增强型可编程序控制器连接器（EPLCG）和通信链接模件（CLM）等。

2. 分散过程控制装置

霍尼韦尔公司的分散过程控制装置有多种类型。随着系统的更新换代，分散过程控制装置的功能不断增强，性能也日趋完善。早期的产品有基本控制器（CB）、增强型控制器（EC）、多功能控制器（MC），其后，出现了高级多功能控制器（AMC）。但从其基本结构和功能划分来看，都无重大的变化。1988 年该公司推出了过程管理器（PM）和逻辑管理器（LM），在结构和功能上有了较大的变化。它们是连接在 UCN 上的分散过程控制器。由于早期的产品已很少采用，因此，这里主要介绍 PM 系列的分散过程管理器、逻辑管理器（LM）和故障安全控制系统（FSC）。

① PM 系列分散过程管理器。PM 系列分散过程管理器包括过程管理器（PM）、先进过程管理器（APM）和高性能过程管理器（HPM）。

PM 是 UCN 网络的核心设备，主要用于工业过程控制和数据采集，有很强的控制功能和灵活的组态方式，具有丰富的输入/输出功能，提供常规控制、顺序控制、逻辑控制、计算控制以及结合不同控制的综合控制功能。

APM 具有与 PM 相似的结构形式，但在功能和能力上有较大的改善，为监控和控制提供更灵活的 I/O 功能，除提供 PM 的功能外，还可提供马达控制、事件顺序记录、扩充的批量和连续量过程处理能力以及增强的子系统数据一体化功能。

HPM 则是性价比最佳的过程管理器，它的功能较前两者有所增加，控制能力也得到了增强。

② 逻辑管理器（LM）。逻辑管理器（LM）主要用于逻辑控制，它具有可编程序控制器的优点。由于它直接挂在 UCN 网络上，因此它与网络上挂接的其他模件，如 PM、APM 或 HPM 都能方便地进行数据通信。

逻辑管理器（LM）由逻辑管理模件（LMM）、控制处理器、I/O 链路处理器及 I/O 模件等组成。LMM 作为 UCN 的接口，把 LM 和 UCN 连接起来；控制处理器用于对用户的梯形逻辑程序进行操作；I/O 链路处理器及 I/O 模件用于对串行或并行的数据进行处理。

③ 故障安全控制系统（FSC）

故障安全控制系统是一种采用独特高级自诊断的先进生产过程保护系统。它的以微处理器为基础的容错安全停车系统，用于保护操作人员的安全，保护生产设备和装置，保持最佳生产状态，保护操作环境。

FSC 系统允许在线维护。维护切换开关的使用使得整个应用程序不必离线执行，对现场仪表的维护变得十分方便，也不用担心会造成误跳闸等事故。

3. 集中操作和管理站

霍尼韦尔公司的早期产品中，集中操作和管理站有操作站（OS）、基本操作站（BOS）、增强型操作站（EOS）等。推出 TDC-3000 后，通常采用万能操作站（US），采用 UNIX/X Windows 的万能操作站（$U^X S$）、万能工作站（UWS）及全局用户站（GUS），并且提供各种挂接在 LCN 网的模件，如应用模件（AM）、历史模件（HM）、采用 UNIX/X Windows 的应用模件（A^XM）和重建归档模件（ARM）等。

① 操作站。万能操作站（US）是 TPS 系统中主要的人机界面，是整个系统的一扇窗口。由监视器和带有用户定义的功能键盘组成。具有三个主要功能：即操作员属性的功能（监测控制过程和系统）、工程师属性的功能（组态实现控制方案，生成系统数据库、用户画面和报告）和系统维护功能（检测和诊断故障、维护控制室和生产过程现场的设备、评估工厂运行性能和操作员效率）。

U^XS 是带有工业标准协处理器的万能操作站。它除了具有人机界面的功能外，还具有基于 UNIX 操作系统的在用户工厂网上外部设备通信界面的功能。X Windows 技术是工作站的窗口技术，它允许在不同的计算机平台的用户通过窗口技术获得信息。它的图形用户界面十分友好，因此，用户能通过它把第三方的计算机，如 DEC VAX 计算机与霍尼韦尔公司的 TPS 系统连接起来。

UWS 包括一张桌子、工作站主机、桌面显示器、键盘、鼠标，它很像一台个人电脑，可以放在办公室。所有 US 上的信息，在 UWS 上均可以看见。

全局用户操作站（GUS）是近年推出的操作管理站，是采用 Windows NT 操作系统的 TPS 的节点之一。GUS 是双处理器结构的系统，有 LCN 处理器和 Intel Pentium Ⅱ处理器。通过内置的以太网接口，GUS 可以直接连在工厂信息网络上，这样，GUS 不仅是过程控制系统的操作站，又是工厂信息网络的一个客户站。而后者使之从根本上改革了传统的操作方式。操作员从一个 CRT 上既可以监视生产过程，又能及时地得到相关的生产管理数据及调度指导信息。GUS 继承了全部 US 的显示、操作、工程组态等功能，同时提供了先进的视窗式人机接口技术。

② 应用模件。应用模件（AM）是 TPS 系统为用户提供的高级控制和计算算法的挂在 LCN 上的模件。它通过最佳算法、先进控制应用及过程控制语言，执行过程控制器的监督控制策略。工程师可以综合过程控制器（过程管理站、高级过程管理站和逻辑管理站）的数据，完成多单元控制策略，进行复杂运算。

A^XM 是高性能高集成的应用模件，完成更高一级的控制策略，具有上位的先进控制、优化等功能。

③ 历史模件。历史模件（HM）是为 TPS 系统提供大容量存储器的模件。它收集和存储包括常规报告、历史事件和操作记录在内的过程历史。作为系统文件管理员，提供模块、控制器和智能变送器、数据库、流程图、组态信息、用户源文件和文本文件等方面的系统存储库；具有完成趋势显示、下装批处理文件、重新下装控制策略、重新装入系统数据等功能。

重建归档模件（ARM）是把 PC 机集成到 LCN 网上，用于对 LCN 网上的数据进行重建、采集和对数据进行分析的模件。它可采集的数据类型有：实时的 LCN 数据、HM 上连续生产过程的抽点打印历史数据、所有的实时日报表和 HM 上的 ASCII 文件。

知识检验

1. 什么是集散控制系统？它有何特点？
2. 集散控制系统由哪几部分组成？各部分的作用如何？
3. CENTUM-CS 系统的作用如何？
4. 简述 CENTUM-CS 系统的构成。
5. 说明 TPS 系统的特点及构成。

第十章 典型过程控制系统

控制方案的确定是实现化工生产过程自动化的重要环节。要确定出一个好的控制方案，必须深入了解生产工艺，按化学工程的内在机理来探讨其自动控制方案。本章从控制角度出发，根据对象特性和控制要求，以精馏塔、锅炉设备、化学反应器等典型的化工操作单元为例来分析基本的控制方案，从中阐明设计控制方案的共同原则和方法。

第一节 精馏塔的过程控制

精馏就是利用混合物中各组分挥发度的不同，将它们进行分离，并达到规定的纯度。精馏塔的组成如图 10-1 所示。

精馏塔进料入口以下至塔底部分称为提馏段，进料入口以上至塔顶部分称为精馏段。塔内有若干层塔板，每块塔板上有适当高度的液层，回流液经溢流管由上一级塔板流到下一级塔板，蒸汽则由底部上升，通过塔板上的小孔由下一塔板进入上一塔板，与塔板上的液体接触。在每块塔板上同时发生上升蒸汽部分冷凝和回流液体部分汽化的传热过程。更重要的还同时发生易挥发组分不断汽化，从液相转入汽相，难挥发组分不断冷凝，由汽相转入液相的传质过程。塔内易挥发组分浓度由下而上逐渐增加，而难挥发组分浓度则由上而下逐渐增加。适当控制好塔内的温度和压力，则可在塔顶或塔底获取我们期望的物质成分。

在精馏操作中，被控变量多，可选择的操纵变量也多，它们之间又可以有各种不同的组合，所以控制方案很多。由于精馏塔对象的控制通道很多，反应缓慢，内在机理复杂，参数之间相互关联，加上工艺生产对控制要求又较高，因此在确定控制方案之前必须深入分析工艺特性，总结实践经验，结合具体情况，才能设计出合理的控制方案。

一、精馏塔的控制要求

1. 保证质量指标

混合物分离的纯度是精馏塔控制的主要指标。在精馏塔的正常操作中，一般应保证塔底或塔顶产品中至少有一种组分的纯度达到规定的要求，其他组分也应保持在规定的范围内，为此，应当取塔底或塔顶产品的纯度作为被控变量。但由于直接检测产品的纯度有一定的困

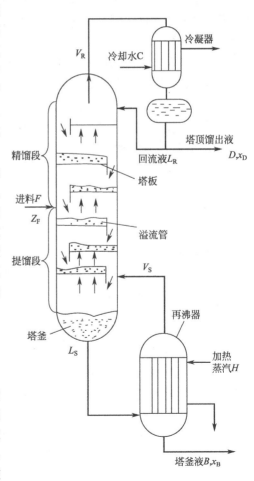

图 10-1 精馏塔的组成示意图

难，因此大多数情况下，采用能间接反映产品纯度的精馏塔的温度或压力为被控变量来保证精馏塔的质量控制指标。

2. 保证物料平衡和能量平衡

为保证精馏塔的物料平衡和能量平衡，必须把进塔之前的主要可控扰动尽可能预先克服，同时尽可能缓和一些不可控的主要扰动。例如对进塔物料的温度进行控制、进料量的均匀控制、加热剂和冷却的压力控制等。再就是塔的进出物料必须维持平衡，即塔顶馏出物与塔底采出物之和应等于进料量，并且两个采出量的变化要缓慢，以保证塔的平稳操作。此外，塔内压力的控制也是保证精馏塔物料平衡和能量平衡的必要条件之一。

3. 约束条件

为了保证塔的正常、安全运行，操作时必须使某些操作参数限制在约束条件之内。例如，对塔内汽、液两相流速的限制，流速过高易产生液泛，流速过低会降低塔板效率。又如再沸器的加热温差不能超过临界值的限制等。

二、精馏塔的主要扰动

1. 进料流量、成分和温度的变化

进料量的波动通常是难免的，因为精馏塔的进料往往是由上一工段提供的，进料成分也是由上一工段的出料或原料情况决定的，所以，对于塔系统而言，进料成分属于不可控扰动。至于进料的温度，则可以通过控制使其稳定。

2. 塔压的波动

塔压的波动会影响到塔内的气液平衡和物料平衡，进而影响操作的稳定和产品的质量。

3. 再沸器加热剂热量的变化

当加热剂是蒸汽时，加入热量的变化往往是由蒸汽压力变化引起的，这种热量变化会导致塔内温度变化，直接影响到产品的纯度。

4. 冷却剂吸收热量的变化

该热量的变化会影响到回流量或回流温度，其变化主要是由冷却剂的压力或温度变化引起的。

5. 环境温度的变化

在一般情况下，环境温度的变化影响较小，但如果采用风冷器作为冷凝器时，气温的骤变与昼夜温差，对塔的操作影响较大，它会使回流量或回流温度发生变化。

在上述的一系列扰动中，以进料流量和进料成分的变化影响最大。

三、精馏塔的控制方案

精馏塔的控制方案很多，但总体上分成两大部分进行控制，即提馏段的控制和精馏段的控制。其中大多以间接反映产品纯度的温度作为被控变量，依此设计控制方案。

1. 精馏塔提馏段的温度控制

采用以提馏段温度作为衡量质量指标的间接变量，以改变加热量作为控制手段的方案，就称为提馏段温度控制。

图 10-2 所示是精馏塔提馏段的温度控制方案之一，该方案以提馏段塔板温度为被控变量，以再沸器的加热蒸汽量为操纵变量，进行温度的定值控制。除了这一主要控制系统外，还有五个辅助控制回路，介绍如下。

① 塔釜的液位控制回路。通过改变塔底采出量的流量，实现塔釜液位的定值控制。

② 回流罐的液位控制回路。通过改变塔顶馏出物的流量，实现回流罐液位的定值控制。

③ 塔顶压力控制回路。通过控制冷凝器的冷却剂量维持塔压的恒定。

④ 回流量控制回路。对塔顶的回流量进行定值控制，设计时应使回流量足够大，即使在塔的负荷最大时，也能使塔顶产品的质量符合要求。

⑤ 进料量控制回路。对进塔物料流量进行定值控制，若进料量不可控，可采用均匀控制系统。

上述的提馏段温度控制方案，是采用提馏段的温度作为间接质量指标。当提馏段的温度恒定后，能较好地保证塔底产品的质量。

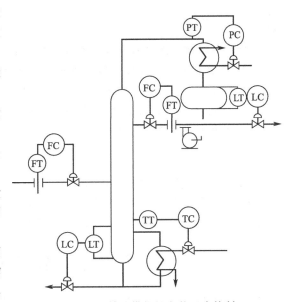

图 10-2　精馏塔提馏段的温度控制

精馏塔提馏段温度控制适用场合及特点：

① 精馏塔提馏段温度控制用于以塔底采出物为主要产品，对塔釜成分比塔顶馏出物成分要求高的场合。

② 当扰动首先进入提馏段（如液相进料）时，进料量或进料成分的变化首先影响塔底成分，采用提馏段温度控制能使控制及时、动态过程变快。

2. 精馏塔精馏段的温度控制

采用以精馏段温度作为衡量质量指标的间接变量，以改变回流量作为控制手段的方案，称为精馏段温度控制。

图 10-3 所示为常见的精馏塔精馏段的温度控制方案之一。它以精馏段塔板温度为被控变量，以回流量为操纵变量，实现精馏段温度的定值控制。除了这一主要控制系统以外，该方案还有五个辅助控制回路。对进料量、塔压、塔底采出量与塔顶馏出液的四个控制方案和提馏段温度控制方案基本相同，不同的是对再沸器加热蒸汽流量进行了定值控制，且要求有足够的蒸汽量供应，以使精馏塔在最大负荷时仍能保证塔顶产品符合规定的质量指标。

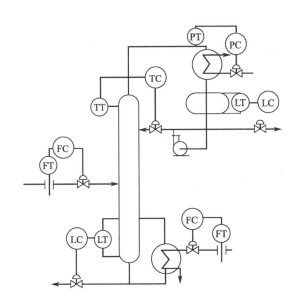

图 10-3　精馏塔精馏段的温度控制

精馏塔精馏段温度控制适用场合及特点:
① 由于采用精馏段温度作为间接质量指标,因此它能直接反映精馏段产品的质量情况,当塔顶产品的纯度要求比塔底产品更为严格时,宜采用精馏段温度控制方案。
② 当扰动首先进入精馏段(如气相进料)时,由于进料量的变化首先影响塔顶成分,采用精馏段温度控制就能使控制及时。

提馏段和精馏段温度控制方案,在精密精馏时,由于对产品的纯度要求非常高,往往难以满足产品质量要求,这时常常采用温差控制。温差控制是以某两块塔板上的温度差作为衡量质量指标的间接变量,其目的是消除塔压波动对产品质量的影响。

第二节 锅炉的过程控制

锅炉是工业生产过程中不可缺少的重要动力设备,它所产生的蒸汽能为工业生产提供热源和动力源。它的安全运行,不仅影响到生产能否正常运行,更关系到工人和设备的安全,因此,锅炉的过程控制十分重要。

由于锅炉设备所使用的燃料种类、燃烧设备、炉体形式及其功能和运行要求的不同,锅炉的流程也各种各样,常见的锅炉设备主要工艺流程如图10-4所示。此锅炉生产蒸汽的发生系统由给水泵、给水控制阀、省煤器、汽包及循环管组成。其生产过程是燃料和空气按一定的比例进入燃烧室燃烧,产生的热量传给蒸汽发生系统,产生饱和蒸汽 D_S,然后经过热器,形成一定气温的过热蒸汽 D,汇集至蒸汽母管。压力为 P_m 的过热蒸汽经负荷设备控制阀供给生产负荷设备使用。与此同时,燃烧过程中产生的烟气,其热量一部分将饱和蒸汽变成过热蒸汽,另一部分经省煤器对锅炉供水和空气进行预热,最后由送风机从烟囱排入大气。

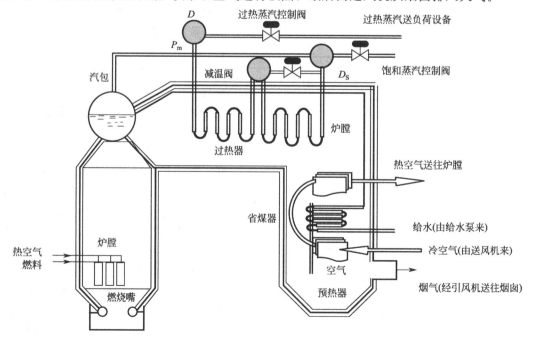

图10-4 锅炉设备工艺流程图

参 考 文 献

[1] 陆建国. 工业电器及自动化. 北京：化学工业出版社，2005
[2] 尹廷金. 化工电器及仪表. 北京：化学工业出版社，1998
[3] 王爱广，王琦. 过程控制技术. 北京：化学工业出版社，2005
[4] 开俊. 工业电器及自动化. 北京：化学工业出版社，2006
[5] 曾祥富. 电工技术. 北京：高等教育出版社，2001
[6] 王兰君. 电气设备检修电工速成. 北京：人民邮电出版社，2008
[7] 王兰君. 手把手教你学电工技能. 北京：人民邮电出版社，2006
[8] 谭胜富. 电工与电子技术. 北京：化学工业出版社，2006
[9] 张玲. 电工技术与应用实践. 北京：化学工业出版社，2006
[10] 任致程. 图说电工工艺与操作技能. 北京：中国电力出版社，2005